高等职业教育教材

高 等 数 学

（第二版）

上 册

滕桂兰　郭洪芝　郑光华　朱文举　编

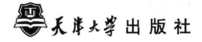
天津大学出版社

内 容 提 要

本书是参照全国大学专科理工类教学大纲并考虑到高等职业教育的特点编写的.

全书分上、下两册,共 12 章.上册内容为:函数,极限与连续,导数与微分,中值定理与导数应用,不定积分,定积分及定积分应用.

本书每节后配有一定数量的习题,每章后配有练习题及练习题、习题的解答和提示.

本书可作为大学专科、高等职业教育专科及高等函授大学、夜大学、职工大学、高等教育自学考试专科生的教材,也可供工程技术人员自学使用.

图书在版编目(Ｃ Ｉ Ｐ)数据

高等数学.上册/滕桂兰等编.—2版.—天津:天津大学出版社,2000.9(2023.8重印)

ISBN 978-7-5618-1350-8

Ⅰ.高… Ⅱ.滕… Ⅲ.高等数学—高等学校:技术学校—教材 Ⅳ.013

中国版本图书馆CIP数据核字(2007)第003415号

出版发行	天津大学出版社
地　　址	天津市卫津路 92 号天津大学内(邮编:300072)
网　　址	publish.tju.edu.cn
电　　话	发行部:022-27403647
印　　刷	廊坊市海涛印刷有限公司
经　　销	全国各地新华书店
开　　本	148mm × 210mm
印　　张	9.625
字　　数	305 千
版　　次	2000 年 9 月第 1 版　2004 年 8 月第 2 版
印　　次	2023 年 8 月第 17 次
定　　价	25.00 元

再版前言

　　高等职业教育教材《高等数学》(上、下册)是参照全国大学专科理工类高等数学大纲,并考虑到高等职业教育特点而编写的.

　　本次修订,是根据我们使用原教材的一些体会,并吸取使用原教材老师提出的宝贵意见,改正了原教材中的一些不妥之处,并在第 12 章"行列式与矩阵"中增加了"线性方程组的解法初步"一节,其余部分仍保持原教材的体系.通过修订,力求使本教材做到条理清楚,概念准确,重点突出,通俗易懂,更便于自学.

　　参加本次修订工作的还有李其霖,刘丹红,尹剑等同志.

　　书中不妥之处,敬请读者指正.

编者

2004 年 6 月

前 言

高等职业教育教材《高等数学》(上、下册)是参照全国大学专科理工类高等数学教学大纲,并考虑到高等职业教育特点而编写的.

本书可作为大学专科、高等职业教育、高等教育自学考试、函授或夜大专科、成人脱产大专班等理工类的教材.

在编写本书时力求做到条理清楚、通俗易懂,注意把基本内容写清楚,做到概念准确、重点突出.

考虑到教学及学生自学的需要,本书各节都配有一定量的习题,每章都配有较大量的练习题,并附有解答及提示,这些习题可以帮助学生加深对基本内容的理解,加强对学生的基本运算能力的训练,提高学生分析、解决问题的能力,逐步培养学生的自学能力.

书中标有 * 号的章节,可供有关专业选用.

全书分为上、下两册,共 12 章.

本书在编写过程中得到天津大学出版社的大力支持,在此表示诚挚的感谢.王升瑞、陈美英、胡克、戴一明等同志也为本书的出版做了不少工作。

本书难免存在缺点与不足,欢迎读者批评指正.

编　者
2000 年 7 月于天津大学

目　　录

第 1 章　函数

第 2 章　极限与连续

第 3 章　导数与微分

第 1 章 函 数

函数是高等数学研究的主要对象.本章在中学数学知识的基础上进一步介绍函数概念及函数的主要性质,并介绍反函数、复合函数、基本初等函数、初等函数.

1.1 函数

1.1.1 常量与变量

1.1.1.1 常量与变量

人们在生活与工作中会遇到很多量,这些量通常分为两种:一种量在某过程中不发生变化,保持一定的数值,这种量称为常量,另一种量在过程中发生变化,取不同的数值,这种量称为变量.

例如,自由落体的下降速度和下落的距离是不断变化的,它们是变量;自由落体的质量在这一过程中始终保持不变,它是常量.

通常用字母 a,b,c 等表示常量;用字母 x,y,z 等表示变量.

1.1.1.2 变量变化范围的表示法

任何一个变量,总是有一定的变化范围,如果变量的变化是连续的,其变化范围通常用区间表示.下面列表给出区间的名称、定义和符号.

名 称	定 义	符 号
闭区间	$a \leqslant x \leqslant b$	$[a,b]$
开区间	$a < x < b$	(a,b)
左半开区间	$a < x \leqslant b$	$(a,b]$
右半开区间	$a \leqslant x < b$	$[a,b)$
无穷区间	$a < x$	$(a,+\infty)$
无穷区间	$a \leqslant x$	$[a,+\infty)$
无穷区间	$x < b$	$(-\infty,b)$
无穷区间	$x \leqslant b$	$(-\infty,b]$
无穷区间	$-\infty < x < +\infty$	$(-\infty,+\infty)$

注意

①"$+\infty$"和"$-\infty$"分别读为"正无穷大"和"负无穷大".它们不是数,仅仅是个记号.

②在数轴上,用实圆点"·"表示区间包括端点,空心圆点"∘"表示区间不包括端点.

例1 满足不等式 $-\pi\leqslant x<\pi$ 的全体实数 x 是右半开区间 $[-\pi,\pi)$,在数轴上表示如图 1-1.

例2 满足不等式 $-\infty<x\leqslant 2$ 的全体实数 x 是无穷区间 $(-\infty,2]$,在数轴上表示如图 1-2.

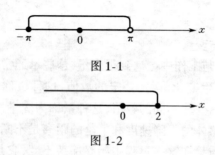

图 1-1

图 1-2

1.1.2 绝对值与邻域

1.1.2.1 绝对值

定义 1.1.1 任何实数 a 的绝对值记为 $|a|$,其定义为

$$|a|=\begin{cases} a, & a\geqslant 0, \\ -a, & a<0. \end{cases}$$

a 的绝对值 $|a|$,在几何上表示数轴上的点 a 到原点的距离.

由定义可知,$|a|\geqslant 0,|-a|=|a|,|a|=\sqrt{a^2}$,且可得到如下结论.

(1) $|x|<\delta(\delta>0)$ 与 $-\delta<x<\delta$ 是等价的,$|x-x_0|<\delta$ 与 $-\delta<x-x_0<\delta$,即 $x_0-\delta<x<x_0+\delta$ 等价;$|x|>N$ 与 $x>N$ 和 $x<-N$ 等价(证略).

(2) $-|a|\leqslant a\leqslant|a|$.

事实上,如果 $a\geqslant 0$,则 $-|a|\leqslant a=|a|$;如果 $a<0$,则 $-|a|=a$

$<|a|$, 故对任何实数 a, $-|a|\leqslant a\leqslant|a|$.

绝对值的性质:

(1) $|a+b|\leqslant|a|+|b|$;

(2) $|a-b|\geqslant|a|-|b|$;

(3) $|ab|=|a||b|$;

(4) $\left|\dfrac{a}{b}\right|=\dfrac{|a|}{|b|}$　$(b\neq0)$.

证　(1) 因为

$$-|a|\leqslant a\leqslant|a|,\quad -|b|\leqslant b\leqslant|b|,$$

两式相加　$-(|a|+|b|)\leqslant a+b\leqslant|a|+|b|$,

所以　　$|a+b|\leqslant|a|+|b|$.

(2)　因为

$$|a|=|(a-b)+b|,|(a-b)+b|\leqslant|a-b|+|b|,$$

所以　　$|a|\leqslant|a-b|+|b|$, 即 $|a-b|\geqslant|a|-|b|$.

(3), (4) 证明略.

1.1.2.2　邻域

满足 $|x-x_0|<\delta(\delta>0, x_0$ 为实数) 的实数 x 的全体称为点 x_0 的 δ 邻域, 点 x_0 称为邻域的中心, δ 称为邻域的半径.

由 $|x-x_0|<\delta$ 与 $x_0-\delta<x<x_0+\delta$ 等价可知, 点 x_0 的 δ 邻域是以 x_0 为中心, 长度为 2δ 的开区间 $(x_0-\delta, x_0+\delta)$ (如图 1-3).

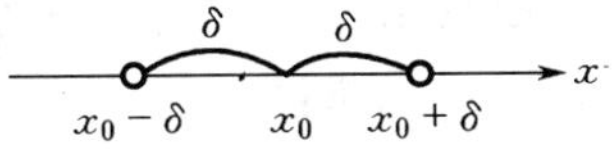

图 1-3

例 3　点 2 的 $\dfrac{3}{2}$ 的邻域可表示为 $|x-2|<\dfrac{3}{2}$, 即

$$-\dfrac{3}{2}<x-2<\dfrac{3}{2},$$

或 $\dfrac{1}{2}<x<\dfrac{7}{2}$, 即开区间 $\left(\dfrac{1}{2},\dfrac{7}{2}\right)$.

1.1.3　函数概念

定义 1.1.2　设有两个变量 x 及 y, 如果 x 在某个变化范围 D 内, 任取一个数值, 按照某种规律, y 总有一个确定的数值与它对应, 则称

变量 y 是 x 的函数,记为 $y = f(x), x \in D$.

其中 x 称为自变量,y 称为函数(或因变量).自变量 x 的取值范围 D 称为函数的定义域.当 x 取定 D 中的值 x_0 时,对应值 $y_0 = f(x_0)$ 称为函数 y 在 $x = x_0$ 时的函数值,记为 $y|_{x=x_0}$ 或 $f(x_0)$.

例 4　公式 $V = \dfrac{4}{3}\pi R^3$ 确定了球的体积 V 是其半径 R 的函数.自变量 R 的取值范围 $[0, +\infty)$ 是函数的定义域.

例 5　关系式 $y = \begin{cases} x+3, & 0 < x \leqslant 4, \\ x^2, & -2 < x \leqslant 0 \end{cases}$ 确定了变量 y 与 x 的关系,任取 $(-2, 4]$ 中的一个 x 值,相应地有一确定的 y 值与它对应,因此 y 是 x 的函数.例如,当 $x = 2$ 时,对应函数值 $y|_{x=2} = 2+3 = 5$;又如 $y|_{x=-1} = (-1)^2 = 1$.

注　函数的定义域和对应规律通常称为函数的二要素.

所谓函数的定义域就是使函数有意义的自变量的全体.通常按下述两方法确定函数的定义域.

实际问题由问题自身的实际意义具体确定.如例 4,因半径 R 不能取负值,故定义域为 $[0, +\infty)$.

函数由公式给出且不考虑实际意义时,定义域就是使式子有意义的自变量的全体.

例 6　求函数 $y = \sqrt{x^2 - 4}$ 的定义域.

解　要使该函数有意义,必须

$x^2 - 4 \geqslant 0$,即 $x^2 \geqslant 4, |x| \geqslant 2$,

故函数的定义域为 $(-\infty, -2]$ 及 $[2, +\infty)$.

例 7　求函数 $y = \dfrac{2}{\log_3(x-1)}$ 的定义域.

解　要使函数有意义,必须

$\log_3(x-1) \neq 0$,且 $x-1 > 0$,

即　　　　$x-1 \neq 1, x > 1$,亦即 $x \neq 2, x > 1$,故函数的定义域为

$(1, 2), (2, +\infty)$.

例 8 求函数 $y = \log_2(2 + x - x^2)$ 的定义域.

解 要使函数有意义,必须

$$2 + x - x^2 > 0, \text{即} (2 - x)(1 + x) > 0,$$

于是得 $\begin{cases} 2 - x > 0, \\ 1 + x > 0, \end{cases}$ 或 $\begin{cases} 2 - x < 0, \\ 1 + x < 0. \end{cases}$

由第一组不等式得 $x < 2$ 且 $x > -1$,即 $-1 < x < 2$.

由第二组不等式得 $x > 2$ 且 $x < -1$,这是不可能的,因此这一组无解.

故函数的定义域为 $(-1, 2)$.

例 9 求函数 $y = \sqrt{x^2 - 4} + \arcsin \dfrac{x}{4}$ 的定义域.

解 要使函数有意义,必须同时满足

$$\begin{cases} x^2 - 4 \geqslant 0, \\ -1 \leqslant \dfrac{x}{4} \leqslant 1, \end{cases} \text{即} \begin{cases} |x| \geqslant 2, \\ -4 \leqslant x \leqslant 4, \end{cases}$$

亦即 $\begin{cases} x \geqslant 2, \\ -4 \leqslant x \leqslant 4, \end{cases}$ 或 $\begin{cases} x \leqslant -2, \\ -4 \leqslant x \leqslant 4. \end{cases}$

故函数的定义域为 $[2, 4]$ 及 $[-4, -2]$.

例 10 求函数 $y = \begin{cases} x, & |x| \leqslant 1, \\ 4 - x, & |x| > 1 \end{cases}$ 的定义域.

解 该函数有意义的 x 的全体为

$$|x| \leqslant 1, |x| > 1,$$

即 $\qquad -1 \leqslant x \leqslant 1, x > 1, x < -1,$

故函数的定义域为全体实数,即 $(-\infty, +\infty)$.

例 11 求 $y = \sqrt{2 + x - x^2} + \arcsin(x + 1)$ 的定义域.

解 要使函数有意义,必须

$$\begin{cases} 2 + x - x^2 \geqslant 0, \\ -1 \leqslant x + 1 \leqslant 1, \end{cases} \text{即} \begin{cases} (2 - x)(x + 1) \geqslant 0, \\ -2 \leqslant x \leqslant 0. \end{cases}$$

解得 $\qquad -1 \leqslant x \leqslant 2,$ 且 $-2 \leqslant x \leqslant 0,$

公共部分即为函数定义域.故函数定义域为 $[-1, 0]$.

　　函数记号 $y = f(x)$ 表示 y 是 x 的函数,如果 $f(x)$ 具体给出,记号 "$f(\ \ )$"则表示 x 与 y 之间确定的对应规律.例如 $y = f(x) = x^2 + 3x - 2$,记号 $f(\ \ ) = (\ \ )^2 + 3(\ \ ) - 2$ 表示把 x 代入括号内进行运算而得到 y.

　　y 是 x 的函数,可以记为 $y = f(x)$ 或 $y = g(x)$,$y = \varphi(x)$,$y = s(x)$ 等等.但是同一函数在讨论中应取定一种记号.

　　例 12　求函数 $f(x) = x^2 + 3x - 2$ 在 $x = -1$,$x = x_0 + \Delta x$ 处的函数值.

　　解　在 $x = -1$ 处,

$$f(-1) = (-1)^2 + 3(-1) - 2 = 1 - 3 - 2 = -4,$$

　　在 $x = x_0 + \Delta x$ 处,

$$\begin{aligned}
f(x_0 + \Delta x) &= (x_0 + \Delta x)^2 + 3(x_0 + \Delta x) - 2 \\
&= x_0^2 + 2x_0\Delta x + (\Delta x)^2 + 3x_0 + 3\Delta x - 2 \\
&= x_0^2 + 2x_0\Delta x + 3x_0 + (\Delta x)^2 + 3\Delta x - 2 \\
&= x_0^2 + x_0(2\Delta x + 3) + \Delta x(\Delta x + 3) - 2.
\end{aligned}$$

　　例 13　设 $f(x) = x + 2$.求 $f[f(x)]$,$f\left(\dfrac{1}{x}\right)$,$f(x-1)$.

　　解　$f[f(x)] = (x + 2) + 2 = x + 4.$

$$f\left(\frac{1}{x}\right) = \frac{1}{x} + 2.$$

$$f(x - 1) = (x - 1) + 2 = x + 1.$$

　　例 14　设 $f(x - 1) = x^2 + x + 3$,求 $f(x)$.

　　解法一　因为 $f(x - 1) = [(x - 1) + 1]^2 + [(x - 1) + 1] + 3,$

所以　　$f(x) = (x + 1)^2 + (x + 1) + 3 = x^2 + 2x + 1 + x + 1 + 3$
　　　　　　 $= x^2 + 3x + 5.$

　　解法二　设 $t = x - 1$,则 $x = t + 1$,

于是　　$f(t) = (t + 1)^2 + (t + 1) + 3 = t^2 + 2t + 1 + t + 1 + 3$
　　　　　　 $= t^2 + 3t + 5,$

故　　　　$f(x) = x^2 + 3x + 5.$

　　例 15　设 $f(x)$ 的定义域为 $[0, a]$ $(a > 0)$,求 $f(x + a)$ 的定义域.

解 由题设知

$$0 \leqslant x + a \leqslant a, \text{ 即} -a \leqslant x \leqslant 0.$$

故 $f(x + a)$ 的定义域为 $[-a, 0]$.

例 16 设 $f(x + a)$ 的定义域为 $[0, a]$, 求 $f(x)$ 的定义域.

解 由题设 $0 \leqslant x \leqslant a$, 所以 $a \leqslant x + a \leqslant 2a$, 故 $f(x)$ 的定义域为 $[a, 2a]$.

例 17 设 $f(x) = \mathrm{e}^x$, 证 $f(x) \Big/ f(y) = f(x - y)$.

证 $f(x) \Big/ f(y) = \mathrm{e}^x / \mathrm{e}^y = \mathrm{e}^{x-y} = f(x - y)$.

1.1.4 函数的表示法

1.1.4.1 表格法

如常用的平方表、对数表、三角函数表等都是用表格法表示的函数关系.

1.1.4.2 图像法

图像法是用图形表示函数. 如图 1-4 表示函数 $y = |x|$.

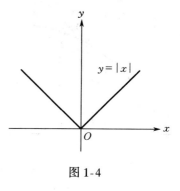

图 1-4

1.1.4.3 公式法(解析法)

如例 4～例 13 都是用公式法表示函数关系的.

例 5 给出的函数在其定义域的不同范围内, 函数用不同的式子分段表示, 通常称这种函数为分段函数.

1.1.5 函数的几种性质

1.1.5.1 函数的有界性

定义 1.1.3 设 I 为 x 的某一变化范围, 如果存在常数 $M > 0$, 使得对一切 $x \in I$, 都有 $|f(x)| \leqslant M$, 则称 $f(x)$ 在 I 上有界. 如果这样的 M 不存在, 则称 $f(x)$ 在 I 上无界.

例如, 由于 $|\sin x| \leqslant 1$, $|\cos x| \leqslant 1$, $x \in (-\infty, +\infty)$, 所以 $y = \sin x$, $y = \cos x$ 在 $(-\infty, +\infty)$ 内有界. 又如函数 $f(x) = \dfrac{1}{x}$ 在 $[1, 2]$ 上

有界$\left(\left|\dfrac{1}{x}\right|\leqslant 1, x\in[1,2]\right)$，但在$(0,2]$上却无界(不存在 $M>0$，使

$\left|\dfrac{1}{x}\right|\leqslant M, x\in(0,2]$成立).

　　函数是否有界不仅与函数有关，而且还与给定的区间有关.

1.1.5.2　函数的单调性

　　定义 1.1.4　如果在区间 I 内，任取两点 $x_1<x_2$，都有

$$f(x_1)<f(x_2)\quad (f(x_1)>f(x_2)),$$

则称函数 $f(x)$ 在 I 内单调增加(减少).

　　单调增(加)函数与单调减(少)函数统称为单调函数.

　　单调增函数的图形是沿横轴的正向上升的(图 1-5)，单调减函数的图形是沿横轴的正向下降的(图 1-6).

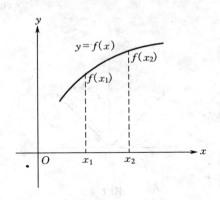

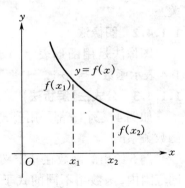

图 1-5　　　　　　　　　　　　　图 1-6

　　例如，函数 $y=x^3$ 在$(-\infty,+\infty)$内是单调增加的(图 1-7). 函数 $y=x^2$ 在$(-\infty,0)$内单调减少，在$(0,+\infty)$内则单调增加(图 1-8)，因此函数 $y=x^2$ 在$(-\infty,+\infty)$不是单调函数.

　　例 18　证明 $f(x)=x^4+1$ 在$(0,+\infty)$内单调增加.

　　证　在$(0,+\infty)$内任取 x_1,x_2，使得 $x_1<x_2$，因为

$$f(x_2)-f(x_1)=(x_2^4+1)-(x_1^4+1)=x_2^4-x_1^4>0,$$

根据单调函数定义，$f(x)=x^4+1$ 在$(0,+\infty)$内单调增加.

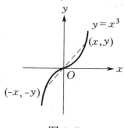

图 1-7

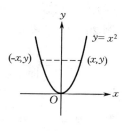

图 1-8

1.1.5.3 函数的奇偶性

定义 1.1.5 设函数 $f(x)$ 的定义域 I 关于原点对称,如果对 I 内的任何 x,有 $f(-x)=f(x)$ 成立,则称 $f(x)$ 为偶函数;如果有 $f(-x)=-f(x)$ 成立,则称 $f(x)$ 为奇函数.

偶函数的图形关于 y 轴对称(图 1-8),奇函数的图形关于原点对称(图 1-7).

例 19 判定下列函数的奇偶性.

$(1)f(x)=\dfrac{\sin^2 x}{x^2+1}$;　　　　$(2)f(x)=\log_2(x+\sqrt{1+x^2})$;

$(3)f(x)=x\cos x-x^2+1$;$(4)f(x)=x\mathrm{e}^{-\frac{x^2}{2}}$,$[-1,4]$.

解 (1)因为

$$f(-x)=\frac{\sin^2(-x)}{(-x)^2+1}=\frac{\sin^2 x}{x^2+1}=f(x),$$

所以该函数为偶函数.

$$(2)f(-x)=\log_2(-x+\sqrt{1+(-x)^2})$$
$$=\log_2(-x+\sqrt{1+x^2})$$
$$=\log_2\frac{-x^2+(\sqrt{1+x^2})^2}{x+\sqrt{1+x^2}}=\log_2\frac{1}{x+\sqrt{1+x^2}}$$
$$=-\log_2(x+\sqrt{1+x^2})=-f(x),$$

所以该函数为奇函数.

$(3)f(-x)=-x\cos(-x)-(-x)^2+1=-x\cos x-x^2+1$,
显然该函数为非奇非偶函数.

(4)因定义域$[-1,4]$关于原点不对称,故此函数无奇偶性.

例 20 确定函数

$$f(x)=\begin{cases} 4-x, & x\geqslant 0, \\ 4+x, & x<0 \end{cases}$$

的奇偶性.

解 因为

$$f(-x)=\begin{cases} 4+x, & -x>0, \\ 4-x, & -x\leqslant 0, \end{cases}$$

即　　　　　$f(-x)=\begin{cases} 4-x, & x\geqslant 0, \\ 4+x, & x<0. \end{cases}$

$f(-x)=f(x)$成立,故所给函数为偶函数.

1.1.5.4　函数的周期性

定义 1.1.6 如果存在一个常数$T\neq 0$,使得函数$y=f(x)$对于定义域D内的任何x值,恒有

$$f(x+T)=f(x)\quad (x+T\in D),$$

则称$f(x)$为周期函数,且称T为$f(x)$的周期.

显然,如果T是$f(x)$的周期,则nT也是$f(x)$的周期($n=\pm 1$, $\pm 2,\pm 3,\cdots$).通常周期函数的周期是指最小正周期.

对于周期函数,只要知道它在长度为T的任一区间$[a,a+T]$上的图形,将这个图形按周期重复即可得函数的全部图形.

例如,$\sin x,\cos x$是以2π为周期的周期函数,$\tan x$是以π为周期的周期函数.

例 21 求函数$f(x)=\sin\left(3x+\dfrac{\pi}{5}\right)$的周期$T$(最小正周期).

解 由定义$f(x+T)=f(x)$,

而　　　$f(x+T)=\sin\left[3(x+T)+\dfrac{\pi}{5}\right]=\sin\left(3x+\dfrac{\pi}{5}+3T\right)$

$$=\sin\left[\left(3x+\dfrac{\pi}{5}\right)+3T\right].$$

要使　　$\sin\left[(3x+\dfrac{\pi}{5})+3T\right]=\sin\left(3x+\dfrac{\pi}{5}\right)$，且 T 为最小正周期，只需

$$3T=2\pi，\text{即}\ T=\dfrac{2}{3}\pi.$$

1.1.6　反函数

定义 1.1.7　给定函数 $y=f(x)$，如果把 y 作为自变量，x 作为函数，则由关系式 $y=f(x)$ 所确定的函数 $x=\varphi(y)$ 称为函数 $y=f(x)$ 的反函数，而 $y=f(x)$ 称为直接函数.

显然，如果 $x=\varphi(y)$ 是 $y=f(x)$ 的反函数，则 $y=f(x)$ 也是 $x=\varphi(y)$ 的反函数.

习惯上总是用 x 表示自变量，y 表示函数，因此 $y=f(x)$ 的反函数 $x=\varphi(y)$ 通常也写成 $y=\varphi(x)$.

在直角坐标系中，反函数 $x=\varphi(y)$ 与直接函数 $y=f(x)$ 的图形是同一条曲线，而 $y=\varphi(x)$ 与 $y=f(x)$ 的图形则关于直线 $y=x$ 对称.

例 22　求函数 $y=2x-1$ 的反函数，并在同一直角坐标系中作出它们的图形.

解　由 $y=2x-1$ 解出 x，即得它的反函数

$$x=\dfrac{y}{2}+\dfrac{1}{2}，\text{或}\ y=\dfrac{x}{2}+\dfrac{1}{2}.$$

显然 $y=2x-1$ 与 $x=\dfrac{y}{2}+\dfrac{1}{2}$ 的图形是同一条直线，$y=2x-1$ 与 $y=\dfrac{x}{2}+\dfrac{1}{2}$ 的图形关于直线 $y=x$ 对称，如图 1-9.

由上述讨论可知，我们前面所讨论的函数都是单值的.但是一个函数的反函数却不一定是单值的.例如 $y=x^2$ 在其定义域 $(-\infty,+\infty)$ 内单值，但它的反函数

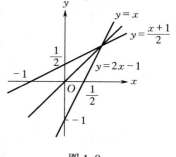

图 1-9

$x = \pm\sqrt{y}$ 则是双值的.

函数具备什么条件，它的反函数就一定是单值函数呢？下面的定理解决了这一问题.

定理 1.1.1　如果函数 $y = f(x)$ 在区间 I 上是单调的，则它的反函数 $y = \varphi(x)$（或 $x = \varphi(y)$）必存在，且此反函数也是单调的.

例如 $y = x^2$ 在 $(0, +\infty)$ 内的反函数是单调单值函数 $y = \sqrt{x}$.

习题 1-1

1. 将下列不等式用区间记号表示.

(1) $2 < x \leqslant 6$;　　　(2) $|x-2| \geqslant 1$.

2. 下列函数是否表示同一函数？为什么？

(1) $f(x) = \lg x^2$,　　　　$g(x) = 2\lg x$;

(2) $f(x) = x$,　　　　　　$g(x) = \sqrt{x^2}$;

(3) $f(x) = \sqrt{1 - \cos^2 x}$,　　$g(x) = \sin x$;

(4) $f(x) = \sin^2 x + \cos^2 x$,　$g(x) = 1$.

3. 求下列函数的定义域.

(1) $y = \sqrt{x^2 - 4}$;　　　(2) $y = \ln x + \arcsin x$;

(3) $y = \dfrac{2x}{x^2 - 3x + 2}$;　　(4) $y = \dfrac{x}{\sqrt{x^2 - 3x + 2}}$;

(5) $y = \sqrt{\sin\sqrt{x}}$;　　　(6) $y = \lg(\lg x)$.

4. 求函数值.

(1) $f(x) = \dfrac{x-2}{x+1}$, 求 $f(0), f(1), f\left(-\dfrac{1}{2}\right), f(a)(a \neq -1)$;

(2) $f(x) = \dfrac{1-x}{1+x}$, 求 $f(-x), f(x+1), f\left(\dfrac{1}{x}\right)(x \neq 0)$;

(3) $f(x) = ax + b$, 求 $g(x) = \dfrac{f(x+h) - f(x)}{h}$.

5. 设 $f(x+1) = x^2 + 3x + 5$, 求 $f(x), f(x-1)$.

6. 设 $f(t) = 2t^2 + \dfrac{2}{t^2} + \dfrac{5}{t} + 5t$, 验证 $f(t) = f\left(\dfrac{1}{t}\right)$.

7. 指出下列函数哪些是奇函数，哪些是偶函数，哪些是非奇非偶函数.

$(1) f(x) = 3x^2 - x^3;$　　　　$(2) f(x) = \dfrac{1 - x^2}{1 + x^2};$

$(3) f(x) = x(x^2 - 1)\cos x;$　　$(4) f(x) = \ln\dfrac{1 - x}{1 + x}.$

8.设 $f(x)$ 是定义在 $(-\infty, +\infty)$ 上的任意函数,证明:

　　$F_1(x) = f(x) + f(-x)$ 是偶函数;

　　$F_2(x) = f(x) - f(-x)$ 是奇函数.

9.求下列周期函数的周期(最小正周期).

$(1) f(x) = \sin\dfrac{x}{2};$　　　　$(2) f(x) = \cos 2x;$

$(3) f(x) = \sin^2 x;$　　　　$(4) f(x) = \tan\left(\dfrac{\pi}{2}x\right).$

10.求下列函数的反函数.

$(1) y = \sqrt[3]{x + 1};$　　　　$(2) y = 10^{x+1};$

$(3) y = \begin{cases} x, & -\infty < x < 1, \\ x^2, & 1 \leqslant x \leqslant 2, \\ 2^x, & 2 < x < +\infty. \end{cases}$

1.2　初等函数

1.2.1　基本初等函数

　　基本初等函数是指幂函数、指数函数、对数函数、三角函数和反三角函数这五类函数,它是今后学习的基础.这些函数在初等数学中已经学过,这里对它们的性质和图形给以简要说明.

1.2.1.1　幂函数 $y = x^\alpha$ (α 是常数)

　　幂函数 $y = x^\alpha$ 的定义域与 α 的值有关.例如 $y = x^2 (\alpha = 2)$, $y = x^3$ $(\alpha = 3)$,其定义域均为 $(-\infty, +\infty)$;而 $y = \sqrt{x} (\alpha = \dfrac{1}{2})$ 的定义域为 $[0, +\infty)$;$y = \dfrac{1}{x^2}$ 的定义域为 $(-\infty, 0)$ 和 $(0, +\infty)$;$y = \dfrac{1}{\sqrt{x}} (\alpha = -\dfrac{1}{2})$ 的定义域为 $(0, +\infty)$.总之,不论 α 取何值,幂函数在 $(0, +\infty)$ 内总是有定义的,它的图形及主要性质如下表.

图　形	主要性质
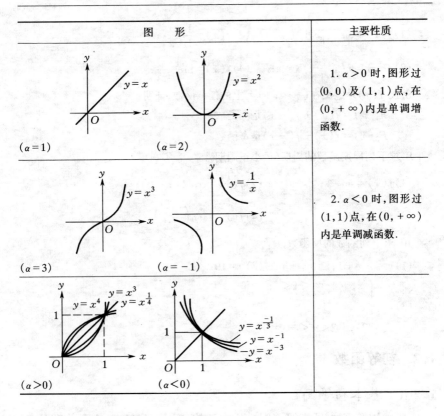	1. $\alpha>0$ 时,图形过 $(0,0)$ 及 $(1,1)$ 点,在 $(0,+\infty)$ 内是单调增函数. 2. $\alpha<0$ 时,图形过 $(1,1)$ 点,在 $(0,+\infty)$ 内是单调减函数.

1.2.1.2　指数函数 $y=a^x(a>0,a\neq1)$

$y=a^x$ 的图形与主要性质如下表.

图　形	主　要　性　质
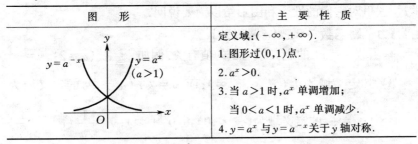	定义域: $(-\infty,+\infty)$. 1. 图形过 $(0,1)$ 点. 2. $a^x>0$. 3. 当 $a>1$ 时, a^x 单调增加; 　　当 $0<a<1$ 时, a^x 单调减少. 4. $y=a^x$ 与 $y=a^{-x}$ 关于 y 轴对称.

　　工程上经常用到以 e 为底的指数函数 $y=\mathrm{e}^x$,其中 e 是无理数,e = 2.718 281 828….

1.2.1.3 对数函数 $y = \log_a x \, (a > 0, a \neq 1)$

图　　形	主　要　性　质
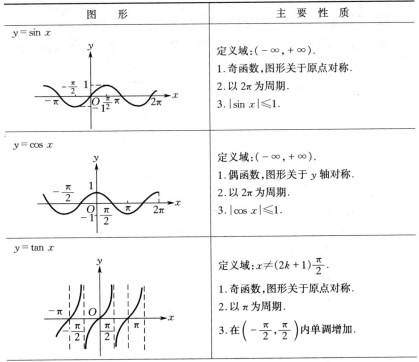	定义域:$(0, +\infty)$. 1. 图形过点 $(1,0)$. 2. 当 $a>1$ 时, 函数单调增加; 　当 $0<a<1$ 时, 函数单调减少.

当 $a = 10$ 时, 称为常用对数, 记为 $y = \lg x$; 当 $a = \mathrm{e}$ 时, 称为自然对数, 记为 $y = \ln x$. 对数函数 $y = \log_a x$ 与指数函数 $y = a^x$ 互为反函数, 其图形关于直线 $y = x$ 对称.

1.2.1.4 三角函数

常用的三角函数有正弦函数 $y = \sin x$, 余弦函数 $y = \cos x$, 正切函数 $y = \tan x$, 余切函数 $y = \cot x$, 其中自变量 x 用弧度作为单位.

图　　形	主　要　性　质
$y = \sin x$	定义域:$(-\infty, +\infty)$. 1. 奇函数, 图形关于原点对称. 2. 以 2π 为周期. 3. $\lvert \sin x \rvert \leqslant 1$.
$y = \cos x$	定义域:$(-\infty, +\infty)$. 1. 偶函数, 图形关于 y 轴对称. 2. 以 2π 为周期. 3. $\lvert \cos x \rvert \leqslant 1$.
$y = \tan x$	定义域:$x \neq (2k+1)\dfrac{\pi}{2}$. 1. 奇函数, 图形关于原点对称. 2. 以 π 为周期. 3. 在 $\left(-\dfrac{\pi}{2}, \dfrac{\pi}{2}\right)$ 内单调增加.

图　形	主　要　性　质
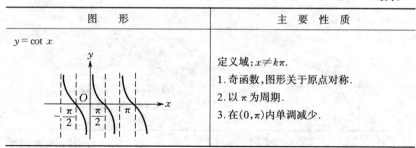 $y = \cot x$	定义域：$x \neq k\pi$. 1.奇函数,图形关于原点对称. 2.以 π 为周期. 3.在 $(0,\pi)$ 内单调减少.

1.2.1.5　反三角函数

反三角函数是三角函数的反函数.例如,$y = \sin x$ 的反函数是 $y = $ Arcsin x,它是多值函数,把 $y = $ Arcsin x 的值限制在闭区间 $\left[-\dfrac{\pi}{2}, \dfrac{\pi}{2} \right]$ 上,称为反正弦函数的主值,记为 $y = \arcsin x$.这样,函数 $y = \arcsin x$ 在 $[-1,1]$ 上是单值函数,且有 $-\dfrac{\pi}{2} \leqslant \arcsin x \leqslant \dfrac{\pi}{2}$.

我们所讨论的反三角函数都是指主值意义下的反三角函数.反三角函数的图形及主要性质见下表.

图　　形	主　要　性　质
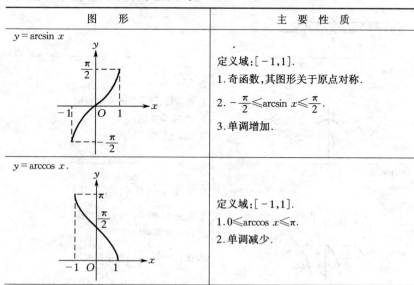 $y = \arcsin x$	定义域：$[-1,1]$. 1.奇函数,其图形关于原点对称. 2.$-\dfrac{\pi}{2} \leqslant \arcsin x \leqslant \dfrac{\pi}{2}$. 3.单调增加.
$y = \arccos x$.	定义域：$[-1,1]$. 1.$0 \leqslant \arccos x \leqslant \pi$. 2.单调减少.

续表

图 形	主 要 性 质
$y = \arctan x$	定义域:$(-\infty, +\infty)$. 1.奇函数,图形关于原点对称. 2.$-\dfrac{\pi}{2} < \arctan x < \dfrac{\pi}{2}$. 3.单调增加.
$y = \operatorname{arccot} x$	定义域:$(-\infty, +\infty)$. 1.$0 < \operatorname{arccot} x < \pi$. 2.单调减少.

1.2.2 复合函数

定义 1.2.1 如果 y 是 u 的函数 $y = f(u)$,u 是 x 的函数 $u = \varphi(x)$,当 x 在某一区间上取值时,相应的 u 值使 y 有定义,则称 y 是 x 的复合函数,记为 $y = f[\varphi(x)]$,其中 x 是自变量,u 是中间变量.

注意

①只有满足定义的两个函数方可复合成一个复合函数.

②中间变量可以多个.

例 1 设 $f(u) = \sqrt{u}$,$u = \varphi(x) = 1 - x^2$,求 $f[\varphi(x)]$.

解 $f[\varphi(x)] = \sqrt{1 - x^2}$,定义域为 $[-1, 1]$.它是 $\varphi(x) = 1 - x^2$ 的定义域 $(-\infty, +\infty)$ 中的一部分.

例 2 设 $f(u) = u^2$,$u = \varphi(v) = \ln v$,$v = v(x) = 1 + x$,求 $f\{u[v(x)]\}$.

解 $f\{u[v(x)]\} = \ln^2(1 + x)$,定义域为 $(-1, +\infty)$.它的定义域是 $v(x) = 1 + x$ 定义域 $(-\infty, +\infty)$ 的一部分.

例 3 设 $f(u) = \sqrt{u}$,$u = \varphi(x) = \sin x - 2$,问 $f(u)$ 与 $\varphi(x)$ 能否复合成复合函数 $f[\varphi(x)]$?

解　$f(u)=\sqrt{u}$ 的定义域为 $[0,+\infty)$，而 $u=\varphi(x)=\sin x-2$，当 x 在其定义域 $(-\infty,+\infty)$ 取值时，相应的 u 值 $-3\leqslant u\leqslant-1$，显然 $f(u)$ 无定义，故不能复合成复合函数.

例4　设 $f(x)=\arcsin x$，$\varphi(x)=2^{-x}$，求 $f[\varphi(x)]$，$\varphi[f(x)]$.

解　$f[\varphi(x)]=\arcsin \varphi(x)=\arcsin 2^{-x}$，

$\varphi[f(x)]=2^{-f(x)}=2^{-\arcsin x}$.

例5　设 $f(x)=\dfrac{1}{1-x}$，求 $f[f(x)]$，$f\{f[f(x)]\}$.

解　$f[f(x)]=\dfrac{1}{1-f(x)}=\dfrac{1}{1-\dfrac{1}{1-x}}=\dfrac{x-1}{x}$，

$$f\{f[f(x)]\}=\dfrac{1}{1-f[f(x)]}=\dfrac{1}{1-\dfrac{x-1}{x}}=x.$$

例6　分析复合函数 $y=\dfrac{1}{\sqrt{\ln(x^2-1)}}$ 的复合结构.

解　$y=u^{-\frac{1}{2}}$，$u=\ln v$，$v=x^2-1$，故 $y=\dfrac{1}{\sqrt{\ln(x^2-1)}}$ 是由 $y=u^{-\frac{1}{2}}$，$u=\ln v$，$v=x^2-1$ 复合而成.

例7　分析函数 $y=\arctan\sqrt{3^{x^2+1}}$ 的复合结构.

解　所给函数由 $y=\arctan u$，$u=\sqrt{v}$，$v=3^t$，$t=x^2+1$ 四个函数复合而成.

例8　设 $f(\lg x)$ 的定义域为 $(1,10)$，求 $f(x)$ 的定义域.

解　由题设 $\lg 1<\lg x<\lg 10$，即 $0<\lg x<1$，故 $f(x)$ 的定义域为 $(0,1)$.

1.2.3　初等函数

定义1.2.2　由基本初等函数及常数经过有限次四则运算及复合步骤所构成的且用一个解析式表示的函数，称为初等函数.

例如　$y=\sqrt[3]{x^2-1}$，$y=\ln\arctan\sqrt{x}$，$y=\dfrac{x^2+x+1}{x+1}$，$y=e^{-2x}$ 都

是初等函数,而

$$y = 1 + x + x^2 + \cdots + x^n + \cdots,$$

$$f(x) = \begin{cases} x - 3, & 1 < x \leqslant 2, \\ 2 - x^2, & -3 \leqslant x \leqslant 1 \end{cases}$$ 都不是初等函数. 高等数学研究的

对象大多数是初等函数,在运算中常常把一个初等函数分解成基本初等函数或基本初等函数的四则运算的形式进行研究,因此必须学会分析初等函数的结构.

例 9　分析函数 $y = \tan \mathrm{e}^{-\sqrt{1+x^2}}$ 的结构.

解　$y = \tan u, u = \mathrm{e}^v, v = -\sqrt{t}, t = 1 + x^2.$

例 10　分析函数 $y = x^2 + \arcsin \sqrt{1 - x^2}$ 的结构.

解　$y = u + v,$

$$u = x^2, v = \arcsin w, w = \sqrt{t}, t = 1 - x^2.$$

习题 1-2

1. 写出由下列函数组构成的复合函数,并求复合函数的定义域.

(1) $y = \arcsin u, u = (1 - x)^2$;

(2) $y = \ln u, u = 1 - x^2$;

(3) $y = \dfrac{1}{2} \sqrt[3]{u^2}, u = \log_a v, v = \sqrt{t}, t = x^2 + 2x.$

2. 设 $f(x) = x^2, \varphi(x) = 2^x$, 求 $f[\varphi(x)], \varphi[f(x)].$

3. 设 $F(x) = \mathrm{e}^x$, 证明:

(1) $F(x) \cdot F(y) = F(x + y)$;　　(2) $\dfrac{F(x)}{F(y)} = F(x - y).$

4. 设 $f(x) = \lg x$, 证明 $f(x) + f(x + 1) = f[x(x + 1)].$

5. 分析下列初等函数的结构.

(1) $y = (1 + x)^{\frac{3}{2}}$;　　　　　　(2) $y = \cos^2\left(3x + \dfrac{\pi}{4}\right)$;

(3) $y = (\arcsin \sqrt{1 - x^2})^3$;　　(4) $y = \ln\left(\tan \dfrac{x}{2}\right)$;

(5) $y = 5(3x + 1)^2$;　　　　　　(6) $y = x^2 + \cos^3 x.$

6. 设 $f(x) = \dfrac{x}{\sqrt{1 + x^2}}$, 求 $\underbrace{f\{f[f\cdots f(x)]\}}_{n\text{次}}.$

1.3　建立函数关系举例

解决实际问题往往需要寻找变量之间的函数关系,有时需要建立函数关系式.下面举几个建立函数关系式的例子.

例 1　把圆心角为 α 的扇形卷成一个圆锥,试求圆锥顶角 ω 与 α 的函数关系.

解　设扇形 AOB 的圆心角是 α,半径为 r(图 1-10),于是弧 $\overset{\frown}{AB}$ 的长度等于 $r\alpha$(α 是弧度值),把这个扇形卷成圆锥后,它的顶角为 ω,底圆周长为 $r\alpha$,所以底圆半径

$$CD = \frac{r\alpha}{2\pi}.$$

因为

$$\sin\frac{\omega}{2} = \frac{\dfrac{r\alpha}{2\pi}}{r} = \frac{\alpha}{2\pi},$$

故

$$\omega = 2\arcsin\frac{\alpha}{2\pi} \quad (0 < \alpha < 2\pi).$$

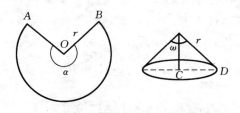

图 1-10

例 2　质量为 G 的物体放在地平面上,有一大小为 F 的力作用于该物体上,此作用力与地平面的交角为 $\theta\left(0 \leqslant \theta \leqslant \dfrac{\pi}{2}\right)$(图 1-11).欲使此力沿水平方向的分力与物体对于地面的摩擦力平衡,F 与 θ 应有什么关系?

解　作用力沿水平方向的分力是 $F\cos\theta$,垂直地面的分力是 $F\sin\theta$,物体对于地平面的摩擦力

$$R = \mu(G - F\sin\theta) \quad (\mu \text{ 为摩擦系数}).$$

因为要使作用力沿水平方向的分力与摩擦力平衡,故有

$$F\cos\theta = \mu(G - F\sin\theta),$$

即　　　　$F = \dfrac{\mu G}{\cos\theta + \mu\sin\theta} \quad \left(0 \leqslant \theta \leqslant \dfrac{\pi}{2}\right).$

例 3　已知铁路线上 AB 段的距离为 100 km.工厂 C 离 A 处为 20 km,AC 垂直于 AB(图 1-12).为了运输需要,要在 AB 线上选定一点 D 向工厂 C 修筑一条公路.已知铁路上每千米货运的运费为 $3k$ 元,公路上每千米货运的运费为 $5k$ 元(k 为某个正数).设 $AD = x$(km),建立使货物从供应站 B 运到工厂 C 的总运费与 x 之间的函数关系式.

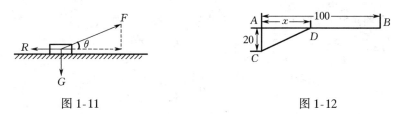

图 1-11　　　　　　　　　　　　　　　图 1-12

解　因 $DB = 100 - x$,$CD = \sqrt{20^2 + x^2} = \sqrt{400 + x^2}$,设从点 B 到点 C 需要的总运费为 y,则

$$y = 5k \cdot CD + 3k \cdot DB,$$

即　　　　$y = 5k\sqrt{400 + x^2} + 3k(100 - x) \quad (0 \leqslant x \leqslant 100).$

习题 1-3

1. 把横断面近似于圆形的木材(直径 $d = 30$ cm),锯成长与宽分别为 h 和 b 的矩形断面的方木(图 1-13).试将锯成的截面积 A 表示为 b 的函数.

2. 已知一个三角波(图 1-14),求 y 与 t 函数关系.

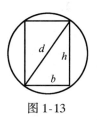

图 1-13

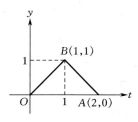

图 1-14

3.设 P 为密度不均匀的细杆 OB 上的任一点,而 OP 段的质量与 OP 的长度的平方成正比,已知 $OP = 4$ 时, OP 的质量为 8 个单位,求 OP 的质量与长度的函数关系 $m = f(x)$(图 1-15).

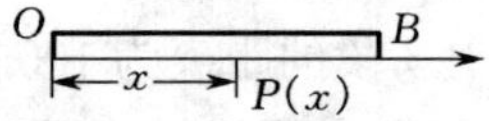

图 1-15

练习题(1)

单项选择题:

1.将函数 $f(x) = 1 + |x-1|$ 表示为分段函数时, $f(x) = ($　　　$)$.

(A) $\begin{cases} 2-x, & x \geqslant 0, \\ x, & x < 0 \end{cases}$　　　　　(B) $\begin{cases} x, & x \geqslant 0, \\ 2-x, & x < 0 \end{cases}$

(C) $\begin{cases} x, & x \geqslant 1, \\ 2-x, & x < 1 \end{cases}$　　　　　(D) $\begin{cases} 2-x, & x \geqslant 1, \\ x, & x < 1 \end{cases}$

2.函数 $y = \arcsin\ln x + \sqrt{1-x}$ 的定义域是(　　　).

(A) $[e^{-1}, e]$　　　(B) $[1, e]$　　　(C) $[e^{-1}, 1]$、$[1, e]$　　　(D) $[e^{-1}, 1]$

3.设函数 $f(x+1)$ 的定义域是 $[0,1]$,则 $f(x)$ 的定义域为(　　　).

(A) $[1, 2]$　　　(B) $[0, 1]$　　　(C) $[-1, 0]$　　　(D) $[-2, -1]$

4.设函数 $f(x) = \begin{cases} x, & |x| < 1, \\ x+1, & 1 \leqslant |x| \leqslant 4, \end{cases}$ 则 $f(x^2)$ 的定义域为(　　　).

(A) $[-4, 4]$　　　(B) $[-1, 1]$　　　(C) $[1, 4]$　　　(D) $[-2, 2]$

5.设 $f(x-2) = x^2 + 1$,则 $f(x+1) = ($　　　$)$.

(A) $x^2 + 2x + 2$　　　　　(B) $x^2 + 6x + 10$

(C) $x^2 - 4x + 5$　　　　　(D) $x^2 - 6x - 10$

6.设 $f(x) = \dfrac{1}{x}$, $\varphi(x) = 2 - \sqrt{x}$,则 $f[\varphi(x)]$ 定义域为(　　　).

(A) $(0, 4), (4, +\infty)$　　　　　(B) $[0, 4), (4, +\infty)$

(C) $(0, 2), (2, +\infty)$　　　　　(D) $[0, 2), (2, +\infty)$

7.设 $f\left(\sin\dfrac{x}{2}\right) = 1 + \cos x$,则 $f(x) = ($　　　$)$.

(A) $1 + x$　　　(B) $1 + x^2$　　　(C) $2 - 2x^2$　　　(D) $2 + 2x^2$

8.下列各对函数中,表示相同函数的是(　　　).

(A)$f_1(x) = x\sqrt{x-1}, f_2(x) = \sqrt{x^3 - x^2}$

(B)$f_1(x) = \arcsin(\sin x), f_2(x) = x$

(C)$f_1(x) = \ln x^2, f_2(x) = 2\ln x$

(D)$f_1(x) = 1 + \cos 2x, f_2(x) = 2\cos^2 x$

9. 函数 $y = \log_4 \sqrt{x} + \log_4 2$ 的反函数是(　　).

(A)$y = 4^{2x-1}$ (B)$y = 4x - 1$

(C)$y = 2^{2x-1}$ (D)$y = 4^{x-1}$

10. 设函数 $f(x) = \dfrac{x(e^x - 1)}{e^x + 1}$, 则该函数是(　　).

(A)偶函数   (B)奇函数

(C)非奇非偶函数   (D)周期函数

11. 下列函数中为周期函数的是(　　).

(A)$y = \sin x^3$ (B)$y = \tan(2x + 3)$

(C)$y = x\cos x$ (D)$y = \arcsin 3x$

12. 下列函数在给定区间上为有界函数的是(　　).

(A)$y = \sec x, (0, \pi)$ (B)$y = \tan x, \left(-\dfrac{\pi}{2}, 0\right)$

(C)$y = \dfrac{1}{x}, (0.1, 1)$ (D)$y = \dfrac{1}{x-1}, (0, 1)$

13. 函数 $y = \arctan x$ 在 $(-\infty, +\infty)$ 内是(　　).

(A)无界函数   (B)周期函数

(C)有界函数   (D)偶函数

14. 下列函数为基本初等函数的是(　　).

(A)$y = x - \tan x$ (B)$y = 1 + |x|$

(C)$y = x^{-\frac{2}{3}}$ (D)$y = 3^{|x|}$

15. 设 $f(x) = \dfrac{2x-1}{x+1}$ 与 $\varphi(x)$ 关于直线 $y = x$ 对称, 则 $\varphi(x) = ($　　$)$.

(A)$\dfrac{2x-1}{x+1}$ (B)$\dfrac{x+1}{2x-1}$

(C)$\dfrac{2-x}{1+x}$ (D)$\dfrac{1+x}{2-x}$

16. 下列各组函数中, 能够构成复合函数的是(　　).

(A)$y = \ln u, u = -x^2 - 1$

(B)$y = 3^x, x = \cos t$

(C)$y=\arcsin u$，$u=2+x^2$

(D)$y=\sqrt{u}$，$u=2x-x^2-2$

17.设 $\varphi(x)=1-2x$，$f[\varphi(x)]=\dfrac{1}{x^2}-1$，则 $f\left(\dfrac{1}{2}\right)=(\quad)$.

(A)3　　　　(B)$\dfrac{1}{3}$　　　　(C)$\dfrac{15}{16}$　　　　(D)15

18.设 $f(x)$ 是以 3 为周期的奇函数，且 $f(-1)=-1$，则 $f(7)=(\quad)$.

(A)1　　　　(B)-1　　　　(C)2　　　　(D)-2

习题答案

习题 1-1

1.(1)$(2,6]$；(2)$(-\infty,1]$，$[3,+\infty)$.

2.(1)不相同；(2)不相同；(3)不相同；(4)相同.

3.(1)$(-\infty,-2]$，$[2,+\infty)$；(2)$(0,1]$；(3)$(-\infty,1)$，$(1,2)$，$(2,+\infty)$；

(4)$(-\infty,1)$，$(2,+\infty)$；(5)$[4k^2\pi^2,(2k+1)^2\pi^2]$，$k=0,1,2,\cdots$；

(6)$(1,+\infty)$.

4.(1)$f(0)=-2$，$f(1)=-\dfrac{1}{2}$，$f\left(-\dfrac{1}{2}\right)=-5$，$f(a)=\dfrac{a-2}{a+1}(a\neq-1)$；

(2)$f(-x)=\dfrac{1+x}{1-x}$，$f(x+1)=-\dfrac{x}{x+2}$，$f\left(\dfrac{1}{x}\right)=\dfrac{x-1}{x+1}(x\neq0)$；(3)$a$.

5.$f(x)=x^2+x+3$，$f(x-1)=x^2-x+3$.

7.(1)非奇非偶函数；(2)偶函数；(3)奇函数；(4)奇函数.

8.略.

9.(1)4π；(2)π；(3)π；(4)2.

10.(1)$y=x^3-1$；(2)$y=\lg x-1$；(3)$y=\begin{cases}x,&-\infty<x<1,\\\sqrt{x},&1\leqslant x\leqslant4,\\\log_2 x,&4<x<+\infty.\end{cases}$

习题 1-2

1.(1)$y=\arcsin(1-x)^2\ [0,2]$；(2)$y=\ln(1-x^2)\ (-1,1)$；

(3)$y=\dfrac{1}{2}\sqrt[3]{\log_a^2\sqrt{x^2+2x}}\quad(-\infty,-2)$，$(0,+\infty)$.

2.$f(\varphi(x))=4^x$，$\varphi[f(x)]=2^{x^2}$.

5.(1)$y=u^{\frac{3}{2}}$，$u=1+x$；(2)$y=u^2$，$u=\cos v$，$v=3x+\dfrac{\pi}{4}$；

(3) $y = u^3$, $u = \arcsin v$, $v = \sqrt{t}$, $t = 1 - x^2$;

(4) $y = \ln u$, $u = \tan v$, $v = \dfrac{x}{2}$;

(5) $y = 5u^2$, $u = 3x + 1$; (6) $y = x^2 + v^3$, $v = \cos x$.

6. $\dfrac{x}{\sqrt{1 + nx^2}}$.

习题 1-3

1. $A = b\sqrt{d^2 - b^2}$.

2. $y = \begin{cases} t, & 0 \leqslant t \leqslant 1, \\ 2 - t, & 1 < t \leqslant 2. \end{cases}$

3. $m = \dfrac{x^2}{2}$ ($0 \leqslant x \leqslant l$, 其中 l 是 OB 的全长).

练习题(1)

单项选择题：

1.(C)　**2.**(D)　**3.**(A)　**4.**(D)　**5.**(B)　**6.**(B)　**7.**(C)　**8.**(D)　**9.**(A)

10.(A)　**11.**(B)　**12.**(C)　**13.**(C)　**14.**(C)　**15.**(D)　**16.**(B)

17.(D)

由 $\dfrac{1}{2} = 1 - 2x$, 得 $x = \dfrac{1}{4}$, 所以 $f\left(\dfrac{1}{2}\right) = f\left[\varphi\left(\dfrac{1}{4}\right)\right] = 4^2 - 1 = 15$.

18.(A)

$f(7) = f(1 + 2 \times 3) = f(1) = -f(-1) = 1$.

第 2 章　极 限 与 连 续

极限概念是高等数学中最重要、最基本的概念,函数的连续性则是与极限概念有着紧密联系的另一重要概念.本章主要介绍极限的概念、运算与基本性质;介绍函数的连续性及其有关性质.

2.1　数列的极限

2.1.1　数列的概念

定义 2.1.1　按自然数顺序,依次排列的一列数
$$x_1, x_2, x_3, \cdots, x_n, \cdots$$
称为数列,记为 $\{x_n\}$.其中每一个数称为数列的一项,第 n 项 x_n 称为数列的通项或一般项.

例如:
$$2, \frac{3}{2}, \frac{4}{3}, \cdots, \frac{n+1}{n}, \cdots,$$
$$1, \frac{1}{3}, \frac{1}{5}, \cdots, \frac{1}{2n-1}, \cdots,$$
$$1, \frac{1}{2}, \frac{1}{2^2}, \cdots, \frac{1}{2^{n-1}}, \cdots,$$
$$1, -1, 1, -1, \cdots, (-1)^{n+1}, \cdots,$$
$$2, 3, 4, 5, \cdots, (n+1), \cdots$$
都是数列.它们的通项依次是
$$\frac{n+1}{n}, \frac{1}{2n-1}, \frac{1}{2^{n-1}}, (-1)^{n+1}, (n+1).$$

数列 $\{x_n\}$ 也可以看作自变量为正整数的函数
$$x_n = f(n), n = 1, 2, 3, \cdots.$$

因为当自变量 n 依次取 $1, 2, 3, \cdots$ 时,对应函数值排列成数列 $x_n = f(n)$.

$$f(1), f(2), f(3), \cdots, f(n), \cdots$$

$x_n = f(n)$ 又称为整标函数.

2.1.2　数列的极限

考察数列 $\{x_n\}$ 当 n 无限增大时的变化趋势. n 无限增大,数学上记为 $n \to \infty$.

例 1　考察数列 $\left\{\dfrac{n+1}{n}\right\}$ 当 n 无限增大时的变化趋势.

解　通项 $x_n = \dfrac{n+1}{n} = 1 + \dfrac{1}{n}$. 易见当 n 越大时, x_n 越接近 1, $|x_n - 1|$ 也就越小(即数轴上点 x_n 与点 $a = 1$ 的距离越来越小). 当 n 无限增大时, x_n 就无限接近数 $a = 1$,即当 n 无限增大时,点 x_n 与点 $a = 1$ 的距离 $|x_n - 1|$ 可以任意小,也就是说,对于任意给定的正数 ε(不管 ε 多小),当 n 充分大(记为第 N 项)以后的一切 x_n,都满足 $|x_n - 1| = \left| 1 + \dfrac{1}{n} - 1 \right| = \dfrac{1}{n} < \varepsilon$.

例如,给定 $\varepsilon = \dfrac{1}{100}$,要使 $|x_n - 1| < \dfrac{1}{100}$,只要 $n > 100$(可取 $N = 100$)就可以了,即从 $n = 101$ 开始以后的所有项 x_n 都满足 $|x_n - 1| < \dfrac{1}{100}$.

给定 $\varepsilon = \dfrac{1}{1\,000}$,只要当 $n > 1\,000$(取 $N = 1\,000$),即从 $n = 1\,001$ 开始以后所有的项 $x_{1\,001}, x_{1\,002}, x_{1\,003}, \cdots$ 都满足 $|x_n - 1| < \dfrac{1}{1\,000}$.

一般地,不论给定 ε 是多么小的正数,总存在一个正整数 N,使得对于 $n > N$ 的一切 x_n,满足 $|x_n - 1| < \varepsilon$,称数 $a = 1$ 是 $\left\{\dfrac{n+1}{n}\right\}$ 当 $n \to \infty$ 时的极限.

2.1.2.1　数列极限的定义

定义 2.1.2　设给定数列 $\{x_n\}$ 和常数 a,如果对于任意给定的正数 ε,总存在正整数 N,对于 $n > N$ 的一切 x_n,均有 $|x_n - a| < \varepsilon$ 成立,

则称数 a 是数列 $\{x_n\}$ 的极限,记为 $\lim\limits_{n\to\infty} x_n = a$ 或 $x_n \to a(n\to\infty)$. 这时,也称数列 $\{x_n\}$ 收敛于 a.

若数列 $\{x_n\}$ 没有极限,则称数列 $\{x_n\}$ 发散.

该定义没有给出数列极限的求法,但可以根据定义证明 a 是数列 $\{x_n\}$ 的极限.

值得注意的是,定义中的 $\varepsilon > 0$ 是任意给定的,而正整数 N 依赖于 ε 且不惟一,定义要求只要存在一个 N 就可以了.

2.1.2.2　$\lim\limits_{n\to\infty} x_n = a$ 的几何意义

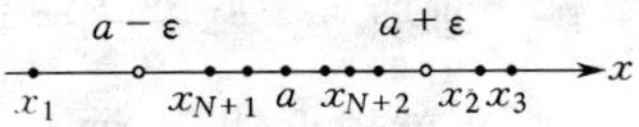

从几何上看,数列 $\{x_n\}$ 是数轴上的一串点,a 是数轴上一个定点. 在数

图 2-1

轴上任意做出点 a 的 ε 邻域,即开区间 $(a-\varepsilon, a+\varepsilon)$,当 $n > N$ 时的一切 x_n 都落在该邻域内,而只有有限多个点(最多 N 个)落在该邻域的外面(如图 2-1).

例 2　证明数列 $\left\{\dfrac{n+1}{n}\right\}$ 的极限是 1.

证　任给 $\varepsilon > 0$,要使 $|x_n - 1| = \left|\dfrac{n+1}{n} - 1\right| = \dfrac{1}{n} < \varepsilon$,只要 $n > \dfrac{1}{\varepsilon}$,取正整数 $N = \left[\dfrac{1}{\varepsilon}\right]^*$,当 $n > N$ 时,有 $\left|\dfrac{n+1}{n} - 1\right| < \varepsilon$ 成立,故

$$\lim_{n\to\infty}\frac{n+1}{n} = 1.$$

例 3　证明数列 $\{x_n\}$:$1, \dfrac{1}{4}, \dfrac{2}{3}, \cdots, \dfrac{n+(-1)^{n-1}}{2n}, \cdots$ 的极限是 $\dfrac{1}{2}$.

证　任给 $\varepsilon > 0$,要使 $\left|x_n - \dfrac{1}{2}\right| = \left|\dfrac{n+(-1)^{n-1}}{2n} - \dfrac{1}{2}\right| = \dfrac{1}{2n} < \varepsilon$,只要 $n > \dfrac{1}{2\varepsilon}$,取 $N = \left[\dfrac{1}{2\varepsilon}\right]$.

当 $n > N$ 时,有

$$\left|\frac{n+(-1)^{n-1}}{2n} - \frac{1}{2}\right| < \varepsilon$$

---

* $\left[\dfrac{1}{\varepsilon}\right]$ 表示不超过 $\dfrac{1}{2}$ 的最大整数.

成立,所以　　$\lim\limits_{n\to\infty}\dfrac{n+(-1)^{n-1}}{2n}=\dfrac{1}{2}$.

2.1.2.3　数列极限的惟一性

如果数列$\{x_n\}$有极限,则极限值惟一(证略).

2.1.3　收敛数列的有界性

2.1.3.1　数列的有界性

定义 2.1.3　对于数列$\{x_n\}$,如果存在正数 M,使得对于一切 n,都有$|x_n|\leqslant M$ 成立,则称数列$\{x_n\}$有界,否则称$\{x_n\}$无界.

2.1.3.2　收敛数列的有界性

定理 2.1.1　如果数列$\{x_n\}$收敛,则数列$\{x_n\}$一定有界.

证　由条件 $\lim\limits_{n\to\infty}x_n=a$,给定 $\varepsilon=1$,存在正整数 N,当 $n>N$ 时,$|x_n-a|<1$成立,即当 $n>N$ 时

$$|x_n|=|x_n-a+a|\leqslant|x_n-a|+|a|<1+|a|.$$

取 $M=\max\{|x_1|,|x_2|,\cdots,|x_N|,1+|a|\}$(即 M 是$|x_1|,|x_2|,\cdots,$ $|x_N|,1+|a|$ 这 $N+1$ 个数中的最大者),对一切 n,都有$|x_n|\leqslant M$ 成立.所以,数列$\{x_n\}$是有界的.

由定理可知,如果数列$\{x_n\}$无界,则该数列一定发散.但如果数列$\{x_n\}$有界,却不能断定$\{x_n\}$一定收敛.例如数列

$$1,-1,1,-1,\cdots,(-1)^{n-1},\cdots$$

有界,但该数列发散;又如数列

$$2,4,6,\cdots,(2n),\cdots$$

无界,因此该数列发散.

习题 2-1

1. 观察下列数列有无极限,若有极限指出其极限值.

(1) $x_n=\dfrac{(-1)^n}{2n+1}$;　　　　(2) $x_n=\dfrac{2n-1}{n+1}$;

(3) $x_n=\dfrac{2^n-(-1)^n}{2^n}$;　　　　(4) $x_n=n+1$.

2. 根据数列极限定义证明:

(1) $\lim\limits_{n\to\infty}\dfrac{(-1)^n}{n}=0$;　　　　(2) $\lim\limits_{n\to\infty}\dfrac{n+(-1)^n}{n}=1$.

2.2　函数的极限

函数的极限根据自变量 x 的变化过程分两种情况讨论,一种是 $|x|$ 无限增大(记为 $x \to \infty$),另一种是 x 无限接近 x_0(记为 $x \to x_0$).

2.2.1　$x \to \infty$ 情形

数列 $\{x_n\}$ 可以看作整标函数 $x_n = f(n)$,因此数列极限 $\lim\limits_{n \to \infty} x_n = a$ 又可写为 $\lim\limits_{n \to \infty} f(n) = a$,其中 n 取正整数.

类似地可以考虑自变量 x 连续变化.当 $|x|$ 无限增大时,函数 $f(x)$ 无限趋近于常数 A 的情况.如果 $f(x)$ 在 $|x| > X$ 时有意义,当 $|x|$ 无限增大时,$f(x)$ 无限趋近于确定的常数 A,则称 A 是 $f(x)$ 当 $x \to \infty$ 时的极限.下面给出极限的精确定义.

定义 2.2.1　任给 $\varepsilon > 0$,总存在正数 X,使得对于满足 $|x| > X$ 的一切 x,对应的函数值 $f(x)$ 都满足不等式 $|f(x) - A| < \varepsilon$,则称常数 A 是 $f(x)$ 当 $x \to \infty$ 时的极限,记为

$$\lim_{x \to \infty} f(x) = A \text{ 或 } f(x) \to A (x \to \infty).$$

$|x|$ 无限增大分两种情况.当 $x > 0$ 时记为 $x \to +\infty$;当 $x < 0$ 时记为 $x \to -\infty$.把上述定义中的 $|x| > X$ 改为 $x > X$,可得到 $\lim\limits_{x \to +\infty} f(x) = A$ 的定义;把 $|x| > X$ 改为 $x < -X$,又可得到 $\lim\limits_{x \to -\infty} f(x) = A$ 的定义.

$\lim\limits_{x \to \infty} f(x) = A$ 的几何意义如下.

对任给的 $\varepsilon > 0$,作直线 $y = A - \varepsilon$,$y = A + \varepsilon$,总有一个正数 X 存在,当 $|x| > X$ 时,函数 $y = f(x)$ 的图形位于这两条直线之间(图 2-2).

例 1　证明 $\lim\limits_{x \to \infty} \dfrac{1}{x} = 0$.

证　任给 $\varepsilon > 0$,要使 $\left| \dfrac{1}{x} - 0 \right| < \varepsilon$,只需 $\dfrac{1}{|x|} < \varepsilon$,$|x| > \dfrac{1}{\varepsilon}$.取 $X = \dfrac{1}{\varepsilon}$,当 $|x| > X$ 时,有 $\left| \dfrac{1}{x} - 0 \right| < \varepsilon$,故 $\lim\limits_{x \to \infty} \dfrac{1}{x} = 0$.

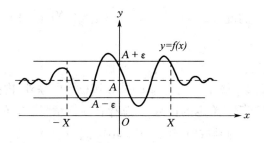

图 2-2

同理可以证明 $\lim\limits_{x \to \infty} \dfrac{1}{x^n} = 0$ （$n > 0$）.

例 2　证明 $\lim\limits_{x \to -\infty} \dfrac{2x-1}{x} = 2$.

证　任给 $\varepsilon > 0$，要使 $\left| \dfrac{2x-1}{x} - 2 \right| < \varepsilon$，即 $\left| 2 - \dfrac{1}{x} - 2 \right| < \varepsilon$，$\dfrac{1}{|x|} < \varepsilon$，只需 $|x| > \dfrac{1}{\varepsilon}$.

取 $X = \dfrac{1}{\varepsilon}$，当 $x < -X = -\dfrac{1}{\varepsilon}$ 时，$\left| \dfrac{2x-1}{x} - 2 \right| < \varepsilon$.

故　　$\lim\limits_{x \to -\infty} \dfrac{2x-1}{x} = 2$.

2.2.2　$x \to x_0$ 情形

考察当 x 任意地趋近于 x_0 时，函数值 $f(x)$ 的变化趋势.

例如 $f(x) = \dfrac{x^2-1}{x-1}$（$x \neq 1$），由图 2-3 可以看出，当 x 无限趋近于 1（$x \neq 1$）时，函数值 $f(x)$ 无限趋近于 2. 也就是说，当 x 与 1 的距离 $|x-1|$ 充分小，$f(x)$ 与 2 的距离 $|f(x)-2|$ 可以任意地小，任给 $\varepsilon > 0$，都有 $|f(x) - 2| < \varepsilon$，只要 $|x-1|$（$x \neq 1$）充分小，取 $\delta = \varepsilon$，使对 $0 < |x-1| < \delta$ 的一切 x，都有 $|f(x) -$

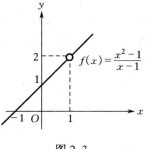

图 2-3

$2|<\varepsilon$ 成立,我们说 2 是 $f(x)=\dfrac{x^2-1}{x-1}(x\neq1)$ 当 $x\to1$ 时的极限.下面给出极限定义.

2.2.2.1　定义

定义 2.2.2　设 $f(x)$ 在 x_0 的某邻域(x_0 可除外)内有定义,A 为常数.如果对于任意给定的正数 ε,总存在正数 δ,使当 $0<|x-x_0|<\delta$ 的一切 x,对应的函数值 $f(x)$ 满足不等式 $|f(x)-A|<\varepsilon$,则称常数 A 为 $f(x)$ 当 $x\to x_0$ 时的极限,记为

$$\lim_{x\to x_0}f(x)=A \text{ 或 } f(x)\to A(x\to x_0).$$

值得注意的是:ε 是任意给定的正数,δ 是依赖 ε 而变化的,δ 不惟一,取定一个 $\delta>0$ 就可以了.

$\lim\limits_{x\to x_0}f(x)=A$ 与 $f(x)$ 在点 x_0 是否有定义无关,即 $f(x_0)$ 有意义,A 也不一定等于 $f(x_0)$.

2.2.2.2　$\lim\limits_{x\to x_0}f(x)=A$ 的几何意义

由于 $|f(x)-A|<\varepsilon$ 相当于 $A-\varepsilon<f(x)<A+\varepsilon$;而 $0<|x-x_0|<\delta$ 相当于 $x_0-\delta<x<x_0+\delta(x\neq x_0)$.

因此 $\lim\limits_{x\to x_0}f(x)=A$ 的几何意义是,任给 $\varepsilon>0$,作两条直线 $y=A-\varepsilon,y=A+\varepsilon$,总存在 x_0 的一个 δ 邻域(x_0 可除外).在此邻域内函数 $f(x)$ 的图形全都落在这两条直线之间(见图 2-4).

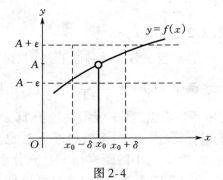

图 2-4

例 3　证明 $\lim\limits_{x\to x_0}c=c$.

证　任给 $\varepsilon>0$,因为

$$|f(x)-c|=|c-c|=0,$$所以可任取 $\delta>0$,当 $0<|x-x_0|<\delta$ 时,都有不等式

$$|f(x)-c|=0<\varepsilon,$$

所以 $\lim\limits_{x \to x_0} c = c$.

例 4 证明 $\lim\limits_{x \to x_0} x = x_0$.

证 对于任给的 $\varepsilon > 0$,要使 $|f(x) - x_0| = |x - x_0| < \varepsilon$ 成立,只需取 $\delta = \varepsilon$,当 $0 < |x - x_0| < \delta$ 时,$|f(x) - x_0| = |x - x_0| < \varepsilon$ 成立,因此 $\lim\limits_{x \to x_0} x = x_0$.

例 5 证明 $\lim\limits_{x \to x_0} (3x - 2) = 3x_0 - 2$.

证 任给 $\varepsilon > 0$,要使 $|f(x) - (3x_0 - 2)| = |3x - 2 - 3x_0 + 2| = 3|x - x_0| < \varepsilon$,只要 $|x - x_0| < \dfrac{\varepsilon}{3}$,取 $\delta = \dfrac{\varepsilon}{3}$,当 $0 < |x - x_0| < \delta$ 时,$|3x - 2 - (3x_0 - 2)| < \varepsilon$.

故 $\lim\limits_{x \to x_0} (3x - 2) = 3x_0 - 2$.

同样地,可以证明

$$\lim\limits_{x \to x_0} (ax^n + b) = ax_0^n + b \quad (n \text{ 为正整数}),$$

$$\lim\limits_{x \to x_0} \sqrt[n]{x} = \sqrt[n]{x_0} \quad (n \text{ 为正整数}),$$

$$\lim\limits_{x \to x_0} \sin x = \sin x_0,$$

$$\lim\limits_{x \to x_0} \ln x = \ln x_0, x_0 \neq 0,$$

$$\lim\limits_{x \to x_0} \frac{x^2 - x_0^2}{x - x_0} = 2x_0.$$

2.2.2.3 函数在点 x_0 的左、右极限

$x \to x_0$ 是指 x 从 x_0 的左、右两侧同时趋近于 x_0;当 x 从 x_0 的左侧趋近于 x_0 时,记为 $x \to x_0 - 0$ 或 $x \to x_0^-$;当 x 从 x_0 的右侧趋近于 x_0 时,记为 $x \to x_0 + 0$ 或 $x \to x_0^+$.

如果 $x \to x_0 - 0 (x \to x_0 + 0)$,函数 $f(x)$ 有极限,则称该极限值为 $f(x)$ 在点 x_0 的左(右)极限.

下面用"$\varepsilon - \delta$"语言给出精确定义.

定义 2.2.3 任意给定 $\varepsilon > 0$,总存在正数 δ,使得对于适合不等式

$0 < x - x_0 < \delta$(或 $0 < x_0 - x < \delta$)的一切 x,对应函数值 $f(x)$ 满足不等式

$$|f(x) - A| < \varepsilon,$$

则称 A 为 $f(x)$ 在点 x_0 的右(或左)极限,记为

$$\lim_{x \to x_0 + 0} f(x) = A \text{ 或 } f(x_0 + 0) = A$$

(或 $\lim_{x \to x_0 - 0} f(x) = A$ 或 $f(x_0 - 0) = A$).

由 $x \to x_0$ 时,$f(x)$ 的极限定义及 $f(x)$ 在点 x_0 的左、右极限定义,可以得到下面定理.

定理 2.2.1 $\lim_{x \to x_0} f(x)$ 存在的充分必要条件是 $f(x)$ 在点 x_0 的左、右极限都存在且相等: $\lim_{x \to x_0 - 0} f(x) = \lim_{x \to x_0 + 0} f(x)$.

例 6 设 $f(x) = \begin{cases} 1 - x, & x \leqslant 1, \\ 1 + x, & x > 1. \end{cases}$

求 $\lim_{x \to 1} f(x)$.

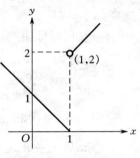

图 2-5

解 因为

$$\lim_{x \to 1 - 0} f(x) = \lim_{x \to 1 - 0} (1 - x) = 0,$$

$$\lim_{x \to 1 + 0} f(x) = \lim_{x \to 1 + 0} (1 + x) = 2,$$

函数的左、右极限都存在但不相等,故

$\lim_{x \to 1} f(x)$ 不存在.

这也可以从图 2-5 中看出.

例 7 设 $f(x) = \begin{cases} 2 - x, & x \leqslant -1, \\ 4 + x, & x > -1. \end{cases}$ 求 $\lim_{x \to -1} f(x)$.

解 因为

$$\lim_{x \to -1 - 0} f(x) = \lim_{x \to -1 - 0} (2 - x) = 3,$$

$$\lim_{x \to -1 + 0} f(x) = \lim_{x \to -1 + 0} (4 + x) = 3,$$

所以 $\quad \lim_{x \to -1} f(x) = 3.$

2.2.3　函数极限的性质

定理 2.2.2(同号性定理)　如果 $\lim\limits_{x \to x_0} f(x) = A$,且 $A > 0$(或 $A < 0$),则必存在 x_0 的某一邻域(x_0 可除外),使得 $f(x) > 0$(或 $f(x) < 0$).

证　只证 $A > 0$ 的情况.

已知 $\lim\limits_{x \to x_0} f(x) = A$,故对 $\varepsilon = \dfrac{A}{2} > 0$,存在 $\delta > 0$,当 $0 < |x - x_0| < \delta$ 时,$|f(x) - A| < \dfrac{A}{2}$,即

$$A - \frac{A}{2} < f(x) < A + \frac{A}{2}.$$

显然 $f(x) > 0 (0 < |x - x_0| < \delta)$.类似地可证 $A < 0$ 的情况.

定理 2.2.3　如果 $\lim\limits_{x \to x_0} f(x) = A$,且在 x_0 的某一邻域(x_0 可除外)内 $f(x) \geqslant 0$(或 $f(x) \leqslant 0$),则 $A \geqslant 0$(或 $A \leqslant 0$).

证　只证 $f(x) \geqslant 0$ 的情况.用反证法.

假设 $A < 0$,因为 $\lim\limits_{x \to x_0} f(x) = A$ 存在,由定理 1 知存在 x_0 某一去心邻域,使 $f(x) < 0$,与条件 $f(x) \geqslant 0$ 矛盾,故 $A \geqslant 0$.

类似地可证 $f(x) \leqslant 0$ 的情况.

如果定理 2.2.3 中的 $f(x) \geqslant 0$ 改为 $f(x) > 0$,结论仍然成立,即 $A \geqslant 0$;如果 $f(x) \leqslant 0$ 改为 $f(x) < 0$,结论也是 $A \leqslant 0$.

例如 $f(x) = |x - 1|$,当 $x \neq 1$ 时,$f(x) > 0$,而 $\lim\limits_{x \to 1} |x - 1| = 0$ ($\lim\limits_{x \to 1 - 0} |x - 1| = \lim\limits_{x \to 1 - 0} (1 - x) = 0$,同理 $\lim\limits_{x \to 1 + 0} |1 - x| = 0$).

与数列极限类似,还有下面两个定理(证略).

定理 2.2.4　如果 $\lim\limits_{x \to x_0} f(x)$ 存在,则极限值惟一.

定理 2.2.5　如果 $\lim\limits_{x \to x_0} f(x)$ 存在,则存在 x_0 的某一邻域(x_0 可除外),使 $f(x)$ 在该邻域内有界.

定理 2.2.2~定理 2.2.5 中把 $x \to x_0$ 换成 $x \to \infty$ 同样成立(请读者给出定理的叙述).

例 8　设 $f(x) = \dfrac{x+2}{|x+2|}$，求 $\lim\limits_{x \to -2} f(x)$.

解　$\lim\limits_{x \to -2+0} f(x) = \lim\limits_{x \to -2+0} \dfrac{x+2}{|x+2|} = \lim\limits_{x \to -2+0} \dfrac{x+2}{x+2} = 1$,

$\lim\limits_{x \to -2-0} f(x) = \lim\limits_{x \to -2-0} \dfrac{x+2}{|x+2|} = \lim\limits_{x \to -2-0} \dfrac{x+2}{-(x+2)} = -1$,

故　　$\lim\limits_{x \to -2} f(x)$ 不存在.

习题 2-2

1. 根据函数极限定义证明下列各式.

(1) $\lim\limits_{x \to 2}(5x+2) = 12$；　(2) $\lim\limits_{x \to -2} \dfrac{x^2-4}{x+2} = -4$；

(3) $\lim\limits_{x \to 0} x\sin\dfrac{1}{x} = 0$；　(4) $\lim\limits_{x \to \infty} \dfrac{2}{x} = 0$；

(5) $\lim\limits_{x \to +\infty} \dfrac{x}{x+1} = 1$.

2. 求 $f(x) = \dfrac{x}{x}$，$\varphi(x) = \dfrac{|x|}{x}$，当 $x \to 0$ 时的左、右极限，并说明它们当 $x \to 0$ 时的极限是否存在.

3. 讨论极限 $\lim\limits_{x \to 1} \dfrac{x-1}{|x-1|}$ 是否存在(提示：去掉绝对值符号).

4. 设 $f(x) = \begin{cases} x^2, & x < 1, \\ x+1, & x \geqslant 1. \end{cases}$

(1) 作 $f(x)$ 的图形；

(2) 试根据图形，写出下列极限：

$\lim\limits_{x \to 1-0} f(x)$, $\lim\limits_{x \to 1+0} f(x)$；

(3) 当 $x \to 1$ 时，$f(x)$ 的极限是否存在.

5. 设 $f(x) = \begin{cases} x+1, & x \leqslant 0, \\ \dfrac{1}{x}, & x > 0. \end{cases}$　问 $\lim\limits_{x \to 0} f(x)$ 是否存在.

6. 设 $f(x) = \begin{cases} x^3, & x < 1, \\ 1, & x > 1. \end{cases}$　问 $\lim\limits_{x \to 1} f(x)$ 是否存在.

7. 设 $f(x) = \begin{cases} x+1, & x < 0, \\ 0, & x = 0, \\ x-1, & x > 0. \end{cases}$　问 $\lim\limits_{x \to 0} f(x)$ 是否存在.

2.3　无穷小与无穷大

2.3.1　无穷小

如果当 $x \to x_0 (x \to \infty)$ 时,函数 $f(x)$ 的极限为零,则称 $f(x)$ 是 $x \to x_0 (x \to \infty)$ 时的无穷小.用"ε-δ"(或"ε-X")语言可叙述如下.

定义 2.3.1　任给 $\varepsilon > 0$,存在 $\delta > 0(X > 0)$,当 $0 < |x - x_0| < \delta(|x| > X)$ 时,$|f(x)| < \varepsilon$ 成立,则称 $f(x)$ 是 $x \to x_0 (x \to \infty)$ 时的无穷小,记为 $\lim\limits_{x \to x_0} f(x) = 0 (\lim\limits_{x \to \infty} f(x) = 0)$.

例 1　当 $x \to 0$ 时,下列函数哪些是无穷小?

$(1) f(x) = 0$;　　　　　　　　$(2) f(x) = -10^{22}$;

$(3) f(x) = 2x(x + 1)$;　　　$(4) f(x) = \ln(x + 2)$.

解　$(1) \lim\limits_{x \to 0} f(x) = 0$,所以常数 0 是 $x \to 0$ 时的无穷小.

$(2) \lim\limits_{x \to 0} f(x) = -10^{22} \neq 0$,所以当 $x \to 0$ 时 -10^{22} 不是无穷小.

$(3) \lim\limits_{x \to 0} f(x) = \lim\limits_{x \to 0} 2x(x + 1) = 0$,所以当 $x \to 0$ 时 $2x(x + 1)$ 是无穷小.

$(4) \lim\limits_{x \to 0} f(x) = \lim\limits_{x \to 0} \ln(x + 2) = \ln 2 \neq 0$,所以当 $x \to 0$ 时 $\ln(x + 2)$ 不是无穷小.

不难看出,无穷小是以零为极限的变量,而不是一个常数.因为零的极限为零,故零是无穷小中惟一的一个常数.

2.3.2　无穷大

如果当 $x \to x_0 (x \to \infty)$ 时,对应函数值 $|f(x)|$ 无限增大,则称 $f(x)$ 当 $x \to x_0 (x \to \infty)$ 时为无穷大.精确地表述如下.

定义 2.3.2　任给正数 M(不论多么大),存在 $\delta > 0(X > 0)$,使得当 $0 < |x - x_0| < \delta(|x| > X)$ 时,有

$$|f(x)| > M$$

成立,则称 $f(x)$ 当 $x \to x_0 (x \to \infty)$ 时为无穷大,记为

$$\lim_{x \to x_0} f(x) = \infty \, (\lim_{x \to \infty} f(x) = \infty).$$

把上述定义中 $|f(x)| > M$ 换成 $f(x) > M$, 记为

$$\lim_{x \to x_0} f(x) = +\infty \, (\lim_{x \to \infty} f(x) = +\infty);$$

把 $|f(x)| > M$ 换成 $f(x) < -M$, 则记为

$$\lim_{x \to x_0} f(x) = -\infty \, (\lim_{x \to \infty} f(x) = -\infty).$$

注意

①无穷大是函数在某一变化过程中极限不存在的一种情况,无穷大不是很大的数.但是为了便于叙述 $f(x)$ 的这一变化趋势,也说"函数的极限是无穷大".

②无穷大是无界函数,反之则不成立.这是因为如果函数 $f(x)$ 是无穷大,则当自变量变化达某一范围时,对应的函数值 $|f(x)|$ 永远大于任意给定的正数 M(不论 M 多么大),显然 $f(x)$ 无界.反之则不一定成立.

例如,$f(x) = \dfrac{1}{x}$,当 $x \to 0$ 时是无穷大,显然 $\dfrac{1}{x}$ 在 $(-\delta, 0)$,$(0, \delta)$ 内无界($\delta > 0$ 常数).

又如,整标函数 $f(n)$:$1, 2, \dfrac{1}{3}, 4, \dfrac{1}{5}, 6, \cdots$ 显然无界,但它不是无穷大量.事实上,不管 n 多大,也有无穷多项 $f(n)$ 小于任意给定的正数 M.

例 2　证明当 $x \to 1$ 时,$f(x) = \dfrac{1}{(x-1)^2}$ 是无穷大量.

证　任给 $M > 0$,要使 $\left| \dfrac{1}{(x-1)^2} \right| > M$,只需 $(x-1)^2 < \dfrac{1}{M}$,$|x-1| < \dfrac{1}{\sqrt{M}}$,取 $\delta = \dfrac{1}{\sqrt{M}}$,则当 $0 < |x-1| < \delta$ 时,$\left| \dfrac{1}{(x-1)^2} \right| > M$,故 $\lim\limits_{x \to 1} \dfrac{1}{(x-1)^2} = \infty$.

2.3.3　无穷小与无穷大之间的关系

定理 2.3.1　当 $x \to x_0 (x \to \infty)$ 时,

(1)如果函数 $f(x)$ 是无穷大,则 $\dfrac{1}{f(x)}$ 是无穷小;

(2)如果函数 $f(x)$ 是无穷小且 $f(x)\neq0$,则 $\dfrac{1}{f(x)}$ 是无穷大.

证　只证 $x\to x_0$ 的情形.

(1)设 $\lim\limits_{x\to x_0}f(x)=\infty$,则任给 $\varepsilon>0$,取 $M=\dfrac{1}{\varepsilon}$,必存在 $\delta>0$,当 $0<|x-x_0|<\delta$ 时,有

$$|f(x)|>M=\frac{1}{\varepsilon},\text{从而}\left|\frac{1}{f(x)}\right|<\varepsilon,$$

故当 $x\to x_0$ 时,$\dfrac{1}{f(x)}$ 是无穷小.

(2)设 $\lim\limits_{x\to x_0}f(x)=0$,且 $f(x)\neq0$,则任给 $M>0$,取 $\varepsilon=\dfrac{1}{M}$,必存在 $\delta>0$,当 $0<|x-x_0|<\delta$ 时,有

$$|f(x)|<\varepsilon=\frac{1}{M}$$

成立,因 $f(x)\neq0$,所以 $\left|\dfrac{1}{f(x)}\right|>M$,即当 $x\to x_0$ 时,$\dfrac{1}{f(x)}$ 是无穷大.

类似地可证 $x\to\infty$ 的情形.

例如,因 $\lim\limits_{x\to0}x^2=0$,所以 $\lim\limits_{x\to0}\dfrac{1}{x^2}=\infty$;

因　$\lim\limits_{x\to\infty}(x^2+1)=\infty$,所以 $\lim\limits_{x\to\infty}\dfrac{1}{x^2+1}=0$;

又因为　$\lim\limits_{x\to0+0}\ln x=-\infty$,所以 $\lim\limits_{x\to0+0}\dfrac{1}{\ln x}=0$;

由图形知 $\lim\limits_{x\to-\infty}e^x=0$,所以 $\lim\limits_{x\to-\infty}e^{-x}=+\infty$,

于是有 $\lim\limits_{x\to0}e^{-x^2}=0$, $\lim\limits_{x\to+\infty}e^{-x}=0$.

2.3.4　具有极限的函数与无穷小的关系

仅就 $x\to x_0$ 的情形给出定理,至于 $x\to\infty$ 的情形,结论也是正确的.

定理 2.3.2　$\lim\limits_{x \to x_0} f(x) = A$ 存在的充分必要条件是 $f(x) = A + \alpha$，其中 $\lim\limits_{x \to x_0} \alpha = 0$.

证　必要性.

设 $\lim\limits_{x \to x_0} f(x) = A$，则任给 $\varepsilon > 0$，存在 $\delta > 0$，当 $0 < |x - x_0| < \delta$ 时，$|f(x) - A| < \varepsilon$ 成立，于是有

$$\lim_{x \to x_0} [f(x) - A] = 0.$$

令 $f(x) - A = \alpha$，则 $f(x) = A + \alpha$，且 $\lim\limits_{x \to x_0} \alpha = 0$.

充分性.

设 $f(x) = A + \alpha$，$\lim\limits_{x \to x_0} \alpha = 0$，则任给 $\varepsilon > 0$，存在 $\delta > 0$，当 $0 < |x - x_0| < \delta$ 时，$|\alpha| < \varepsilon$，即

$$|f(x) - A| < \varepsilon$$

成立，故 $\lim\limits_{x \to x_0} f(x) = A$.

定理 2.3.2 对数列也适用.

2.3.5　无穷小的性质

定理 2.3.3　有限个无穷小的和也是无穷小.

证　只证 $x \to x_0$ 的情形(类似地可证 $x \to \infty$ 的情形).

考虑两个无穷小的和的情况.

设 $\lim\limits_{x \to x_0} \alpha = 0$，$\lim\limits_{x \to x_0} \beta = 0$，

则任给 $\varepsilon > 0$，对于 $\dfrac{\varepsilon}{2}$，存在 $\delta_1 > 0$，当 $0 < |x - x_0| < \delta_1$ 时，$|\alpha| < \dfrac{\varepsilon}{2}$ 成立；同样，存在 $\delta_2 > 0$，当 $0 < |x - x_0| < \delta_2$ 时，$|\beta| < \dfrac{\varepsilon}{2}$ 成立.

取 $\delta = \min(\delta_1, \delta_2)$(即 δ_1 与 δ_2 两个数中的最小的那个数)，当 $0 < |x - x_0| < \delta$ 时，有

$$|\alpha| < \frac{\varepsilon}{2}, |\beta| < \frac{\varepsilon}{2}$$

同时成立，从而

$$|\alpha + \beta| \leqslant |\alpha| + |\beta| < \frac{\varepsilon}{2} + \frac{\varepsilon}{2} = \varepsilon,$$

故　　　$\lim\limits_{x \to x_0}(\alpha + \beta) = 0.$

类似地,可以证明有限个无穷小的代数和仍是无穷小.

定理 2.3.4　有界函数与无穷小的乘积是无穷小.

证　设 $f(x)$ 在 $0 < |x - x_0| < \delta_1$ 内有界,即 $|f(x)| \leqslant M$,且 $\lim\limits_{x \to x_0}\alpha = 0$,则任给 $\varepsilon > 0$,对于 $\frac{\varepsilon}{M} > 0$,存在 $\delta_2 > 0$,当 $0 < |x - x_0| < \delta_2$ 时,$|\alpha| < \frac{\varepsilon}{M}$ 成立.

取 $\delta = \min(\delta_1, \delta_2)$,当 $0 < |x - x_0| < \delta$ 时,

$$|f(x) \cdot \alpha| = |f(x)| \cdot |\alpha| < M \cdot \frac{\varepsilon}{M} = \varepsilon$$

成立.故　　　$\lim\limits_{x \to x_0}\alpha f(x) = 0.$

类似地,可以证明 $x \to \infty$ 的情形.

由定理 2.3.4,可得到下面两个推论:

推论 1　常数与无穷小的乘积是无穷小.

推论 2　有限个无穷小的乘积是无穷小.

例 3　证明 $\lim\limits_{x \to \infty}\dfrac{1}{x}\arctan x = 0.$

证　因为 $|\arctan x| < \dfrac{\pi}{2}$,$\lim\limits_{x \to \infty}\dfrac{1}{x} = 0$,

由定理 2.3.4,$\lim\limits_{x \to \infty}\dfrac{1}{x}\arctan x = 0.$

例 4　求 $\lim\limits_{x \to \infty}\left(\dfrac{1}{x}\sin x + \mathrm{e}^{-x^2}\right).$

解　因为 $\lim\limits_{x \to \infty}\dfrac{1}{x} = 0$,$|\sin x| \leqslant 1$,

所以　　　$\lim\limits_{x \to \infty}\dfrac{1}{x}\sin x = 0.$

又　　　$\lim\limits_{x \to \infty}\mathrm{e}^{-x^2} = 0$,故 $\lim\limits_{x \to \infty}\left(\dfrac{1}{x}\sin x + \mathrm{e}^{-x^2}\right) = 0.$

习题 2-3

1.下列各种说法是否正确?

(1)无穷小是越来越小的变量;

(2)零是无穷小;

(3)$-\infty$是无穷小;

(4)无穷小是 0.

2.当 $x\to\infty$ 时,函数 $f(x)$ 的绝对值越变越大,则 $f(x)$ 是无穷大? 这种说法对吗? 为什么?

3.当 $x\to 0$ 时,下列函数哪些是无穷小,哪些是无穷大?

(1)$f(x)=x^2(x-1)$;　　　　　(2)$g(x)=\cot(2x)$;

(3)$f(x)=x\sin\dfrac{1}{x}$;　　　　　(4)$\varphi(x)=e^x\arcsin x$;

(5)$f(x)=\dfrac{2}{x}$.

4.利用无穷小的性质,求下列极限.

(1)$\lim\limits_{x\to 0+0}\left(e^{-\frac{1}{x}}+\dfrac{1}{\ln x}\right)$;　　　　　(2)$\lim\limits_{x\to -1}\left(2x\cdot\dfrac{x-1}{x+1}\right)$;

(3)$\lim\limits_{x\to\infty}\dfrac{\arctan x^2}{1+x^2}$.

5.用"$\varepsilon\text{-}X$"语言证明如果 $\lim\limits_{x\to\infty}f(x)=\infty$,则 $\lim\limits_{x\to\infty}\dfrac{1}{f(x)}=0$.

6.根据函数极限定义,填写下表.

	$f(x)\to A$	$f(x)\to\infty$	$f(x)\to +\infty$	$f(x)\to -\infty$
$x\to x_0$	任给 $\varepsilon>0$,存在 $\delta>0$,当 $0<\|x-x_0\|<\delta$ 时,有 $\|f(x)-A\|<\varepsilon$			
$x\to x_0+0$				
$x\to x_0-0$				

续表

	$f(x) \to A$	$f(x) \to \infty$	$f(x) \to +\infty$	$f(x) \to -\infty$
$x \to \infty$		任给 $M>0$, 存在 $X>0$, 当 $\lvert x \rvert > X$ 时, 有 $\lvert f(x) \rvert > M$		
$x \to +\infty$				
$x \to -\infty$				

2.4　极限的四则运算法则

下面的讨论都假定当 $x \to x_0$(或 $x \to \infty$)时,函数 $f(x)$ 及 $\varphi(x)$ 的极限存在. 为了讨论方便,极限用"lim"表示,不再标明自变量 x 的变化过程.

定理 2.4.1　两个函数 $f(x)$ 与 $\varphi(x)$ 代数和的极限等于它们极限的代数和,即

$$\lim[f(x) \pm \varphi(x)] = \lim f(x) \pm \lim \varphi(x).$$

证　设 $\lim f(x) = A, \lim \varphi(x) = B$,则由 2.3.4 中的定理 2.3.2 得

$$f(x) = A + \alpha, \quad \varphi(x) = B + \beta,$$

其中　　$\lim \alpha = 0, \lim \beta = 0.$

于是　　$f(x) \pm \varphi(x) = (A + \alpha) \pm (B + \beta) = (A \pm B) + (\alpha \pm \beta).$

由无穷小性质知,$\lim(\alpha \pm \beta) = 0$,

故　　$\lim[f(x) \pm \varphi(x)] = A \pm B = \lim f(x) \pm \lim \varphi(x).$

定理 2.4.1 可推广到有限个函数的代数和的情况,即

$$\lim[f_1(x) \pm f_2(x) \pm \cdots \pm f_m(x)]$$

$$= \lim f_1(x) \pm \lim f_2(x) \pm \cdots \pm \lim f_m(x).$$

定理 2.4.2　两个函数乘积的极限,等于它们极限的乘积,即

$$\lim[f(x) \cdot \varphi(x)] = \lim f(x) \cdot \lim \varphi(x).$$

证 设 $\lim f(x) = A$,$\lim \varphi(x) = B$,

则 $f(x) = A + \alpha$,$\varphi(x) = B + \beta$,且 $\lim \alpha = 0$,$\lim \beta = 0$.

于是 $f(x) \cdot \varphi(x) = (A + \alpha) \cdot (B + \beta) = AB + (A\beta + B\alpha + \alpha\beta)$.

由无穷小性质 $\lim(A\beta + B\alpha + \alpha\beta) = 0$.

故 $\lim[f(x) \cdot \varphi(x)] = AB = \lim f(x) \cdot \lim \varphi(x)$.

定理 2.4.2 可推广到有限个函数乘积的情况,即

$$\lim[f_1(x) \cdot f_2(x) \cdot \cdots \cdot f_m(x)] = \lim f_1(x) \cdot \lim f_2(x) \cdot \cdots \cdot \lim f_m(x).$$

推论 1 如果 $\lim f(x)$ 存在,k 为常数,则

$$\lim[kf(x)] = k \lim f(x).$$

推论 2 $\lim[f(x)]^n = [\lim f(x)]^n$ (n 为正整数).

定理 2.4.3 如果 $\lim \varphi(x) \neq 0$,则两个函数 $f(x),\varphi(x)$ 之商的极限等于它们极限的商,即

$$\lim \frac{f(x)}{\varphi(x)} = \frac{\lim f(x)}{\lim \varphi(x)}.$$

证明从略.

上面几个定理和推论对数列也成立.

例 1 如果 $f(x) \geqslant \varphi(x)$,且 $\lim f(x) = A$,$\lim \varphi(x) = B$,证明 $A \geqslant B$.

证 因为 $f(x) - \varphi(x) \geqslant 0$,由定理 2.4.1 得

$$\lim[f(x) - \varphi(x)] = \lim f(x) - \lim \varphi(x) = A - B,$$

根据 2.2.3 定理 2.2.2,$A - B \geqslant 0$,即 $A \geqslant B$.

例 2 求 $\lim\limits_{x \to -1}(3x + 5)$.

解 $\lim\limits_{x \to -1}(3x + 5) = \lim\limits_{x \to -1}3x + \lim\limits_{x \to -1}5 = 3\lim\limits_{x \to -1}x + 5 = 3(-1) + 5 = 2$.

例 3 求 $\lim\limits_{x \to 1}(x^5 + 2x - 3)$.

解 $\lim\limits_{x \to 1}(x^5 + 2x - 3) = \lim\limits_{x \to 1}x^5 + \lim\limits_{x \to 1}2x - \lim\limits_{x \to 1}3$

$= (\lim\limits_{x \to 1}x)^5 + 2\lim\limits_{x \to 1}x - 3 = 1 + 2 - 3 = 0$.

例 4 求 $\lim\limits_{x \to 2}\dfrac{2x + 3}{x^2 + x - 1}$.

解 因为 $\lim\limits_{x \to 2}(x^2 + x - 1) = 2^2 + 2 - 1 = 5 \neq 0$,

所以　$\lim\limits_{x\to 2}\dfrac{2x+3}{x^2+x-1}=\dfrac{\lim\limits_{x\to 2}(2x+3)}{\lim\limits_{x\to 2}(x^2+x-1)}=\dfrac{4+3}{5}=\dfrac{7}{5}$.

不难看出,当 $x\to x_0$ 时,求多项式和有理函数(分母极限不为零)的极限时只需将 x 换成 x_0 就可以了.

例 5　求 $\lim\limits_{x\to -1}\dfrac{3x^4+2x^2+1}{x^5-3x^2-4x+7}$.

解　因为 $\lim\limits_{x\to -1}(x^5-3x^2-4x+7)=(-1)^5-3(-1)^2-4(-1)+7$
$$=-1-3+4+7=7\neq 0,$$

所以　$\lim\limits_{x\to -1}\dfrac{3x^4+2x^2+1}{x^5-3x^2-4x+7}=\dfrac{3(-1)^4+2(-1)^2+1}{7}=\dfrac{3+2+1}{7}=\dfrac{6}{7}$.

例 6　求 $\lim\limits_{x\to 2}\dfrac{3x}{x^2-x-2}$.

解　当 $x\to 2$ 时,分子极限是 6,分母极限为零,因此不能用商的极限等于极限商来运算.但其倒数的极限
$$\lim\limits_{x\to 2}\dfrac{x^2-x-2}{3x}=0,$$
由无穷小与无穷大的关系定理知
$$\lim\limits_{x\to 2}\dfrac{3x}{x^2-x-2}=\infty.$$

例 7　求 $\lim\limits_{x\to 3}\dfrac{x^2-9}{x^2-2x-3}$.

解　当 $x\to 3$ 时,分子、分母的极限都是零,不能直接应用极限运算法则,可先约去极限为零的因子.于是
$$\lim\limits_{x\to 3}\dfrac{x^2-9}{x^2-2x-3}=\lim\limits_{x\to 3}\dfrac{(x+3)(x-3)}{(x+1)(x-3)}=\lim\limits_{x\to 3}\dfrac{x+3}{x+1}=\dfrac{6}{4}=\dfrac{3}{2}.$$

例 8　求 $\lim\limits_{x\to -2}\dfrac{x+2}{\sqrt{4+x}-\sqrt 2}$.

解　当 $x\to -2$ 时,分子分母极限为零,可先将分母有理化约去极限为零的因子后再计算极限.
$$\lim\limits_{x\to -2}\dfrac{x+2}{\sqrt{4+x}-\sqrt 2}=\lim\limits_{x\to -2}\dfrac{(x+2)(\sqrt{4+x}+\sqrt 2)}{x+2}$$

$$= \lim_{x \to -2} (\sqrt{4+x} + \sqrt{2}) = 2\sqrt{2}.$$

例 9　求 $\lim\limits_{x \to \infty} \dfrac{2x^4 + 3x - 2}{3x^4 + 1}$.

解　当 $x \to \infty$ 时,分子、分母均为无穷大,将分子分母分别除以 x^4,再用商的极限运算法则,得

$$\lim_{x \to \infty} \frac{2x^4 + 3x - 2}{3x^4 + 1} = \lim_{x \to \infty} \frac{2 + \dfrac{3}{x^3} - \dfrac{2}{x^4}}{3 + \dfrac{1}{x^4}} = \frac{2}{3}.$$

例 10　求 $\lim\limits_{x \to \infty} \dfrac{x^5 + 2x}{5x^6 - 3x + 2}$.

解　将分子分母同除以 x^6,再求极限,即

$$\lim_{x \to \infty} \frac{x^5 + 2x}{5x^6 - 3x + 2} = \lim_{x \to \infty} \frac{\dfrac{1}{x} + \dfrac{2}{x^5}}{5 - \dfrac{3}{x^5} + \dfrac{2}{x^6}} = 0.$$

例 11　求 $\lim\limits_{x \to \infty} \dfrac{x^4 + 2x + 3}{x^3 + 1}$.

解　因为 $\lim\limits_{x \to \infty} \dfrac{x^3 + 1}{x^4 + 2x + 3} = \lim\limits_{x \to \infty} \dfrac{\dfrac{1}{x} + \dfrac{1}{x^4}}{1 + \dfrac{2}{x^3} + \dfrac{3}{x^4}} = 0,$

所以 $\qquad\qquad \lim\limits_{x \to \infty} \dfrac{x^4 + 2x + 3}{x^3 + 1} = \infty.$

由上述三例不难得出

$$\lim_{x \to \infty} \frac{a_0 x^m + a_1 x^{m-1} + \cdots + a_m}{b_0 x^n + b_1 x^{n-1} + \cdots + b_n} = \begin{cases} \dfrac{a_0}{b_0}, & m = n, \\ 0, & m < n, \\ \infty, & m > n. \end{cases}$$

例 12　求 $\lim\limits_{x \to 1} \left(\dfrac{1}{x-1} - \dfrac{3-x^2}{x^2-1} \right)$.

解　当 $x \to 1$ 时,$\dfrac{1}{x-1}$,$\dfrac{3-x^2}{x^2-1}$ 均为无穷大,不能直接应用极限运

算法则,先进行通分再求极限.

$$\lim_{x\to 1}\left(\frac{1}{x-1}-\frac{3-x^2}{x^2-1}\right)=\lim_{x\to 1}\frac{x+1-3+x^2}{x^2-1}$$

$$=\lim_{x\to 1}\frac{x^2+x-2}{x^2-1}=\lim_{x\to 1}\frac{(x+2)(x-1)}{(x+1)(x-1)}=\lim_{x\to 1}\frac{x+2}{x+1}=\frac{3}{2}.$$

例 13　求 $\lim\limits_{x\to +\infty}(\sqrt{x^2+2x}-\sqrt{x^2+3})$.

解　当 $x\to +\infty$ 时,$\sqrt{x^2+2x}$,$\sqrt{x^2+3}$ 都是无穷大,先有理化再求极限.

$$\lim_{x\to +\infty}(\sqrt{x^2+2x}-\sqrt{x^2+3})=\lim_{x\to +\infty}\frac{2x-3}{\sqrt{x^2+2x}+\sqrt{x^2+3}}$$

$$=\lim_{x\to +\infty}\frac{2-\dfrac{3}{x}}{\sqrt{1+\dfrac{2}{x}}+\sqrt{1+\dfrac{3}{x^2}}}=1.$$

例 14　设 $f(x)=\begin{cases}\sqrt{x}+2, & 1<x\leqslant 2,\\ \sqrt[3]{x+7}, & -2<x\leqslant 1.\end{cases}$ 求 $\lim\limits_{x\to 1}f(x)$.

解　$\lim\limits_{x\to 1+0}f(x)=\lim\limits_{x\to 1+0}(\sqrt{x}+2)=3,$

$$\lim_{x\to 1-0}f(x)=\lim_{x\to 1-0}\sqrt[3]{x+7}=2.$$

显然　$\lim\limits_{x\to 1-0}f(x)\neq \lim\limits_{x\to 1+0}f(x)$,故 $\lim\limits_{x\to 1}f(x)$ 不存在.

例 15　求 $\lim\limits_{n\to \infty}\left(\dfrac{1}{n^2}+\dfrac{2}{n^2}+\cdots+\dfrac{n}{n^2}\right)$.

解　当 $n\to \infty$ 时,这是无穷多项的和,不能用和的极限运算法则,将其恒等变形后再求极限.

$$\lim_{n\to \infty}\left(\frac{1}{n^2}+\frac{2}{n^2}+\cdots+\frac{n}{n^2}\right)=\lim_{n\to \infty}\frac{1+2+\cdots+n}{n^2}=\lim_{n\to \infty}\frac{n(1+n)}{2n^2}=\frac{1}{2}.$$

习题 2-4

1.求下列函数的极限.

(1)$\lim\limits_{x\to 1}\dfrac{2x^2+5x-1}{x^2+x+1}$;　　　　　　(2)$\lim\limits_{x\to 2}\dfrac{x^2-4x+4}{x^2-4}$;

(3) $\lim\limits_{x\to 2}\dfrac{x^2+4x-12}{x^2-3x+2}$;

(4) $\lim\limits_{x\to 4}\dfrac{x^3-64}{x^2-5x+4}$;

(5) $\lim\limits_{h\to 0}\dfrac{(x+h)^2-x^2}{h}$;

(6) $\lim\limits_{x\to\infty}\left(2+\dfrac{3}{x}-\dfrac{1}{x^2}\right)$;

(7) $\lim\limits_{x\to 1}\left(\dfrac{1}{1-x}-\dfrac{3}{1-x^3}\right)$;

(8) $\lim\limits_{x\to\infty}\dfrac{2+x-x^5}{1-x^6}$;

(9) $\lim\limits_{x\to\infty}\left(1+\dfrac{2}{x}\right)\left(2-\dfrac{3}{x^2}\right)$;

(10) $\lim\limits_{x\to\infty}\dfrac{(2x-3)^{10}(3x+2)^{20}}{(5x+3)^{30}}$;

(11) $\lim\limits_{n\to\infty}\dfrac{n^2}{1+2+3+\cdots+n}$;

(12) $\lim\limits_{n\to\infty}\dfrac{1+\dfrac{1}{2}+\dfrac{1}{4}+\cdots+\dfrac{1}{2^n}}{1+\dfrac{1}{3}+\dfrac{1}{9}+\cdots+\dfrac{1}{3^n}}$ (提示:用等比数列求 n 项和公式).

2.利用无穷小定理求下列极限.

(1) $\lim\limits_{x\to -\infty}\mathrm{e}^x\operatorname{arccot} x$;

(2) $\lim\limits_{x\to +\infty}\left(\mathrm{e}^{-x}+\dfrac{\sin x}{x}\right)$;

(3) $\lim\limits_{x\to 0}\dfrac{x}{x^2+1}\sin\dfrac{1}{x}$.

3.计算下列函数的极限.

(1) $\lim\limits_{x\to 3}\dfrac{\sqrt{1+x}-2}{x-3}$;

(2) $\lim\limits_{n\to\infty}(\sqrt{n(n+3)}-n)$;

(3) $\lim\limits_{x\to 0}\dfrac{\sqrt{1+\sin^2 x}-1}{\sin x}$;

(4) $\lim\limits_{x\to\infty}\dfrac{x-\sin x}{x+\sin x}$;

(5) $\lim\limits_{x\to 1+0}\dfrac{\sqrt{x^3-2x^2+x}}{x-1}$;

(6) $\lim\limits_{x\to 1}\left(\dfrac{1}{x^2+2x-3}-\dfrac{1}{x^2+5x-6}\right)$.

4.若 $f(x)=\begin{cases}\dfrac{3x^2+2x-1}{x+1}, & x<-1,\\[2mm] ax+1, & x>-1,\end{cases}$ 且 $\lim\limits_{x\to -1}f(x)$ 存在,求 a 值,并求此极限值.

2.5 极限存在准则与两个重要极限

2.5.1 准则Ⅰ(夹挤定理)

如果函数 $f(x),\varphi(x),h(x)$ 在 x_0 的某个邻域(点 x_0 可除外)内

满足条件：

(1) $\varphi(x) \leqslant f(x) \leqslant h(x)$；

(2) $\lim\limits_{x \to x_0} \varphi(x) = A$，$\lim\limits_{x \to x_0} h(x) = A$.

则　　$\lim\limits_{x \to x_0} f(x) = A$.

证　因 $\lim\limits_{x \to x_0} \varphi(x) = A$，$\lim\limits_{x \to x_0} h(x) = A$，

故任给 $\varepsilon > 0$，存在 $\delta_1 > 0$，当 $0 < |x - x_0| < \delta_1$ 时，有

$$|\varphi(x) - A| < \varepsilon, A - \varepsilon < \varphi(x) < A + \varepsilon;$$

存在 $\delta_2 > 0$，当 $0 < |x - x_0| < \delta_2$ 时，有

$$|h(x) - A| < \varepsilon, A - \varepsilon < h(x) < A + \varepsilon.$$

取 $\delta = \min(\delta_1, \delta_2)$，当 $0 < |x - x_0| < \delta$ 时，有

$$A - \varepsilon < \varphi(x) \leqslant f(x) \leqslant h(x) < A + \varepsilon,$$

即有　　$|f(x) - A| < \varepsilon$ 成立，

故　　　$\lim\limits_{x \to x_0} f(x) = A$.

将定理中的 $x \to x_0$ 换成 $x \to \infty$，定理仍然成立. 显然该定理也适用于数列.

例 1　求 $\lim\limits_{n \to \infty} \left(\dfrac{1}{\sqrt{n^2 + 1}} + \dfrac{1}{\sqrt{n^2 + 2}} + \cdots + \dfrac{1}{\sqrt{n^2 + n}} \right)$.

解　因为

$$\frac{n}{\sqrt{n^2 + n}} \leqslant \frac{1}{\sqrt{n^2 + 1}} + \frac{1}{\sqrt{n^2 + 2}} + \cdots + \frac{1}{\sqrt{n^2 + n}} \leqslant \frac{n}{\sqrt{n^2 + 1}},$$

而　　　$\lim\limits_{n \to \infty} \dfrac{n}{\sqrt{n^2 + n}} = \lim\limits_{n \to \infty} \dfrac{1}{\sqrt{1 + \dfrac{1}{n}}} = 1$，

同理　　$\lim\limits_{n \to \infty} \dfrac{n}{\sqrt{n^2 + 1}} = 1$，

由准则 I 知　$\lim\limits_{n \to \infty} \left(\dfrac{1}{\sqrt{n^2 + 1}} + \dfrac{1}{\sqrt{n^2 + 2}} + \cdots + \dfrac{1}{\sqrt{n^2 + n}} \right) = 1$.

例 2　证明 $\lim\limits_{x \to 0} \cos x = 1$.

证　只需证 $\lim\limits_{x \to 0}(1 - \cos x) = 0$.

当 $0 < |x| < \dfrac{\pi}{2}$ 时,下列不等式成立,

$$0 < 1 - \cos x = 2\sin^2 \frac{x}{2} < 2\left(\frac{x}{2}\right)^2 = \frac{x^2}{2}\,(\text{因}\,|\sin x| < |x|),$$

即　　　　$0 < 1 - \cos x < \dfrac{x^2}{2}$,

显然　　　$\lim\limits_{x \to 0} \dfrac{x^2}{2} = 0$, $\quad \lim\limits_{x \to 0} 0 = 0$.

由准则 I 知　$\lim\limits_{x \to 0}(1 - \cos x) = 0$,而 $\lim\limits_{x \to 0}(1 - \cos x) = 1 - \lim\limits_{x \to 0}\cos x$.

所以　　　$\lim\limits_{x \to 0}\cos x = 1$.

2.5.2　准则 II　单调有界准则

如果数列 $\{x_n\}$ 满足

$$x_1 \leqslant x_2 \leqslant x_3 \leqslant \cdots \leqslant x_n \leqslant x_{n+1} \leqslant \cdots,$$

则称 $\{x_n\}$ 是单调增加的;如果 $\{x_n\}$ 满足

$$x_1 \geqslant x_2 \geqslant x_3 \geqslant \cdots \geqslant x_n \geqslant x_{n+1} \geqslant \cdots,$$

则称数列是单调减少的. 这两种数列统称为单调数列.

定理(准则 II)　单调有界数列必有极限.

证明从略.

2.5.3　两个重要极限

2.5.3.1　$\lim\limits_{x \to 0} \dfrac{\sin x}{x} = 1$

证　函数 $\dfrac{\sin x}{x}$ 除 $x = 0$ 外,对于其他的 x 值,函数都有定义.

先设 $0 < x < \dfrac{\pi}{2}$,在图 2-6 所示的单位圆中,令圆心角 $\angle AOB = x$(弧度),点 A 处的切线与 OB 的延长线相交于 D,又 $BC \perp OA$,则

$$\sin x = BC, \quad x = \overset{\frown}{AB}, \quad \tan x = AD.$$

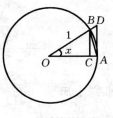

图 2-6

因为　△AOB 的面积＜扇形 AOB 的面积＜△AOD 的面积,

所以　　$\dfrac{1}{2}\sin x<\dfrac{1}{2}x<\dfrac{1}{2}\tan x$,

即　　　$\sin x<x<\tan x$.

除以 $\sin x$,得　$1<\dfrac{x}{\sin x}<\dfrac{1}{\cos x}$,

从而有　$\cos x<\dfrac{\sin x}{x}<1$.

又因为当 x 用 $-x$ 代替时,$\cos x,\dfrac{\sin x}{x}$ 都不变号,所以上面的不等式

对于满足 $-\dfrac{\pi}{2}<x<0$ 的一切 x 也是成立的.

　故当 $0<|x|<\dfrac{\pi}{2}$时,不等式

$$\cos x<\dfrac{\sin x}{x}<1$$

成立.

　由例 2 知 $\lim\limits_{x\to0}\cos x=1,\lim\limits_{x\to0}1=1$,根据准则 I,得

$$\lim\limits_{x\to0}\dfrac{\sin x}{x}=1.$$

例 3　求 $\lim\limits_{x\to0}\dfrac{\tan x}{x}$.

解　$\lim\limits_{x\to0}\dfrac{\tan x}{x}=\lim\limits_{x\to0}\dfrac{\sin x}{x}\cdot\dfrac{1}{\cos x}=\lim\limits_{x\to0}\dfrac{\sin x}{x}\cdot\lim\limits_{x\to0}\dfrac{1}{\cos x}=1.$

例 4　求 $\lim\limits_{x\to0}\dfrac{\arcsin x}{x}$.

解　令 $t=\arcsin x$,则 $x=\sin t$,且 $x\to0$ 时,$t\to0$,所以

$$\lim\limits_{x\to0}\dfrac{\arcsin x}{x}=\lim\limits_{t\to0}\dfrac{t}{\sin t}=1.$$

同理可求得

$$\lim\limits_{x\to\infty}x\sin\dfrac{1}{x}=\lim\limits_{x\to\infty}\dfrac{\sin\dfrac{1}{x}}{\dfrac{1}{x}}=1.$$

$$\lim_{x\to 0}\frac{\arctan x}{x}=1.$$

例 5　求 $\lim\limits_{x\to 0}\dfrac{1-\cos x}{x^2}$.

解　$\lim\limits_{x\to 0}\dfrac{1-\cos x}{x^2}=\lim\limits_{x\to 0}\dfrac{2\sin^2\dfrac{x}{2}}{x^2}=\lim\limits_{x\to 0}\dfrac{\sin^2\dfrac{x}{2}}{\left(\dfrac{x}{2}\right)^2}\cdot\dfrac{1}{2}$

$$=\frac{1}{2}\lim_{x\to 0}\left(\frac{\sin\dfrac{x}{2}}{\dfrac{x}{2}}\right)^2=\frac{1}{2}.$$

例 3~例 5 可作为公式使用.

例 6　求 $\lim\limits_{x\to 0}\dfrac{\tan 4x}{\sin 3x}$.

解　$\lim\limits_{x\to 0}\dfrac{\tan 4x}{\sin 3x}=\lim\limits_{x\to 0}\left(\dfrac{\tan 4x}{4x}\cdot\dfrac{3x}{\sin 3x}\cdot\dfrac{4}{3}\right)=\dfrac{4}{3}$.

例 7　求 $\lim\limits_{x\to 0}\dfrac{1-\cos x\cdot\cos 2x}{x^2}$.

解　$\lim\limits_{x\to 0}\dfrac{1-\cos x\cdot\cos 2x}{x^2}=\lim\limits_{x\to 0}\dfrac{1-\cos x+\cos x-\cos x\cos 2x}{x^2}$

$$=\lim_{x\to 0}\frac{1-\cos x}{x^2}+\lim_{x\to 0}\frac{\cos x(1-\cos 2x)}{x^2}$$

$$=\frac{1}{2}+\lim_{x\to 0}\cos x\lim_{x\to 0}\frac{2\sin^2 x}{x^2}=\frac{1}{2}+2=\frac{5}{2}.$$

2.5.3.2　$\lim\limits_{x\to\infty}\left(1+\dfrac{1}{x}\right)^x=\mathrm{e}$ 或 $\lim\limits_{x\to 0}(1+x)^{\frac{1}{x}}=\mathrm{e}$

考察数列 $x_n=\left(1+\dfrac{1}{n}\right)^n$.

可证数列 $\left\{\left(1+\dfrac{1}{n}\right)^n\right\}$ 单调增加且 $\left(1+\dfrac{1}{n}\right)^n<3(n=1,2,\cdots)$（证

略）. 由准则 Ⅱ 知 $\lim\limits_{n\to\infty}\left(1+\dfrac{1}{n}\right)^n$ 存在, 该极限值就是数 e, 即

$$\lim_{n\to\infty}\left(1+\frac{1}{n}\right)^{n}=\mathrm{e},\mathrm{e}\ \text{是无理数,其值}\ \mathrm{e}=2.718\ 281\ 828\ 459\ 0\cdots.$$

把正整数 n 换成连续变量 x,可证

$$\lim_{x\to+\infty}\left(1+\frac{1}{x}\right)^{x}=\mathrm{e},\ \lim_{x\to-\infty}\left(1+\frac{1}{x}\right)^{x}=\mathrm{e}.$$

即

$$\lim_{x\to\infty}\left(1+\frac{1}{x}\right)^{x}=\mathrm{e}.$$

令 $x=\dfrac{1}{t}$,则 $x\to\infty$ 时,$t\to0$,于是

$$\lim_{x\to\infty}\left(1+\frac{1}{x}\right)^{x}=\lim_{t\to0}(1+t)^{\frac{1}{t}}=\mathrm{e},$$

即

$$\lim_{x\to0}(1+x)^{\frac{1}{x}}=\mathrm{e}.$$

例 8　求 $\lim\limits_{x\to\infty}\left(\dfrac{1+x}{x}\right)^{-x}$.

解　$\lim\limits_{x\to\infty}\left(\dfrac{1+x}{x}\right)^{-x}=\lim\limits_{x\to\infty}\left(1+\dfrac{1}{x}\right)^{-x}=\lim\limits_{x\to\infty}\dfrac{1}{\left(1+\dfrac{1}{x}\right)^{x}}=\dfrac{1}{\mathrm{e}}=\mathrm{e}^{-1}$.

例 9　求 $\lim\limits_{x\to\infty}\left(\dfrac{x-2}{x}\right)^{3x}$.

解　$\lim\limits_{x\to\infty}\left(\dfrac{x-2}{x}\right)^{3x}=\lim\limits_{x\to\infty}\left(1-\dfrac{2}{x}\right)^{3x}=\lim\limits_{x\to\infty}\left(1-\dfrac{2}{x}\right)^{-\frac{x}{2}(-6)}$

$$=\left[\lim\limits_{x\to\infty}\left(1-\dfrac{2}{x}\right)^{-\frac{x}{2}}\right]^{-6}=\mathrm{e}^{-6}.$$

例 10　求 $\lim\limits_{x\to\infty}\left(\dfrac{x-1}{x+1}\right)^{x}$.

解　$\lim\limits_{x\to\infty}\left(\dfrac{x-1}{x+1}\right)^{x}=\lim\limits_{x\to\infty}\left(\dfrac{1-\dfrac{1}{x}}{1+\dfrac{1}{x}}\right)^{x}=\lim\limits_{x\to\infty}\dfrac{\left(1-\dfrac{1}{x}\right)^{x}}{\left(1+\dfrac{1}{x}\right)^{x}}$

$$=\dfrac{\mathrm{e}^{-1}}{\mathrm{e}}=\mathrm{e}^{-2}.$$

例 11　求 $\lim\limits_{x\to1}x^{\frac{1}{1-x}}$.

解　$\lim\limits_{x\to 1}x^{\frac{1}{1-x}}=\lim\limits_{x\to 1}\left[1+(x-1)\right]^{-\frac{1}{x-1}}=\mathrm{e}^{-1}$.

习题 2-5

1.求下列函数的极限.

(1)$\lim\limits_{x\to 0}\dfrac{\arcsin kx}{x}$；

(2)$\lim\limits_{x\to 0}\dfrac{\sin 5x}{\tan 3x}$；

(3)$\lim\limits_{x\to 0}\dfrac{1-\cos x}{\sin^2 x}$；

(4)$\lim\limits_{x\to 0}\dfrac{x^3}{\tan x-\sin x}$；

(5)$\lim\limits_{x\to 0}x\cot 2x$；

(6)$\lim\limits_{x\to a}\dfrac{\arctan(x-\alpha)}{x^2-\alpha^2}$　$(\alpha\neq 0)$；

(7)$\lim\limits_{n\to\infty}\left(n\sin\dfrac{\pi}{n}\right)$.

2.求下列函数的极限.

(1)$\lim\limits_{x\to 0}(1-2x)^{\frac{1}{x}}$；

(2)$\lim\limits_{x\to\infty}\left(\dfrac{1+x}{x}\right)^{2x}$；

(3)$\lim\limits_{x\to 0}(\cos x)^{\csc^2\frac{x}{2}}$；

(4)$\lim\limits_{x\to\infty}\left(\dfrac{2x+3}{2x+1}\right)^{x+3}$；

(5)$\lim\limits_{n\to\infty}\left(1-\dfrac{1}{n+1}\right)^{n}$；

(6)$\lim\limits_{n\to\infty}\left(1+\dfrac{4}{n}\right)^{n+3}$.

2.6　无穷小的比较

为比较两个无穷小趋于零的快慢程度,现引进无穷小阶的概念.

2.6.1　无穷小的阶

设　$\lim\alpha=0,\lim\beta=0$.

(1)如果 $\lim\dfrac{\alpha}{\beta}=0$,则称 α 是比 β 高阶的无穷小,记为 $\alpha=o(\beta)$.

(2)如果 $\lim\dfrac{\alpha}{\beta}=\infty$,则称 α 是比 β 低阶的无穷小.

(3)如果 $\lim\dfrac{\alpha}{\beta}=k(k\neq 0)$,则称 α 与 β 是同阶无穷小;特别地,若

$\lim\dfrac{\alpha}{\beta}=1$,则称 α 与 β 是等价无穷小,记为 $\alpha\sim\beta$.

例如 $\lim\limits_{x\to\infty} x\sin\dfrac{1}{x} = \lim\limits_{x\to\infty}\dfrac{\sin\dfrac{1}{x}}{\dfrac{1}{x}} = 1$，故 $\sin\dfrac{1}{x} \sim \dfrac{1}{x}$ $(x\to\infty)$.

$$\lim_{x\to 0}\frac{\sqrt{1+x}-1}{\dfrac{x}{2}} = \lim_{x\to 0}\frac{x}{\dfrac{x}{2}(\sqrt{1+x}+1)} = \lim_{x\to 0}\frac{2}{\sqrt{1+x}+1} = 1,$$

所以 $\sqrt{1+x}-1 \sim \dfrac{x}{2}$ $(x\to 0)$.

又 $\lim\limits_{x\to 0}\dfrac{1-\cos x}{\dfrac{1}{2}x^2} = \lim\limits_{x\to 0}\dfrac{2\sin^2\dfrac{x}{2}}{\dfrac{1}{2}x^2} = \lim\limits_{x\to 0}\dfrac{\sin^2\dfrac{x}{2}}{\left(\dfrac{x}{2}\right)^2} = 1,$

所以 $1-\cos x \sim \dfrac{1}{2}x^2$ $(x\to 0)$.

类似地，可得：当 $x\to 0$ 时，$\sin x \sim x$，$\tan x \sim x$，$\arcsin x \sim x$，$\arctan x \sim x$.

注意

①只有两个变量都是无穷小量时才能进行无穷小的比较.

②只有两个无穷小的商的极限存在（或为无穷大），无穷小的比较才有意义.

2.6.2 等价无穷小的性质

设 $\alpha \sim \alpha'$，$\beta \sim \beta'$，且 $\lim\dfrac{\alpha'}{\beta'}$ 存在，则 $\lim\dfrac{\alpha}{\beta} = \lim\dfrac{\alpha'}{\beta'}$.

证 $\lim\dfrac{\alpha}{\beta} = \lim\left(\dfrac{\alpha}{\alpha'}\cdot\dfrac{\beta'}{\beta}\cdot\dfrac{\alpha'}{\beta'}\right) = \lim\dfrac{\alpha}{\alpha'}\cdot\lim\dfrac{\beta'}{\beta}\cdot\lim\dfrac{\alpha'}{\beta'} = \lim\dfrac{\alpha'}{\beta'}$.

例 1 求 $\lim\limits_{x\to 0}\dfrac{\tan 3x}{\arcsin x}$.

解 因为当 $x\to 0$ 时，$\tan 3x \sim 3x$，$\arcsin x \sim x$.

所以 $\lim\limits_{x\to 0}\dfrac{\tan 3x}{\arcsin x} = \lim\limits_{x\to 0}\dfrac{3x}{x} = 3$.

例 2 求 $\lim\limits_{x\to\infty}\csc\dfrac{2}{x}\arctan\dfrac{2}{3x}$.

解　当 $x \to \infty$ 时，$\dfrac{2}{x} \sim \sin \dfrac{2}{x}$，$\dfrac{2}{3x} \sim \arctan \dfrac{2}{3x}$．

故
$$\lim_{x \to \infty} \csc \dfrac{2}{x} \arctan \dfrac{2}{3x} = \lim_{x \to \infty} \dfrac{\arctan \dfrac{2}{3x}}{\sin \dfrac{2}{x}} = \lim_{x \to \infty} \dfrac{\dfrac{2}{3x}}{\dfrac{2}{x}} = \dfrac{1}{3}.$$

例3　求 $\lim\limits_{x \to 0} \dfrac{\sqrt{1+x}-1}{\sin x}$．

解　当 $x \to 0$ 时，$\sqrt{1+x}-1 \sim \dfrac{x}{2}$，$\sin x \sim x$．

故
$$\lim_{x \to 0} \dfrac{\sqrt{1+x}-1}{\sin x} = \lim_{x \to 0} \dfrac{\dfrac{x}{2}}{x} = \dfrac{1}{2}.$$

例4　求 $\lim\limits_{x \to 0} \dfrac{\tan x - \sin x}{x^3}$．

解　$\lim\limits_{x \to 0} \dfrac{\tan x - \sin x}{x^3} = \lim\limits_{x \to 0} \dfrac{\tan x(1 - \cos x)}{x^3} = \lim\limits_{x \to 0} \dfrac{x \cdot \dfrac{1}{2}x^2}{x^3} = \dfrac{1}{2}$．

例5　当 $x \to 0$ 时，与 $x^2 - 2x$ 比较，哪些无穷小是高阶无穷小？

(1) $2x^2 + 3x$；　　　　　　(2) $\sqrt[3]{x}$；

(3) $\sqrt{1+x}-1$；　　　　　(4) $1 - \cos 2x$．

解　(1) $\lim\limits_{x \to 0} \dfrac{2x^2 + 3x}{x^2 - 2x} = \lim\limits_{x \to 0} \dfrac{2x + 3}{x - 2} = -\dfrac{3}{2}$．

所以当 $x \to 0$ 时，$2x^2 + 3x$ 与 $x^2 - 2x$ 是同阶无穷小．

(2) $\lim\limits_{x \to 0} \dfrac{\sqrt[3]{x}}{x^2 - 2x} = \lim\limits_{x \to 0} \dfrac{\sqrt[3]{x}}{\sqrt[3]{x} \cdot \sqrt[3]{x^2}(x-2)} = \lim\limits_{x \to 0} \dfrac{1}{\sqrt[3]{x^2}(x-2)} = \infty$．

所以当 $x \to 0$ 时 $\sqrt[3]{x}$ 是比 $x^2 - 2x$ 低阶的无穷小．

(3) $\lim\limits_{x \to 0} \dfrac{\sqrt{1+x}-1}{x^2 - 2x} = \lim\limits_{x \to 0} \dfrac{\dfrac{1}{2}x}{x(x-2)} = \lim\limits_{x \to 0} \dfrac{1}{2(x-2)} = -\dfrac{1}{4}$．

所以当 $x \to 0$ 时 $\sqrt{1+x}-1$ 与 $x^2 - 2x$ 是同阶无穷小．

(4) $\lim\limits_{x \to 0} \dfrac{1 - \cos 2x}{x^2 - 2x} = \lim\limits_{x \to 0} \dfrac{2x^2}{x(x-2)} = \lim\limits_{x \to 0} \dfrac{2x}{(x-2)} = 0$．

故当 $x \to 0$ 时 $1 - \cos 2x$ 是比 $x^2 - 2x$ 高阶的无穷小.

习题 2-6

1. 当 $x \to 0$ 时, $2x - x^2$ 与 $x^2 - x^3$ 比较,哪一个是较高阶无穷小?

2. 证明:当 $x \to 0$ 时,

(1) $\sin x^2 \sim x^2$;

(2) $1 - \cos \alpha x \sim \dfrac{1}{2}(\alpha x)^2$ ($\alpha \neq 0$ 实常数);

(3) $\sqrt{1 + \sin^2 x} - 1 \sim \dfrac{1}{2} x^2$.

3. 利用等价无穷小的性质,求下列极限.

(1) $\lim\limits_{x \to 0} \dfrac{\arctan 3x}{\sin 2x}$;　　　　　　(2) $\lim\limits_{x \to 0} \dfrac{\sqrt{1 + 2x^2} - 1}{x \sin 2x}$;

(3) $\lim\limits_{x \to 0} \dfrac{\sin x^n}{(\sin x)^m}$　(n, m 为正整数);

(4) $\lim\limits_{x \to \infty} \dfrac{x}{b} \sin \dfrac{a}{x}$　($b \neq 0$);　　(5) $\lim\limits_{x \to 0} \dfrac{1 - \cos \alpha x^2}{x^4}$;

(6) $\lim\limits_{x \to 0} \dfrac{\sin ax + x^2}{\tan bx}$　($b \neq 0$);　　(7) $\lim\limits_{x \to 0} \dfrac{(\arcsin x)^2}{1 - \cos x}$.

4. 设 $\lim\limits_{x \to x_0} \alpha(x) = 0$, $\lim\limits_{x \to x_0} \beta(x) = 0$. 证明当 $x \to x_0$ 时, $\alpha(x) \sim \beta(x)$ 的充要条件是 $\lim\limits_{x \to x_0} \dfrac{\alpha(x) - \beta(x)}{\alpha(x)} = 0$.

2.7　函数的连续性与间断点

2.7.1　函数的连续性

2.7.1.1　增量(或改变量)

如果变量 x 的始值为 x_0,则称差 $x - x_0$ 为变量 x 的增量(或改变量),记为 Δx,即

$$\Delta x = x - x_0.$$

Δx 可以是正的,也可以是负的.

设 $f(x)$ 在 x_0 的某个邻域内有定义,当 x 在该邻域内从 x_0 变到 $x_0 + \Delta x$,相应地 $f(x)$ 从 $f(x_0)$ 变到 $f(x_0 + \Delta x)$,则称

$$\Delta y = f(x_0 + \Delta x) - f(x_0)$$

为函数 $f(x)$ 的增量.

2.7.1.2 函数连续与间断的定义

定义 2.7.1 如果 $f(x)$ 在点 x_0 的某个邻域内有定义,且 $\lim\limits_{x \to x_0} f(x) = f(x_0)$ 成立,则称 $f(x)$ 在点 x_0 连续.

用"$\varepsilon - \delta$"语言可表述如下:

如果任给 $\varepsilon > 0$,存在 $\delta > 0$,使当 $|x - x_0| < \delta$ 的一切 x 有不等式

$$|f(x) - f(x_0)| < \varepsilon$$

成立,则称 $f(x)$ 在点 x_0 连续.

设 $x = x_0 + \Delta x$,则 $\Delta x = x - x_0$,且当 $x \to x_0$ 时,$\Delta x \to 0$.

如果 $f(x)$ 在点 x_0 连续,则 $\lim\limits_{x \to x_0} f(x) = f(x_0)$,即

$$\lim_{x \to x_0}[f(x) - f(x_0)] = 0, \quad \lim_{\Delta x \to 0}[f(x_0 + \Delta x) - f(x_0)] = 0,$$

从而 $\lim\limits_{\Delta x \to 0} \Delta y = 0$.

反之,如果 $\lim\limits_{\Delta x \to 0} \Delta y = 0$,即 $\lim\limits_{\Delta x \to 0}[f(x_0 + \Delta x) - f(x_0)] = 0$,

因为 $x = x_0 + \Delta x$,故当 $\Delta x \to 0$ 时,$x \to x_0$. 因此

$$\lim_{x \to x_0}[f(x) - f(x_0)] = 0, \text{即} \lim_{x \to x_0} f(x) = f(x_0).$$

于是得 $f(x)$ 在点 x_0 连续. 从而得到下述结论:

函数 $f(x)$ 在点 x_0 连续的充分必要条件是 $\lim\limits_{\Delta x \to 0} \Delta y = 0$ ($\Delta x = x - x_0$, $\Delta y = f(x_0 + \Delta x) - f(x_0)$).

由连续定义可知,函数 $f(x)$ 在点 x_0 连续必须同时满足三个条件:

(1) $f(x)$ 在点 x_0 有定义;

(2) $\lim\limits_{x \to x_0} f(x)$ 存在;

(3) $\lim\limits_{x \to x_0} f(x) = f(x_0)$.

如果这三个条件中至少有一个不满足,则 $f(x)$ 在点 x_0 就不连续,称点 x_0 为 $f(x)$ 的间断点(或不连续点).

2.7.1.3　左连续与右连续

定义 2.7.2　设函数 $f(x)$ 在 $x_0 \leqslant x < x_0 + \delta (\delta > 0)$ 内有定义,如果

$$\lim_{x \to x_0 + 0} f(x) = f(x_0),$$

则称 $f(x)$ 在点 x_0 右连续.

同样地,设 $f(x)$ 在 $x_0 - \delta < x \leqslant x_0 (\delta > 0)$ 内有定义,如果

$$\lim_{x \to x_0 - 0} f(x) = f(x_0),$$

则称 $f(x)$ 在点 x_0 左连续.

定义 2.7.3　如果 $f(x)$ 在 (a,b) 内每一点都连续,则称 $f(x)$ 在 (a,b) 内连续.如果 $f(x)$ 在 (a,b) 内连续,且在点 a 右连续,在点 b 左连续,则称 $f(x)$ 在 $[a,b]$ 上连续.

例 1　讨论函数 $y = \sin x$ 在 $(-\infty, +\infty)$ 内的连续性.

解　设 x 是 $(-\infty, +\infty)$ 内的任意一点,因为

$$\Delta y = \sin(x + \Delta x) - \sin x = 2\sin \frac{\Delta x}{2} \cos\left(x + \frac{\Delta x}{2}\right),$$

且　　$\left|\cos\left(x + \frac{\Delta x}{2}\right)\right| \leqslant 1, \lim_{\Delta x \to 0} \sin \frac{\Delta x}{2} = 0,$

故 $\lim_{\Delta x \to 0} \Delta y = 0$,即 $y = \sin x$ 在任意点 x 连续,从而 $\sin x$ 在 $(-\infty, +\infty)$ 内连续.

同理可得 $y = \cos x$ 在 $(-\infty, +\infty)$ 内连续.

例 2　设 $f(x) = \begin{cases} \dfrac{\sin x}{x}, & x \neq 0, \\ 0, & x = 0. \end{cases}$ 讨论 $f(x)$ 在点 $x = 0$ 的连续性.

解　因为

$$\lim_{x \to 0} f(x) = \lim_{x \to 0} \frac{\sin x}{x} = 1, \text{而} f(0) = 0,$$

所以　　$\lim_{x \to 0} f(x) \neq f(0),$

故 $f(x)$ 在点 $x = 0$ 不连续.

例 3　讨论函数 $f(x) = \begin{cases} \dfrac{\sqrt{1+3x}-1}{x}, & x > 0, \\ \dfrac{5}{2} - 4x, & x \leqslant 0 \end{cases}$　在点 $x = 0$ 的连续性.

解　因为

$$\lim_{x \to 0+0} f(x) = \lim_{x \to 0+0} \frac{\sqrt{1+3x}-1}{x} = \lim_{x \to 0+0} \frac{\frac{3}{2}x}{x} = \frac{3}{2},$$

$$\lim_{x \to 0-0} f(x) = \lim_{x \to 0-0} \left(\frac{5}{2} - 4x \right) = \frac{5}{2},$$

所以　　$\lim\limits_{x \to 0} f(x)$ 不存在.

从而 $f(x)$ 在点 $x = 0$ 处不连续.

例 4　讨论 $f(x) = \begin{cases} 2x - 3, & x \geqslant 1, \\ 3 - 4x, & x < 1 \end{cases}$　的连续性.

解　因为当 $x > 1$ 时,任取 $(1, +\infty)$ 内任一点 x_0,有

$$\lim_{x \to x_0} f(x) = \lim_{x \to x_0} (2x - 3) = 2x_0 - 3,$$

所以 $f(x)$ 在 $(1, +\infty)$ 内连续.

同理 $f(x)$ 在 $(-\infty, 1)$ 内连续.

又因为　$\lim\limits_{x \to 1+0} f(x) = \lim\limits_{x \to 1+0} (2x - 3) = -1,$

$$\lim_{x \to 1-0} f(x) = \lim_{x \to 1-0} (3 - 4x) = -1,$$

$$f(1) = -1,$$

即有　　$\lim\limits_{x \to 1} f(x) = f(1).$

故 $f(x)$ 在点 $x = 1$ 连续,从而 $f(x)$ 在 $(-\infty, +\infty)$ 内连续.

由上述可知,如果 $f(x)$ 在点 x_0 连续,则 $\lim\limits_{x \to x_0} f(x)$ 一定存在;反之,如果 $\lim\limits_{x \to x_0} f(x)$ 存在, $f(x)$ 在点 x_0 却不一定连续,如例 2.

2.7.2　函数间断点的类型

2.7.2.1　第一类间断点

如果 $f(x)$ 在点 x_0 间断,且 $\lim\limits_{x \to x_0+0} f(x)$ 与 $\lim\limits_{x \to x_0-0} f(x)$ 都存在,则称

x_0 是 $f(x)$ 的第一类间断点.

如果 x_0 是函数 $f(x)$ 的第一类间断点, 且 $\lim\limits_{x \to x_0 - 0} f(x) = \lim\limits_{x \to x_0 + 0} f(x)$, 即 $\lim\limits_{x \to x_0} f(x)$ 存在, 则 x_0 为 $f(x)$ 的可去间断点. 这时, 补充或改变 $f(x)$ 在点 x_0 的定义, 使 $f(x_0) = \lim\limits_{x \to x_0} f(x)$, 可使 $f(x)$ 在点 x_0 连续.

2.7.2.2　第二类间断点

如果 $\lim\limits_{x \to x_0 + 0} f(x)$ 与 $\lim\limits_{x \to x_0 - 0} f(x)$ 至少有一个不存在, 则称 x_0 为 $f(x)$ 的第二类间断点.

例 5　讨论函数 $f(x) = \dfrac{\arcsin 2x}{x}$ 在点 $x = 0$ 是否连续, 如果间断, 指明间断点的类型.

解　显然 $f(x)$ 在点 $x = 0$ 没有定义, $x = 0$ 是 $f(x)$ 的间断点.

又 $\lim\limits_{x \to 0} f(x) = \lim\limits_{x \to 0} \dfrac{\arcsin 2x}{x} = \lim\limits_{x \to 0} \dfrac{2x}{x} = 2$ 存在, 故 $x = 0$ 是 $f(x)$ 的第一类间断点, 且为可去间断点.

例 6　讨论函数

$$f(x) = \begin{cases} (x-1)\sin \dfrac{3}{x-1}, & 1 < x \leqslant 3, \\ 3 - x, & 0 \leqslant x \leqslant 1 \end{cases}$$

在点 $x = 1$ 的连续性, 如果间断, 指明间断点的类型.

解　$\lim\limits_{x \to 1 + 0} f(x) = \lim\limits_{x \to 1 + 0} (x-1)\sin \dfrac{3}{x-1} = 0$,

$\lim\limits_{x \to 1 - 0} f(x) = \lim\limits_{x \to 1 - 0} (3 - x) = 2$,

但　$\lim\limits_{x \to 1 - 0} f(x) \neq \lim\limits_{x \to 1 + 0} f(x)$,

故 $f(x)$ 在点 $x = 1$ 间断, 且为第一类间断点.

例 7　讨论函数 $f(x) = \mathrm{e}^{\frac{1}{x}}$ 在点 $x = 0$ 的连续性, 若间断, 指明间断点的类型.

解　考察 $\lim\limits_{x \to 0} f(x) = \lim\limits_{x \to 0} \mathrm{e}^{\frac{1}{x}}$.

令 $t = \dfrac{1}{x}$,则 $x \to 0 - 0$ 时,$t \to -\infty$,$x \to 0 + 0$ 时 $t \to +\infty$,

于是 $\quad \lim\limits_{x \to 0-0} f(x) = \lim\limits_{x \to 0-0} e^{\frac{1}{x}} = \lim\limits_{t \to -\infty} e^{t} = 0,$

$$\lim\limits_{x \to 0+0} f(x) = \lim\limits_{x \to 0+0} e^{\frac{1}{x}} = \lim\limits_{t \to +\infty} e^{t} = +\infty,$$

故点 $x = 0$ 是 $f(x) = e^{\frac{1}{x}}$ 的间断点,且为第二类间断点.

例 8 讨论 $f(x) = \dfrac{1}{x^2}$ 在点 $x = 0$ 是否连续.若间断,指明间断点的类型.

解 显然 $f(x)$ 在点 $x = 0$ 没有定义,从而 $f(x)$ 在 $x = 0$ 不连续,又 $\lim\limits_{x \to 0} f(x) = \lim\limits_{x \to 0} \dfrac{1}{x^2} = +\infty$,故点 $x = 0$ 是 $f(x) = \dfrac{1}{x^2}$ 的第二类间断点,这种间断点也称为无穷型间断点.

例 9 讨论函数 $f(x) = \sin \dfrac{1}{x}$ 在点 $x = 0$ 是否连续.若间断,说明间断点的类型.

解 显然 $f(x)$ 在点 $x = 0$ 没有定义,从而 $f(x)$ 在点 $x = 0$ 间断.因为 $\lim\limits_{x \to 0-0} \sin \dfrac{1}{x}$,$\lim\limits_{x \to 0+0} \sin \dfrac{1}{x}$ 都不存在,所以点 $x = 0$ 为第二类间断点.

因为当 $x \to 0$ 时,函数值 $\sin \dfrac{1}{x}$ 在 -1 与 1 之间振荡无穷次,故也称点 $x = 0$ 为振荡型间断点(图2-7).

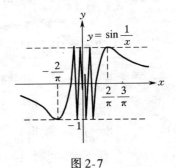

图 2-7

习题 2-7

1.说明函数 $f(x)$ 在点 x_0 有定义、有极限、连续三者的区别与联系.如果 $f(x)$ 在 x_0 有定义且极限存在,能否推出 $f(x)$ 在点 x_0 一定连续,为什么?

2.证明 $y = \cos x$ 在 $(-\infty, +\infty)$ 内连续.

3.讨论函数 $f(x)=\begin{cases}\dfrac{\sin(1-x)}{2x-2}, & x\neq1,\\ -\dfrac{1}{2}, & x=1\end{cases}$ 在点 $x=1$ 的连续性.

4.指出下列函数的间断点,并指明是哪一类间断点.

$(1)f(x)=\dfrac{x^2-x}{x^2-3x+2}$;　　　　$(2)f(x)=\dfrac{x+2}{x^2-1}$;

$(3)f(x)=\dfrac{\sin x}{|x|}$;　　　　　　$(4)f(x)=e^{\frac{4}{x}}$;

$(5)f(x)=\arctan\dfrac{2}{x}$.

5.如何补充定义使函数 $f(x)=e^{-\frac{1}{x^2}}+e$ 在点 $x=0$ 连续.

6.当 a 为何值时,函数

$$f(x)=\begin{cases}-\dfrac{2}{e}(1+x)^{\frac{1}{x}}+a, & x\neq0,\\ \dfrac{1}{2}, & x=0\end{cases}$$ 在点 $x=0$ 连续.

7.当 a 为何值时,$f(x)=\begin{cases}\dfrac{\sqrt{2x+1}-3}{x-4}, & x\neq4,\\ a, & x=4\end{cases}$ 在点 $x=4$ 连续.

2.8　连续函数的运算与初等函数的连续性

2.8.1　连续函数的和、差、积、商的连续性

由函数在一点连续的定义及极限的四则运算法则,可以得到以下定理(证略).

定理 2.8.1　如果 $f(x)$ 与 $\varphi(x)$ 在点 x_0 连续,则它们的和、差、积、商(分母在点 x_0 不为零)在点 x_0 也连续.

例 1　讨论 $f(x)=\tan x$ 的连续性.

证　因为 $\sin x,\cos x$ 在 $(-\infty,+\infty)$ 内连续.由定理 2.8.1 得 $\tan x=\dfrac{\sin x}{\cos x}$,当 $\cos x\neq0$,即 $x\neq n\pi+\dfrac{\pi}{2}(n=0,\pm1,\pm2,\cdots)$ 时也连续,即 $f(x)=\tan x$ 在其定义域内连续.

同理,$f(x)=\cot x$ 在其定义域内连续.

2.8.2　反函数的连续性

定理 2.8.2　如果 $y=f(x)$ 在某区间上单调增加(减少)且连续,则它的反函数 $y=\varphi(x)$ 在对应区间上单调增加(减少)且连续.

例2　函数 $y=\sin x$ 在区间 $\left[-\dfrac{\pi}{2},\dfrac{\pi}{2}\right]$ 上单调增加且连续,由定理 2.8.2,它的反函数 $y=\arcsin x$ 在对应区间 $[-1,1]$ 上也单调增加且连续.

同理可得 $y=\arccos x$ 在 $[-1,1]$ 上单调减少且连续;$y=\arctan x$ 在 $(-\infty,+\infty)$ 内单调增加且连续;$y=\operatorname{arccot} x$ 在 $(-\infty,+\infty)$ 内单调减少且连续.

总之,反三角函数在其定义域内连续.

2.8.3　复合函数的连续性

2.8.3.1　复合函数的极限

定理 2.8.3　如果 $\lim\limits_{x\to x_0}\varphi(x)=a$ 存在,且 $y=f(u)$ 在点 $u=a$ 连续,$\lim\limits_{u\to a}f(u)=f(a)$,则

$$\lim_{x\to x_0}f[\varphi(x)]=f[\lim_{x\to x_0}\varphi(x)]=f(a).$$

证明从略.

例3　求 $\lim\limits_{x\to 0}\dfrac{\ln(1+x)}{x}$.

解　因为 $\dfrac{\ln(1+x)}{x}=\ln(1+x)^{\frac{1}{x}}$,$\lim\limits_{x\to 0}(1+x)^{\frac{1}{x}}=\mathrm{e}$ 存在,

$\lim\limits_{u\to \mathrm{e}}\ln u=\ln \mathrm{e}=1$,即 $y=\ln u$ 在点 $u=\mathrm{e}$ 连续,由定理 2.8.3 有

$$\lim_{x\to 0}\frac{\ln(1+x)}{x}=\lim_{x\to 0}\ln(1+x)^{\frac{1}{x}}=\ln\lim_{x\to 0}(1+x)^{\frac{1}{x}}=\ln \mathrm{e}=1.$$

例4　求 $\lim\limits_{x\to 0}\dfrac{\mathrm{e}^x-1}{x}$.

解　令 $t=\mathrm{e}^x-1$,则 $\mathrm{e}^x=1+t$,$x=\ln(1+t)$.

且当 $x\to 0$ 时,$t\to 0$,于是

$$\lim_{x \to 0} \frac{e^x - 1}{x} = \lim_{t \to 0} \frac{t}{\ln(1+t)} = \lim_{t \to 0} \frac{1}{\frac{1}{t}\ln(1+t)}$$

$$= \lim_{t \to 0} \frac{1}{\ln(1+t)^{\frac{1}{t}}} = \frac{1}{\ln \lim_{t \to 0}(1+t)^{\frac{1}{t}}} = \frac{1}{\ln e} = 1.$$

2.8.3.2　复合函数的连续性

定理 2.8.4　如果函数 $u = \varphi(x)$ 在点 x_0 连续，$y = f(u)$ 在点 $u_0 = \varphi(x_0)$ 连续，则复合函数 $f[\varphi(x)]$ 在点 x_0 连续.

由定理 2.8.3 可知 $\lim\limits_{x \to x_0} f[\varphi(x)] = f[\lim\limits_{x \to x_0} \varphi(x)] = f[\varphi(x_0)]$，得到 $f[\varphi(x)]$ 在点 x_0 连续.

例 5　讨论 $y = \sin(x^2 + 1)$ 的连续性.

解　$y = \sin(x^2 + 1)$ 可以看作由 $y = \sin u$，$u = x^2 + 1$ 复合而成. 因为 $u = x^2 + 1$ 在 $(-\infty, +\infty)$ 内连续，$y = \sin u$ 在 $(-\infty, +\infty)$ 内连续，由定理 4，$y = \sin(x^2 + 1)$ 在 $(-\infty, +\infty)$ 内连续.

2.8.4　初等函数的连续性

2.8.4.1　基本初等函数在其定义区间内的连续性

前面证明了三角函数和反三角函数在其定义区间内连续.

同理可证指数函数和对数函数在其定义区间内连续（证略）.

幂函数 $y = x^\alpha$，不论 α 取何值，在区间 $(0, +\infty)$ 内有定义且连续.

事实上，当 $x > 0$ 时，

$$y = x^\alpha = e^{\ln x^\alpha} = e^{\alpha \ln x}, \quad \lim_{x \to x_0} x^\alpha = e^{\lim\limits_{x \to x_0} \alpha \ln x} = e^{\alpha \ln x_0} = x_0^\alpha,$$

即 x^α 在 $(0, +\infty)$ 内连续.

综上所述，基本初等函数在其定义区间内连续.

2.8.4.2　初等函数在其定义区间内的连续性

由基本初等函数的连续性，连续函数的和、差、积、商的连续性、复合函数的连续性定理及初等函数的定义可得到下面的重要定理：

定理 2.8.5　初等函数在其定义区间内连续.

由此可知，如果 x_0 是初等函数定义区间内一点，则有

$$\lim_{x \to x_0} f(x) = f(x_0).$$

例 6　求 $\lim\limits_{x \to 1} \ln(x^3 + 1)$.

解　因为 $x_0 = 1$ 是初等函数 $\ln(x^3 + 1)$ 定义区间内一点,所以

$$\lim_{x \to 1} \ln(x^3 + 1) = \ln(1^3 + 1) = \ln 2.$$

例 7　求 $\lim\limits_{x \to 1} \dfrac{\ln x}{2x - 2}$.

解　$\lim\limits_{x \to 1} \dfrac{\ln x}{2x - 2} = \lim\limits_{x \to 1} \dfrac{\ln[1 + (x - 1)]}{2(x - 1)} = \dfrac{1}{2} \lim\limits_{x \to 1} \dfrac{\ln[1 + (x - 1)]}{x - 1} = \dfrac{1}{2}$.

例 8　求函数 $f(x) = \begin{cases} \dfrac{e^{2x} - 1}{x}, & x > 0, \\ 2 - x, & x \leqslant 0 \end{cases}$ 的连续区间.

解　当 $x > 0$ 时,$f(x) = \dfrac{e^{2x} - 1}{x}$ 是初等函数,由上述结论知它是连续的;同理,当 $x < 0$ 时,$f(x) = 2 - x$ 也连续.

当 $x = 0$ 时,因为

$$\lim_{x \to 0 + 0} f(x) = \lim_{x \to 0 + 0} \frac{e^{2x} - 1}{x} = \lim_{x \to 0 + 0} \frac{e^{2x} - 1}{2x} \cdot 2 = 2,$$

$$\lim_{x \to 0 - 0} f(x) = \lim_{x \to 0 - 0} (2 - x) = 2, \text{又 } f(0) = 2.$$

即　　　　$\lim\limits_{x \to 0} f(x) = f(0)$,$f(x)$ 在点 $x = 0$ 连续.

所以 $f(x) = \begin{cases} \dfrac{e^{2x} - 1}{x}, & x > 0, \\ 2 - x, & x \leqslant 0 \end{cases}$ 的连续区间为 $(-\infty, +\infty)$.

例 9　求 $f(x) = \dfrac{x^2 + x - 2}{x^2 - 4x + 3}$ 的连续区间,并指出间断点及间断点的类型.

解　由 $x^2 - 4x + 3 \neq 0$,得 $(x - 1)(x - 3) \neq 0$,

即得 $x \neq 1, x \neq 3$,而 $f(x)$ 是初等函数,由上述结论知 $f(x)$ 的连续区间为 $(-\infty, 1), (1, 3), (3, +\infty)$.

间断点是 $x = 1, x = 3$.

又因为 $\lim\limits_{x\to1}f(x)=\lim\limits_{x\to1}\dfrac{x^2+x-2}{x^2-4x+3}=\lim\limits_{x\to1}\dfrac{(x-1)(x+2)}{(x-1)(x-3)}$

$$=\lim\limits_{x\to1}\frac{x+2}{x-3}=-\frac{3}{2},$$

$$\lim\limits_{x\to3}f(x)=\lim\limits_{x\to3}\frac{x^2+x-2}{x^2-4x+3}=\lim\limits_{x\to3}\frac{x+2}{x-3}=\infty,$$

所以 $x=1$ 为第一类间断点且为可去间断点,$x=3$ 为第二类间断点.

习题 2-8

1.求函数 $f(x)=\dfrac{x^3+3x^2-x-3}{x^2+x-6}$ 的连续区间,并求 $\lim\limits_{x\to0}f(x)$, $\lim\limits_{x\to-3}f(x)$, $\lim\limits_{x\to2}f(x)$.

2.求下列极限.

(1) $\lim\limits_{x\to-2}\dfrac{e^x+1}{x}$;

(2) $\lim\limits_{x\to e}\ln^2 x$;

(3) $\lim\limits_{x\to1}\sin\sqrt{\ln x}$;

(4) $\lim\limits_{x\to\frac{\pi}{8}}\dfrac{\cos 2x}{2-3\tan 2x}$.

3.求下列极限.

(1) $\lim\limits_{x\to0}\dfrac{\ln(1+x^2)}{2x}$;

(2) $\lim\limits_{x\to0}\dfrac{e^{ax}-1}{\sin x}$ $(a\neq0)$;

(3) $\lim\limits_{x\to0}\dfrac{\ln(1+\sin x)}{\alpha x}$ $(\alpha\neq0)$;

(4) $\lim\limits_{x\to0}(1+\tan x)^{\cot x}$;

(5) $\lim\limits_{x\to0}\dfrac{\tan x}{1-\sqrt{1+\tan x}}$;

(6) $\lim\limits_{x\to0}(1+\sin x)^{\frac{1}{2x}}$.

2.9 闭区间上连续函数的性质

本节给出闭区间上连续函数的几个性质(证明从略).

2.9.1 最大值与最小值定理

定理 2.9.1(最大值与最小值定理) 如果函数 $f(x)$ 在闭区间 $[a,b]$ 上连续,则 $f(x)$ 在 $[a,b]$ 上必有最大值和最小值.

定理 2.9.1 说明,如果 $f(x)$ 在 $[a,b]$ 上连续,则在 $[a,b]$ 上至少有一点 ξ_1 和一点 ξ_2,使对 $[a,b]$ 上一切 x,均有

$$f(\xi_1) \leqslant f(x), f(\xi_2) \geqslant f(x).$$

即 $f(x)$ 的最小值为 $f(\xi_1)$、最大值为 $f(\xi_2)$，如图 2-8. 而 ξ_1, ξ_2 也可能是区间的端点.

例如，函数 $y = \cos x$ 在闭区间 $[0, 2\pi]$ 上连续，则在 $\xi_1 = \pi$ 处，对 $[0, 2\pi]$ 上一切 x，有 $-1 = \cos \pi \leqslant \cos x$，在 $\xi_2 = 0, 2\pi$ 处，对 $[0, 2\pi]$ 上一切 x，有

$$\cos x \leqslant \cos \xi_2,$$

这里 $\cos \xi_2 = \cos 0 = \cos 2\pi = 1$.

即在 $[0, 2\pi]$ 上，$y = \cos x$ 的最小值为 -1，最大值为 1.

注意

①在定理 2.9.1 中如果所给区间不是闭区间，定理 2.9.1 的结论不一定成立.

②如果 $f(x)$ 在闭区间上不是连续函数，即有间断点，则定理 2.9.1 的结论也可能不成立.

例如，$y = \dfrac{1}{x}$ 在 $(0, 1)$ 内连续，但在 $(0, 1)$ 内既无最小值又无最大值.

又如

$$f(x) = \begin{cases} |x|, & 0 < |x| \leqslant 1, \\ \dfrac{1}{2}, & x = 0 \end{cases}$$

在闭区间 $[-1, 1]$ 上有间断点 $x = 0$(图 2-9)，$f(x)$ 在 $[-1, 1]$ 上无最小值.

由定理 2.9.1 很容易得到下面的推论.

推论　如果 $f(x)$ 在闭区间 $[a, b]$ 上连续，则 $f(x)$ 在 $[a, b]$ 上有界.

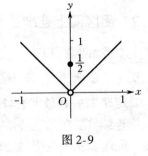

图 2-9

2.9.2 介值定理

定理 2.9.2(介值定理) 如果函数 $f(x)$ 在闭区间 $[a,b]$ 上连续,则 $f(x)$ 必取得介于最大值与最小值之间的任何值.

定理 2.9.2 说明, $f(x)$ 在闭区间上连续,最大值 $M = f(\xi_1)$,最小值 $m = f(\xi_2)(m \neq M)$,则对任何 $\mu, m < \mu < M$,在 $[a,b]$ 上至少存在一点 ξ,使 $f(\xi) = \mu$(见图 2-10).

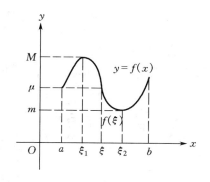

图 2-10

推论 设函数 $f(x)$ 在闭区间 $[a,b]$ 上连续,且 $f(a) \cdot f(b) < 0$,则在 (a,b) 内,至少存在一点 ξ,使 $f(\xi) = 0$(此推论也称为零点存在定理).

在 (a,b) 内至少有一点 ξ,使 $f(\xi) = 0$,就是方程 $f(x) = 0$ 在 (a,b) 内至少有一个根 $x = \xi$(图 2-11).

例 1 证明方程 $x^3 - 5x + 2 = 0$ 至少有一个小于 1 的正根.

证 由题意,需证方程 $x^3 - 5x + 2 = 0$ 在 $(0,1)$ 内至少有一个根.

设 $f(x) = x^3 - 5x + 2$,则 $f(x)$ 在 $[0,1]$ 上连续,且

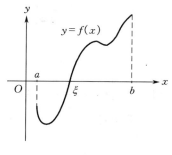

图 2-11

$$f(0) = 2, f(1) = -2, f(0)f(1) = -4 < 0,$$

由推论,在 $(0,1)$ 内至少有一点 ξ,使

$$f(\xi) = 0.$$

即证得方程 $x^3 - 5x + 2 = 0$ 至少有一个小于 1 的正根.

例 2 设 $f(x)$ 在 (a,b) 上连续,且 $a < x_1 < x_2 < \cdots < x_n < b$. 证明在 $[x_1, x_n]$ 上必存在 ξ,使

$$f(\xi) = \frac{f(x_1) + f(x_2) + \cdots + f(x_n)}{n}.$$

证　由题设，$f(x)$ 在 $[x_1, x_n]$ 上连续，所以 $f(x)$ 在 $[x_1, x_n]$ 上必有最大值和最小值，即在 $[x_1, x_n]$ 上至少存在 ξ_1, ξ_2，使

$$f(\xi_1) \leqslant f(x) \leqslant f(\xi_2).$$

(1)当 $f(\xi_1) = f(\xi_2)$ 时，$f(\xi_1) = f(x) = f(\xi_2)$，则

$$f(\xi_1) = \frac{f(x_1) + f(x_2) + \cdots + f(x_n)}{n} = f(\xi_2).$$

这时，可以在 $[x_1, x_n]$ 上取任何值为 ξ，使

$$f(\xi) = \frac{f(x_1) + f(x_2) + \cdots + f(x_n)}{n}.$$

(2)当 $f(\xi_1) \neq f(\xi_2)$，即 $f(\xi_1) < f(\xi_2)$ 时，则

$$f(\xi_1) < \frac{f(x_1) + f(x_2) + \cdots + f(x_n)}{n} < f(\xi_2),$$

由介值定理知，在 $[x_1, x_n]$ 上必存在 ξ，使

$$f(\xi) = \frac{f(x_1) + f(x_2) + \cdots + f(x_n)}{n}.$$

习题 2-9

1. 证明方程 $\ln x = \dfrac{2}{x}$ 在 $(1, e)$ 内至少有一个根.

2. 证明方程 $x \cdot 2^x - 1 = 0$ 至少有一个小于 1 的正根.

3. 证明方程 $x^4 - 3x^2 + 7x = 10$ 在 $(1, 2)$ 内至少有一个根.

练习题(2)

填空题：

1. $\lim\limits_{x \to \infty} \dfrac{\sin 2x}{x}$ _____.

2. 如果数列 $\{x_n\}$ 无界，则 $\lim\limits_{n \to \infty} x_n$ _____.

3. $\lim\limits_{x \to \infty} \left(\dfrac{x-1}{x} \right)^{2x} =$ _____.

4. 如果对于任给 $\varepsilon > 0$，存在 $X > 0$，当 $x < -X$ 时，恒有 $|f(x) - A| < \varepsilon$，则 A

= _____.

5. 函数 $f(x) = \dfrac{x-2}{x^2-x-2}$ 的可去间断点为 $x =$ _____.

6. 如果 $\lim\limits_{x \to -1} \dfrac{\sin k(x+1)}{2x+2} = 2$，则 $k =$ _____.

7. $\lim\limits_{x \to \infty} \dfrac{2-3x+x^5}{1+x-3x^5} =$ _____.

8. $\lim\limits_{x \to 0} \dfrac{x^3-3x^2+2x}{\arcsin x} =$ _____.

9. 函数 $f(x) = \dfrac{\sin x}{x^2-4x}$ 的连续区间为 _____.

10. 函数 $f(x) = \begin{cases} \dfrac{e^{-2x}-1}{x}, & x > 0, \\ 2x+3, & x \leqslant 0 \end{cases}$ 的间断点为 _____.

11. 若当 $x \to 0$ 时，x^2+3x^3 与 $\sqrt{1+\alpha x^2}-1$ 等价，则 $\alpha =$ _____.

12. 如果 $f(x) = \begin{cases} \dfrac{\ln(1+3x)}{\alpha x}, & x \neq 0, \\ 2, & x = 0 \end{cases}$ 在点 $x = 0$ 连续，则 $\alpha =$ _____.

选择题：

1. 如果 $\lim\limits_{x \to x_0} f(x)$ 存在，$\lim\limits_{x \to x_0} \varphi(x)$ 不存在，则 $\lim\limits_{x \to x_0} [f(x) - \varphi(x)] = ($ 　　$)$.

(A)0　　　　(B)1　　　　(C)∞　　　　(D)不存在

2. $\lim\limits_{x \to +\infty} f(x)$，$\lim\limits_{x \to -\infty} f(x)$ 都存在是 $\lim\limits_{x \to \infty} f(x)$ 存在的（　　）.

(A)无关条件　　　　　　　(B)充分必要条件

(C)充分条件而非必要条件　(D)必要条件而非充分条件

3. 如果 $f(x_0)$ 有意义，则 $\lim\limits_{x \to x_0} f(x) = ($ 　　$)$.

(A)$f(x_0)$　　　　　　　(B)不存在

(C)可能存在也可能不存在　(D)存在但不等于 $f(x_0)$

4. 如果 $\lim f(x) = A$，则 $\lim [f(x) - A] = ($ 　　$)$.

(A)0　　　　(B)$-A$　　　　(C)∞　　　　(D)1

5. $\lim\limits_{n \to \infty} \left(\dfrac{1}{n^2} + \dfrac{2}{n^2} + \cdots + \dfrac{n}{n^2} \right) = ($ 　　$)$.

(A)0　　　　(B)$\dfrac{1}{2}$　　　　(C)∞　　　　(D)2

6. 当 $x \to \infty$ 时下列函数与 $1 - \cos \dfrac{2}{x}$ 比较为高阶无穷小的是（　　）.

(A)$\sin \dfrac{1}{x}$ 　　　　　　　　　　(B)$\dfrac{1}{x^2}$

(C)$\sqrt{1+\dfrac{2}{x^3}}-1$ 　　　　　　(D)$\tan^2 \dfrac{1}{x}$

7. $\lim\limits_{x \to x_0} f(x) = A$ 是当 $x \to x_0$ 时 $f(x) - A$ 为无穷小的(　　　).

(A)无关条件 　　　　　　　　(B)充分必要条件

(C)充分条件 　　　　　　　　(D)必要条件

8. 函数 $f(x) = \dfrac{x-1}{x^3 - x^2 - 4x + 4}$ 的第二类间断点为(　　　).

(A)$x = 1$ 　　　　　　　　　(B)$x = 1, x = 2$

(C)$x = 2, x = -2$ 　　　　　　(D)$x = 1, x = 2, x = -2$

9. 如果 $\lim\limits_{n \to \infty} \left(\dfrac{n-3}{n} \right)^{kn} = \mathrm{e}$, 则 $k = ($　　　$)$.

(A)$-\dfrac{1}{3}$ 　　　(B)3 　　　(C)$\dfrac{1}{3}$ 　　　(D)-3

10. $\lim\limits_{x \to \infty} \left(x\sin \dfrac{2}{x} + \sin 2x \right) = ($　　　$)$.

(A)不存在 　　　　　　　　　(B)∞

(C)0 　　　　　　　　　　　　(D)2

11. 如果 $f(x) < 0$, 且 $\lim\limits_{x \to \infty} f(x) = A$ 存在, 则 $A($　　　$)$.

(A)< 0 　　　　　　　　　　(B)> 0

(C)$\geqslant 0$ 　　　　　　　　(D)$\leqslant 0$

12. $\lim\limits_{x \to \infty} \dfrac{2 - 5x^3}{(x+1)(2x-1)(3x+2)} = ($　　　$)$.

(A)∞ 　　　(B)$-\dfrac{5}{6}$ 　　　(C)0 　　　(D)$\dfrac{5}{6}$

13. 设 $f(x)$ 在 $[a, b]$ 上连续, 则下列命题正确的是(　　　).

(A)如果 $f(a) \cdot f(b) > 0$, 则 $f(x)$ 在 (a, b) 内一定没有零点

(B)$f(x) - 2$ 在 $[a, b]$ 上有界

(C)$f(x)$ 在 $[a, b]$ 上单调

(D)$f(x)$ 在 (a, b) 内至少有一个零点

14. 如果 $f(x)$ 在点 x_0 连续, 则 $\lim\limits_{h \to 0} \sin f(x_0 + 2h) = ($　　　$)$.

(A)$\sin f(x_0 + h)$ 　　　　　(B)$\sin f(x_0)$

(C)$f(\sin x_0)$ 　　　　　　　(D)不存在

15. 如果 $0 \leqslant f(x) \leqslant \varphi(x)$，则 $\lim\limits_{x \to x_0} \varphi(x) = 0$ 是 $\lim\limits_{x \to x_0} f(x) = 0$ 的（　　）.

(A)充分条件但非必要条件　　　(B)必要条件但非充分条件

(C)充分必要条件　　　　　　　(D)无关条件

16. $\lim\limits_{x \to \infty} \dfrac{e^{|x|} - 1}{e^{|x|} + 1} = ($　　$)$.

(A)0　　　　　(B)∞　　　　(C)-1　　　(D)1

计算与证明题：

1. $\lim\limits_{x \to \infty} \left(\dfrac{\sin 2x}{x} - x \sin \dfrac{3}{x} \right)$.

2. $\lim\limits_{n \to \infty} (\sqrt{2n(2n+1)} - 2n)$.

3. $\lim\limits_{x \to 0} \dfrac{2e^{-\frac{1}{x}} - e^{\frac{1}{x}}}{2e^{-\frac{1}{x}} + 1}$.

4. $\lim\limits_{x \to 0} \dfrac{\sqrt{1 + \sin x} - \sqrt{1 + \tan x}}{x^3}$.

5. $\lim\limits_{x \to 0+0} e^{-\frac{1}{x}} \left(\sin \dfrac{1}{x^2} + e^{\frac{1}{x}} \dfrac{1}{x} \arctan 3x \right)$.

6. $\lim\limits_{n \to \infty} n(\ln(n+2) - \ln n)$.

7. 设 $f(x) = \begin{cases} \dfrac{b}{x}, & x \geqslant 1, \\ x + 2, & 0 \leqslant x < 1, \\ \dfrac{e^{ax} - 1}{x}, & x < 0 \end{cases}$ 在 $(-\infty, +\infty)$ 内连续，求 a 与 b 的值.

8. 设 $f(x)$ 在 $[a,b]$ 上连续，且无零点，证明在 $[a,b]$ 上 $f(x)$ 恒为正(或负).

习题答案

习题 2-1

1.(1)0;(2)2;(3)1;(4)没有极限.

习题 2-2

2. $\lim\limits_{x \to 0} \dfrac{x}{x} = 1, \lim\limits_{x \to 0} \dfrac{|x|}{x}$ 不存在.

3. 不存在.

4.(2) $\lim\limits_{x \to 1-0} f(x) = 1, \lim\limits_{x \to 1+0} f(x) = 2$;(3)不存在.

5. 不存在.

6. $\lim\limits_{x \to 1} f(x) = 1.$

7. 不存在.

习题 2-3

1. (1)不正确;(2)正确;(3)不正确;(4)不正确.

2. 不正确.

3. (1)无穷小;(2)无穷大;(3)无穷小;(4)无穷小;(5)无穷大.

4. (1)0;(2)∞;(3)0.

习题 2-4

1. (1)2;(2)0;(3)8;(4)16;(5)$2x$;(6)2;(7)-1;(8)0;(9)2;

(10)$\dfrac{2^{10} \cdot 3^{20}}{5^{30}}$;(11)2;(12)$\dfrac{4}{3}$.

2. (1)0;(2)0;(3)0.

3. (1)$\dfrac{1}{4}$;(2)$\dfrac{3}{2}$;(3)0;(4)1;(5)1;(6)∞.

4. $a = 5,\ \lim\limits_{x \to -1} f(x) = -4.$

习题 2-5

1. (1)k;(2)$\dfrac{5}{3}$;(3)$\dfrac{1}{2}$;(4)2;(5)$\dfrac{1}{2}$;(6)$\dfrac{1}{2\alpha}$;(7)π.

2. (1)e^{-2};(2)e^2;(3)e^{-2};(4)e;(5)e^{-1};(6)e^4.

习题 2-6

1. 当 $x \to 0$ 时 $x^2 - x^3$ 是比 $2x - x^2$ 高阶的无穷小.

3. (1)$\dfrac{3}{2}$;(2)$\dfrac{1}{2}$;(3)$\begin{cases} 0, & m < n, \\ 1, & m = n, \\ \infty, & m > n; \end{cases}(4)\dfrac{a}{b}$;(5)$\dfrac{\alpha^2}{2}$;(6)$\dfrac{a}{b}$;(7)2.

习题 2-7

3. 连续.

4. (1)$x = 1$ 是可去间断点,$x = 2$ 是第二类间断点;(2)$x = \pm 1$ 是第二类间断点;(3)$x = 0$ 是第一类间断点;(4)$x = 0$ 是第二类间断点;(5)$x = 0$ 是第一类间断点.

5. 令 $f(0) = e.$

6. $a = \dfrac{5}{2}.$ **7.** $\dfrac{1}{3}.$

习题 2-8

1. 连续区间为 $(-\infty,-3),(-3,2),(2,+\infty)$, $\lim\limits_{x\to 0}f(x)=\dfrac{1}{2}$, $\lim\limits_{x\to -3}f(x)=$

$-\dfrac{8}{5}$, $\lim\limits_{x\to 2}f(x)=\infty$.

2. $(1)-\dfrac{1}{2}(e^{-2}+1)$; $(2)1$; $(3)0$; $(4)-\dfrac{\sqrt{2}}{2}$.

3. $(1)0$; $(2)\alpha$; $(3)\dfrac{1}{\alpha}$; $(4)e$; $(5)-2$; $(6)e^{\frac{1}{2}}$.

习题 2-9

1. 令 $f(x)=\ln x-\dfrac{2}{x}$, 则 $f(x)$ 在 $[1,e]$ 上连续, 且 $f(1)=-2$, $f(e)=1-\dfrac{2}{e}$,

即 $f(1)f(e)<0$, 故由零点存在定理, 在 $(1,e)$ 内至少有一个根.

2. 提示: 令 $f(x)=x\cdot 2^x-1$, 在 $[0,1]$ 上应用零点存在定理.

练习题(2)

填空题:

1. 0 **2.** 不存在 **3.** e^{-2} **4.** $\lim\limits_{x\to -\infty}f(x)$ **5.** 2 **6.** 4 **7.** $-\dfrac{1}{3}$ **8.** 2

9. $(-\infty,0),(0,4),(4,+\infty)$ **10.** $x=0$

11. 2

$$\lim_{x\to 0}\frac{\sqrt{1+\alpha x^2}-1}{x^2+3x^3}=\lim_{x\to 0}\frac{\alpha x^2}{x^2(1+3x)(\sqrt{1+\alpha x^2}+1)}$$

$$=\lim_{x\to 0}\frac{\alpha}{(1+3x)(\sqrt{1+\alpha x^2}+1)}=\frac{\alpha}{2}=1,\alpha=2.$$

12. $\dfrac{3}{2}$

选择题:

1. (D) **2.** (D) **3.** (C) **4.** (A) **5.** (B) **6.** (C) **7.** (B) **8.** (C)

9. (A) **10.** (A) **11.** (D) **12.** (B) **13.** (B) **14.** (B) **15.** (A) **16.** (D)

计算与证明题:

1. $\lim\limits_{x\to\infty}\left(\dfrac{\sin 2x}{x}-x\sin\dfrac{3}{x}\right)=0-\lim\limits_{x\to\infty}\sin\dfrac{3}{x}\bigg/\dfrac{1}{x}=-3.$

2. $\lim\limits_{n\to\infty}(\sqrt{2n(2n+1)}-2n)=\lim\limits_{n\to\infty}\dfrac{2n}{\sqrt{2n(2n+1)}+2n}=\dfrac{1}{2}.$

3. $\lim\limits_{x\to 0-0} \dfrac{2e^{-\frac{1}{x}} - e^{\frac{1}{x}}}{2e^{-\frac{1}{x}} + 1} = \lim\limits_{x\to 0-0} \dfrac{2 - e^{\frac{2}{x}}}{2 + e^{\frac{1}{x}}} = 1,$

又因为　$\lim\limits_{x\to 0+0} \dfrac{2e^{-\frac{1}{x}} + 1}{2e^{-\frac{1}{x}} - e^{\frac{1}{x}}} = \lim\limits_{x\to 0+0} \dfrac{2e^{-\frac{2}{x}} + e^{-\frac{1}{x}}}{2e^{-\frac{2}{x}} - 1} = 0,$

故　　　$\lim\limits_{x\to 0+0} \dfrac{2e^{-\frac{1}{x}} - e^{\frac{1}{x}}}{2e^{-\frac{1}{x}} + 1} = \infty,$

因此　　$\lim\limits_{x\to 0} \dfrac{2e^{-\frac{1}{x}} - e^{\frac{1}{x}}}{2e^{-\frac{1}{x}} + 1}$ 不存在.

4. $\lim\limits_{x\to 0} \dfrac{\sqrt{1+\sin x} - \sqrt{1+\tan x}}{x^3} = \lim\limits_{x\to 0} \dfrac{\sin x - \tan x}{x^3 (\sqrt{1+\sin x} + \sqrt{1+\tan x})}$

$= \lim\limits_{x\to 0} \dfrac{\tan x}{x} \cdot \dfrac{\cos x - 1}{x^2} \lim\limits_{x\to 0} \dfrac{1}{\sqrt{1+\sin x} + \sqrt{1+\tan x}}$

$= \dfrac{1}{2} \lim\limits_{x\to 0} \dfrac{\tan x}{x} \lim\limits_{x\to 0} \dfrac{-\dfrac{1}{2}x^2}{x^2} = -\dfrac{1}{4}.$

5. 因为

$$\lim\limits_{x\to 0+0} e^{-\frac{1}{x}} = 0, \quad \left| \sin\dfrac{1}{x^2} \right| \leqslant 1,$$

所以　　$\lim\limits_{x\to 0+0} e^{-\frac{1}{x}} \sin\dfrac{1}{x^2} = 0,$

又　　　$\lim\limits_{x\to 0+0} e^{-\frac{1}{x}} e^{\frac{1}{x}} \dfrac{1}{x} \arctan 3x = \lim\limits_{x\to 0+0} \dfrac{\arctan 3x}{x} = 3,$

故　　　$\lim\limits_{x\to 0+0} e^{-\frac{1}{x}} \left(\sin\dfrac{1}{x^2} + e^{\frac{1}{x}} \dfrac{1}{x} \arctan 3x \right)$

$= \lim\limits_{x\to 0+0} e^{-\frac{1}{x}} \sin\dfrac{1}{x^2} + \lim\limits_{x\to 0+0} \dfrac{\arctan 3x}{x} = 3.$

6. $\lim\limits_{n\to\infty} n(\ln(n+2) - \ln n) = \lim\limits_{n\to\infty} \dfrac{\ln\dfrac{n+2}{n}}{\dfrac{1}{n}} = \lim\limits_{n\to\infty} \dfrac{\ln\left(1+\dfrac{2}{n}\right)}{\dfrac{1}{n}} = \lim\limits_{n\to\infty} \dfrac{\dfrac{2}{n}}{\dfrac{1}{n}} = 2.$

7. $f(x)$ 在 $(-\infty, +\infty)$ 内连续,故 $f(x)$ 在点 $x=0, x=1$ 处连续.已知 $f(0) = 2, f(1) = b.$

又　$f(0+0) = \lim\limits_{x\to 0+0}(x+2) = 2,\ f(0-0) = \lim\limits_{x\to 0-0} \dfrac{e^{ax} - 1}{x} = a,$

由　　$f(0+0) = f(0-0) = f(0),$ 得 $a = 2.$

又　$f(1+0) = \lim\limits_{x \to 1+0} \dfrac{b}{x} = b, f(1-0) = \lim\limits_{x \to 1-0}(x+2) = 3,$

由　　　　$f(1+0) = f(1-0) = f(1),$ 得 $b = 3.$

8. 用反证法. 设 $f(x)$ 在 $[a,b]$ 上不恒为正(或负),则在 $[a,b]$ 上必存在 x_1, x_2, 且 $x_1 < x_2$, 使 $f(x_1)f(x_2) < 0$, 又 $f(x)$ 在 $[x_1, x_2] \subset [a,b]$ 上连续, 故由介值定理的推论知, 在 (x_1, x_2) 内至少有一点 ξ, 使 $f(\xi) = 0$, 与题设条件矛盾, 故在 $[a,b]$ 上 $f(x)$ 恒为正(或负).

第 3 章　导数与微分

微分学是高等数学的重要组成部分,它的基本概念是导数与微分. 本章主要讨论导数与微分的概念及它们的计算方法.

3.1　导数的概念

3.1.1　导数问题举例

3.1.1.1　变速直线运动的速度

当质点做匀速直线运动时,它在任意时刻的速度可用下面公式求得

$$速度 = \frac{路程}{时间}.$$

若质点做变速直线运动,质点位置 s 随时间 t 的变化规律为 $s = s(t)$,求质点在时刻 t_0 的瞬时速度,显然不能用上面公式求得.

由于变速运动的速度通常是连续变化的,在很短的时间间隔内,速度变化很小,接近匀速运动,可用上述公式求得这段时间间隔内的平均速度.

设时间由 t_0 变到 $t_0 + \Delta t$,相应位置由 $s(t_0)$ 变到 $s(t_0 + \Delta t)$,在时间间隔 $[t_0, t_0 + \Delta t]$ 内质点运动的路程

$$\Delta s = s(t_0 + \Delta t) - s(t_0),$$

比值　　$$\bar{v} = \frac{\Delta s}{\Delta t} = \frac{s(t_0 + \Delta t) - s(t_0)}{\Delta t}$$

是质点在时间间隔 $[t_0, t_0 + \Delta t]$ 内的平均速度.

当 Δt 很小时,平均速度 $\bar{v}$ 可近似地描述质点在 t_0 时刻的速度. 很明显,时间间隔 Δt 越小, $\bar{v}$ 就越接近质点在 t_0 时刻的速度,因此,当 $\Delta t \to 0$ 时, $\bar{v}$ 的极限就是质点在 t_0 时刻的瞬时速度 $v(t_0)$,即

$$v(t_0) = \lim_{\Delta t \to 0} \bar{v} = \lim_{\Delta t \to 0} \frac{\Delta s}{\Delta t} = \lim_{\Delta t \to 0} \frac{s(t_0 + \Delta t) - s(t_0)}{\Delta t}.$$

上式说明,变速直线运动的瞬时速度是位置函数增量与时间增量之比,当时间增量趋于零时的极限.

3.1.1.2　电流强度

设从 0 到 t 这段时间内通过导线横截面的电量为 $Q = Q(t)$,求 t_0 时刻的电流强度.

恒定电流在单位时间内通过导线横截面的电量即电流强度为

$$电流强度 = \frac{电量}{时间}.$$

这也是恒定电流在任一时刻电流强度的计算公式.

现在电流非恒定,即在不同时刻通过导线横截面的电量不同,因此不能用上述公式求 t_0 时刻的电流强度. 如何求得非恒定电流在 t_0 时刻的电流强度呢? 其方法与变速直线运动瞬时速度的求法是相同的.

设时间从 t_0 变到 $t_0 + \Delta t$,相应通过导线横截面的电量由 $Q(t_0)$ 变为 $Q(t_0 + \Delta t)$,电量增量

$$\Delta Q = Q(t_0 + \Delta t) - Q(t_0),$$

在时间间隔 $[t_0, t_0 + \Delta t]$ 内平均电流强度

$$\bar{i} = \frac{\Delta Q}{\Delta t} = \frac{Q(t_0 + \Delta t) - Q(t_0)}{\Delta t},$$

令 $\Delta t \to 0$,求 $\bar{i}$ 的极限,所得的极限值就是 t_0 时刻的电流强度 $i(t_0)$,即

$$i(t_0) = \lim_{\Delta t \to 0} \bar{i} = \lim_{\Delta t \to 0} \frac{\Delta Q}{\Delta t} = \lim_{\Delta t \to 0} \frac{Q(t_0 + \Delta t) - Q(t_0)}{\Delta t}.$$

上式说明,通过导线的电流强度是电量增量与时间增量之比当时间增量趋于零时的极限.

3.1.2　导数定义

前面两例尽管其实际意义不同,但数学运算却是相同的. 都是先对自变量的增量求出函数的增量,再求出函数增量与自变量增量之比的极限,在数学上称此极限为函数的导数.

定义 3.1.1　设函数 $y = f(x)$ 在点 x_0 的某邻域内有定义,当自变量 x 在点 x_0 有增量 Δx(点 $x_0 + \Delta x$ 仍在该邻域内)时,相应地函数有

增量 $\Delta y = f(x_0 + \Delta x) - f(x_0)$,如果 Δy 与 Δx 之比当 $\Delta x \to 0$ 时的极限存在,则称该极限值为 $y = f(x)$ 在点 x_0 的导数,记为 $y'|_{x=x_0}$,即

$$y'\Big|_{x=x_0} = \lim_{\Delta x \to 0} \frac{\Delta y}{\Delta x} = \lim_{\Delta x \to 0} \frac{f(x_0 + \Delta x) - f(x_0)}{\Delta x}, \tag{1}$$

也可以记为 $\dfrac{\mathrm{d}y}{\mathrm{d}x}\Big|_{x=x_0}$,$f'(x_0)$,$\dfrac{\mathrm{d}}{\mathrm{d}x}f(x)\Big|_{x=x_0}$.

这时也称函数 $f(x)$ 在点 x_0 可导,或称 $f(x)$ 在点 x_0 具有导数,或 $f'(x_0)$ 存在.

如果式(1)的极限不存在,则称函数 $y = f(x)$ 在点 x_0 不可导.

把 $x_0 + \Delta x$ 记为 x,则 $\Delta x = x - x_0$,当 $\Delta x \to 0$ 时,有 $x \to x_0$.于是式(1)可改写为

$$y'\Big|_{x=x_0} = \lim_{x \to x_0} \frac{f(x) - f(x_0)}{x - x_0}. \tag{2}$$

在点 x_0 导数定义的两种表示法(1)和(2)以后都要用到.

因为 $f'(x_0) = \lim_{\Delta x \to 0} \dfrac{f(x_0 + \Delta x) - f(x_0)}{\Delta x}$ 是一个极限,而极限存在的充分必要条件是函数的左、右极限都存在且相等,因此 $f'(x_0)$ 存在的充分必要条件是

$$\lim_{\Delta x \to 0-0} \frac{f(x_0 + \Delta x) - f(x_0)}{\Delta x} \text{ 与 } \lim_{\Delta x \to 0+0} \frac{f(x_0 + \Delta x) - f(x_0)}{\Delta x}$$

都存在且相等,这两个极限分别称为 $f(x)$ 在点 x_0 的左导数和右导数,记为 $f'_-(x_0)$ 与 $f'_+(x_0)$,即

$$f'_-(x_0) = \lim_{\Delta x \to 0-0} \frac{f(x_0 + \Delta x) - f(x_0)}{\Delta x},$$

$$f'_+(x_0) = \lim_{\Delta x \to 0+0} \frac{f(x_0 + \Delta x) - f(x_0)}{\Delta x}.$$

因此可以说,函数 $f(x)$ 在点 x_0 可导的充分必要条件是 $f'_-(x_0)$ 与 $f'_+(x_0)$ 都存在且相等.

如果函数 $y = f(x)$ 在区间 (a, b) 内每一点都可导,则称 $f(x)$ 在

(a,b) 内可导. 显然, 对于 (a,b) 内的每一个 x 值, 都对应着 $f(x)$ 的一个确定的导数值, 这就构成了一个新的函数, 这个函数叫做原来函数 $y = f(x)$ 的导函数, 记为

$$y',f'(x),\frac{\mathrm{d}y}{\mathrm{d}x},或 \frac{\mathrm{d}}{\mathrm{d}x}f(x).$$

把式(1)中的 x_0 换成 x, 即得到计算导函数的公式

$$y' = \lim_{\Delta x \to 0}\frac{f(x+\Delta x)-f(x)}{\Delta x}.$$

显然 $f'(x_0)$ 就是导函数 $f'(x)$ 在 $x = x_0$ 处的函数值, 即

$$f'(x_0) = f'(x)\Big|_{x=x_0}.$$

在不致发生混淆的情况下, 导函数也简称为导数.

有了导数定义以后, 前面两个实例可以分别表叙如下.

变速直线运动的瞬时速度 $v(t)$ 是位置函数 $s(t)$ 对时间 t 的导数, 即 $v(t) = \dfrac{\mathrm{d}s}{\mathrm{d}t}.$

通过导线的电流强度 $i(t)$ 是电量函数 $Q(t)$ 对时间 t 的导数, 即

$$i(t) = \frac{\mathrm{d}Q}{\mathrm{d}t}.$$

例 1 求 $y = x^3$ 在点 x_0 处的导数.

解 x 由 x_0 变到 $x_0 + \Delta x(\Delta x$ 可正可负), 函数增量

$$\Delta y = (x_0+\Delta x)^3 - x_0^3 = x_0^3 + 3x_0^2\Delta x + 3x_0(\Delta x)^2 + (\Delta x)^3 - x_0^3$$
$$= 3x_0^2\Delta x + 3x_0(\Delta x)^2 + (\Delta x)^3,$$

$$y'\Big|_{x=x_0} = \lim_{\Delta x \to 0}\frac{\Delta y}{\Delta x} = \lim_{\Delta x \to 0}(3x_0^2 + 3x_0\Delta x + (\Delta x)^2) = 3x_0^2.$$

3.1.3 导数的几何意义

设函数 $y = f(x)$(图 3-1)在点 x_0 具有导数 $f'(x_0)$, 即

$$f'(x_0) = \lim_{\Delta x \to 0}\frac{\Delta y}{\Delta x} = \lim_{\Delta x \to 0}\frac{f(x_0+\Delta x)-f(x_0)}{\Delta x}.$$

当自变量 x 由 x_0 变到 $x_0 + \Delta x$ 时, 函数 $f(x)$ 由 $f(x_0)$ 变到 $f(x_0$

$+\Delta x$), 在 $y = f(x)$ 的图形上的对应点为 $M_0(x_0, y_0)$ 和 $M(x_0 + \Delta x, y_0 + \Delta y)$, 由解析几何知

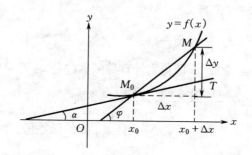

图 3-1

$$\frac{\Delta y}{\Delta x} = \frac{f(x_0 + \Delta x) - f(x_0)}{\Delta x} = \tan \varphi,$$

即是割线 $M_0 M$ 的斜率.

当 $|\Delta x|$ 变小时, 点 M 沿曲线 $y = f(x)$ 向点 M_0 移动, 而割线 $M_0 M$ 则绕点 M_0 转动, 当 $\Delta x \to 0$ 时, 点 M 沿曲线 $y = f(x)$ 趋近于点 M_0, 这时割线 $M_0 M$ 就趋近于它的极限位置直线 $M_0 T$, 称直线 $M_0 T$ 为曲线 $y = f(x)$ 在点 M_0 的切线. 于是割线倾角 φ 趋近于切线倾角 α, 割线 $M_0 M$ 的斜率 $\tan \varphi$ 趋近于切线 $M_0 T$ 的斜率 $\tan \alpha$ 即

$$f'(x_0) = \lim_{\Delta x \to 0} \frac{\Delta y}{\Delta x} = \lim_{\varphi \to \alpha} \tan \varphi = \tan \alpha.$$

因此导数的几何意义为: 函数 $y = f(x)$ 在点 x_0 的导数 $f'(x_0)$, 在几何上表示曲线 $y = f(x)$ 在点 $M_0(x_0, y_0)$ 处的切线斜率.

由导数几何意义及直线的点斜式方程可得到曲线 $y = f(x)$ 在点 $M_0(x_0, y_0)$ 处的切线方程为

$$y - y_0 = f'(x_0)(x - x_0).$$

过点 M_0 且与切线垂直的直线称为曲线 $y = f(x)$ 在点 M_0 处的法线. 如果 $f'(x_0) \neq 0$, 则法线斜率为 $-\dfrac{1}{f'(x_0)}$, 于是法线方程为

$$y - y_0 = -\frac{1}{f'(x_0)}(x - x_0).$$

例 2　求 $y = x^3$ 在点 $(-1, -1)$ 处的切线方程和法线方程.

解　$y' = 3x^2, k = y' \big|_{x=-1} = (3x^2) \big|_{x=-1} = 3,$

因此所求切线方程为 $y + 1 = 3(x + 1)$，即 $3x - y + 2 = 0$. 所求法线方程为 $y + 1 = -\dfrac{1}{3}(x + 1)$，即 $x + 3y + 4 = 0$.

例 3　问曲线 $y = x^3$ 上哪点的切线与直线 $y = 3x + 5$ 平行?

解　由题设知所求切线斜率等于直线 $y = 3x + 5$ 的斜率，即

$$k = 3.$$

由例 1　　$y' = 3x^2$.

由导数几何意义，所求点必须满足 $3x^2 = 3$，解得 $x_1 = 1, x_2 = -1$，故 $y_1 = 1, y_2 = -1$.

因此 $y = x^3$ 在点 $(1,1)$ 和 $(-1, -1)$ 处的切线与直线 $y = 3x + 5$ 平行.

3.1.4　函数可导性与连续性的关系

如果函数 $y = f(x)$ 在点 x_0 可导，则 $y = f(x)$ 在点 x_0 连续.

事实上，如果 $f'(x_0)$ 存在，则有

$$\lim_{\Delta x \to 0} \Delta y = \lim_{\Delta x \to 0} \left(\frac{\Delta y}{\Delta x} \cdot \Delta x \right) = \left(\lim_{\Delta x \to 0} \frac{\Delta y}{\Delta x} \right) \cdot \lim_{\Delta x \to 0} \Delta x = 0,$$

即 $f(x)$ 在点 x_0 连续.

反之，一个函数在某点连续，它却不一定在该点可导.

例如　$y = f(x) = |x|$. 在点 $x = 0$ 连续但不可导，这是因为

$$\lim_{\Delta x \to 0} \Delta y = \lim_{\Delta x \to 0} [f(0 + \Delta x) - f(0)] = \lim_{\Delta x \to 0} |\Delta x| = 0,$$

即在点 $x = 0$ 连续.

又　$f'_+(0) = \lim\limits_{\Delta x \to 0+0} \dfrac{\Delta y}{\Delta x} = \lim\limits_{\Delta x \to 0+0} \dfrac{|\Delta x|}{\Delta x} = \lim\limits_{\Delta x \to 0+0} \dfrac{\Delta x}{\Delta x} = 1,$

$f'_-(0) = \lim\limits_{\Delta x \to 0-0} \dfrac{\Delta y}{\Delta x} = \lim\limits_{\Delta x \to 0-0} \dfrac{|\Delta x|}{\Delta x} = \lim\limits_{\Delta x \to 0-0} \dfrac{-\Delta x}{\Delta x} = -1.$

$f'_+(0) \neq f'_-(0)$，故 $y = |x|$ 在点 $x = 0$ 不可导(见图 3-2).

例 4　讨论函数

$$f(x)=\begin{cases} \dfrac{\sin 2x^3}{x}, & x\neq 0,\\ 0, & x=0;\end{cases}$$

在点 $x=0$ 处的连续性与可导性.

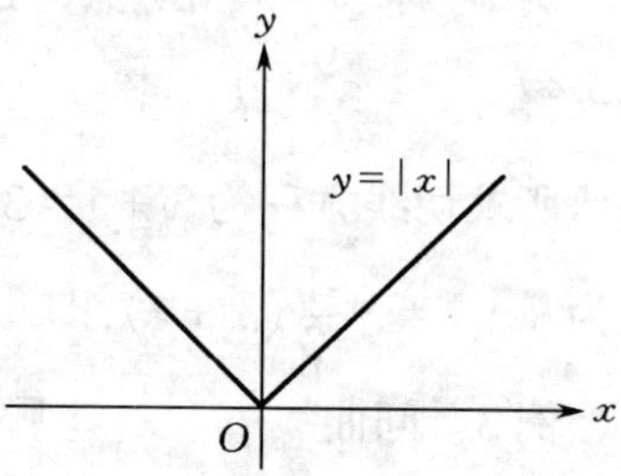

解 因为

$$\lim_{\Delta x\to 0}\frac{f(0+\Delta x)-f(0)}{\Delta x}$$

$$=\lim_{\Delta x\to 0}\frac{\dfrac{\sin 2(\Delta x)^3}{\Delta x}-0}{\Delta x}$$

$$=\lim_{\Delta x\to 0}\frac{\sin 2(\Delta x)^3}{(\Delta x)^2}=\lim_{\Delta x\to 0}\frac{2(\Delta x)^3}{(\Delta x)^2}=\lim_{\Delta x\to 0}2\Delta x=0,$$

图 3-2

所以 $f(x)$ 在点 $x=0$ 可导,由函数可导性与连续性的关系知 $f(x)$ 在点 $x=0$ 连续.

由上面讨论可知,函数在一点连续是函数在该点可导的必要条件,但不是充分条件.

例 5 讨论函数

$$f(x)=\begin{cases} x\sin\dfrac{1}{x}, & x\neq 0,\\ 0, & x=0\end{cases}$$
在点 $x=0$ 的连续性与可导性.

解 因为 $\lim_{x\to 0}f(x)=\lim_{x\to 0}x\sin\dfrac{1}{x}=0=f(0)$,

所以 $f(x)$ 在点 $x=0$ 处连续.

又因为

$$\lim_{x\to 0}\frac{f(x)-f(0)}{x-0}=\lim_{x\to 0}\frac{x\sin\dfrac{1}{x}-0}{x}=\lim_{x\to 0}\sin\dfrac{1}{x}$$

不存在,所以 $f(x)$ 在点 $x=0$ 处不可导.

习题 3-1

1.设 $y=-5x^2$,试按导数定义求 $\dfrac{\mathrm{d}y}{\mathrm{d}x}\Big|_{x=20}$.

2.设 $y = ax + b(a, b$ 为常数),按导数定义,求 $\dfrac{\mathrm{d}y}{\mathrm{d}x}$.

3.设 $f'(x_0)$ 存在,根据导数定义求下列各极限.

(1) $\lim\limits_{x \to x_0} \dfrac{f(x) - f(x_0)}{x - x_0}$;

(2) $\lim\limits_{\Delta x \to 0} \dfrac{f(x_0 - \Delta x) - f(x_0)}{\Delta x}$;

(3) $\lim\limits_{h \to 0} \dfrac{f(x_0) - f(x_0 - h)}{h}$;

(4) $\lim\limits_{x \to 0} \dfrac{f(x)}{x}$,其中 $f(0) = 0$,且 $f'(0)$ 存在.

4.已知物体的运动规律 $s = t^3 (\mathrm{m})$,求:

(1)物体在 $t = 2$ 至 $t = 4$ 这段时间内的平均速度;

(2)在 $t = 2$ 时的瞬时速度.

5.设 $f(x) = \begin{cases} \dfrac{\mathrm{e}^x - 1}{x}, & x \neq 0, \\ 0, & x = 0. \end{cases}$

讨论 $f(x)$ 在点 $x = 0$ 处的连续性和可导性.

6.设 $f(x) = \begin{cases} x^2 \cos \dfrac{1}{x}, & x \neq 0 \\ 0, & x = 0. \end{cases}$

讨论 $f(x)$ 在点 $x = 0$ 的连续性与可导性.

3.2　基本初等函数的导数公式

根据导数定义,求函数 $y = f(x)$ 的导数可分以下三个步骤(简称三步法则):

(1)求增量 $\Delta y = f(x + \Delta x) - f(x)$;

(2)算比值 $\dfrac{\Delta y}{\Delta x} = \dfrac{f(x + \Delta x) - f(x)}{\Delta x}$;

(3)取极限 $f'(x) = \lim\limits_{\Delta x \to 0} \dfrac{\Delta y}{\Delta x} = \lim\limits_{\Delta x \to 0} \dfrac{f(x + \Delta x) - f(x)}{\Delta x}$.

求函数的导数,通常要以基本初等函数的导数为基础,下面介绍基本初等函数的导数公式.

3.2.1　常数的导数为零

$$(c)' = 0.$$

设 $y = f(x) = c(c$ 为常数$)$.

$(1)\Delta y = f(x + \Delta x) - f(x) = c - c = 0$;

$(2)\dfrac{\Delta y}{\Delta x} = \dfrac{f(x + \Delta x) - f(x)}{\Delta x} = 0$;

$(3)\lim\limits_{\Delta x \to 0} \dfrac{\Delta y}{\Delta x} = 0$,即$(c)' = 0$.

3.2.2　幂函数的导数公式

$$(x^{\alpha})' = \alpha x^{\alpha - 1}(\alpha \text{ 为任意实数}).$$

当 α 为正整数 n 时,有

$(1)\Delta y = (x + \Delta x)^n - x^n$

$= x^n + nx^{n-1}\Delta x + \dfrac{n(n-1)}{2!}x^{n-2}(\Delta x)^2 + \cdots + (\Delta x)^n - x^n$;

$(2)\dfrac{\Delta y}{\Delta x} = nx^{n-1} + \dfrac{n(n-1)}{2!}x^{n-2} \cdot \Delta x + \cdots + (\Delta x)^{n-1}$;

$(3)\lim\limits_{\Delta x \to 0} \dfrac{\Delta y}{\Delta x} = nx^{n-1}$,即$(x^n)' = nx^{n-1}$.

当 α 为实数时,公式$(x^{\alpha})' = \alpha x^{\alpha - 1}$仍成立,证明将在 3.4 中给出.

3.2.3　三角函数的导数公式

$$(\sin x)' = \cos x.$$

$$(\cos x)' = -\sin x.$$

$$(\tan x)' = \dfrac{1}{\cos^2 x} = \sec^2 x.$$

$$(\cot x)' = -\dfrac{1}{\sin^2 x} = -\csc^2 x.$$

$$(\sec x)' = \sec x \tan x.$$

$$(\csc x)' = -\csc x \cot x.$$

只就 $y = \sin x$ 的导数公式加以推导.

$(1)\Delta y = \sin(x + \Delta x) - \sin x = 2\cos(x + \dfrac{\Delta x}{2}) \cdot \sin \dfrac{\Delta x}{2}$;

$(2)\dfrac{\Delta y}{\Delta x}=2\cos\left(x+\dfrac{\Delta x}{2}\right)\cdot\dfrac{\sin\dfrac{\Delta x}{2}}{\Delta x}=\cos\left(x+\dfrac{\Delta x}{2}\right)\cdot\dfrac{\sin\dfrac{\Delta x}{2}}{\dfrac{\Delta x}{2}};$

$(3)\lim\limits_{\Delta x\to 0}\dfrac{\Delta y}{\Delta x}=\cos x,$ 即 $(\sin x)'=\cos x.$

类似地,可求出 $y=\cos x$ 的导数,即 $(\cos x)'=-\sin x.$ 其余四个导数公式的推导过程将在下节给出.

3.2.4　对数函数的导数公式

$$(\log_a x)'=\dfrac{1}{x\ln a}\quad(a>0,a\neq1).$$

$(1)\Delta y=\log_a(x+\Delta x)-\log_a x=\log_a\dfrac{x+\Delta x}{x}=\log_a\left(1+\dfrac{\Delta x}{x}\right);$

$(2)\dfrac{\Delta y}{\Delta x}=\dfrac{1}{\Delta x}\log_a\left(1+\dfrac{\Delta x}{x}\right)=\dfrac{1}{x}\cdot\dfrac{x}{\Delta x}\log_a\left(1+\dfrac{\Delta x}{x}\right)$

$\qquad=\dfrac{1}{x}\log_a\left(1+\dfrac{\Delta x}{x}\right)^{\frac{x}{\Delta x}};$

$(3)\lim\limits_{\Delta x\to 0}\dfrac{\Delta y}{\Delta x}=\dfrac{1}{x}\log_a\lim\limits_{\Delta x\to 0}\left(1+\dfrac{\Delta x}{x}\right)^{\frac{x}{\Delta x}}=\dfrac{1}{x}\log_a\mathrm{e}=\dfrac{1}{x\ln a},$

即　　　　$(\log_a x)'=\dfrac{1}{x\ln a}.$

特别地,当 $a=\mathrm{e}$ 时,$(\ln x)'=\dfrac{1}{x\ln\mathrm{e}}=\dfrac{1}{x}.$

3.2.5　指数函数的导数公式

$$(a^x)'=a^x\ln a\quad(a>0,a\neq1).$$

$(1)\Delta y=a^{x+\Delta x}-a^x=a^x(a^{\Delta x}-1);$

$(2)\dfrac{\Delta y}{\Delta x}=a^x\cdot\dfrac{a^{\Delta x}-1}{\Delta x};$

$(3)\lim\limits_{\Delta x\to 0}\dfrac{\Delta y}{\Delta x}=\lim\limits_{\Delta x\to 0}a^x\cdot\dfrac{a^{\Delta x}-1}{\Delta x}=a^x\lim\limits_{\Delta x\to 0}\dfrac{a^{\Delta x}-1}{\Delta x},$

令 $a^{\Delta x}-1=\alpha,$ 则 $\Delta x=\log_a(1+\alpha),$ 且当 $\Delta x\to 0$ 时 $\alpha\to 0,$ 于是

$$\lim_{\Delta x \to 0} \frac{a^{\Delta x} - 1}{\Delta x} = \lim_{\alpha \to 0} \frac{\alpha}{\log_a (1 + \alpha)} = \frac{1}{\lim\limits_{\alpha \to 0} \log_a (1 + \alpha)^{\frac{1}{\alpha}}} = \frac{1}{\log_a e} = \ln a,$$

所以　$(a^x)' = a^x \ln a$.

特别地,当 $a = e$ 时,则有 $(e^x)' = e^x$.

3.2.6　反三角函数导数公式

$$(\arcsin x)' = \frac{1}{\sqrt{1 - x^2}}. \qquad (\arccos x)' = -\frac{1}{\sqrt{1 - x^2}}.$$

$$(\arctan x)' = \frac{1}{1 + x^2}. \qquad (\operatorname{arccot} x)' = -\frac{1}{1 + x^2}.$$

反三角函数导数公式的推导,将在 3.5 中给出.

例 1　利用导数公式,求下列函数的导数.

$(1) y = \sqrt[3]{x}$;　　　　　　　　　　$(2) y = 3^{-x}$;

$(3) y = \dfrac{1}{\sqrt{x}}$;　　　　　　　　　　$(4) y = \dfrac{1}{x}$.

解　(1)由幂函数导数公式

$$y' = (x^{\frac{1}{3}})' = \frac{1}{3} x^{\frac{1}{3} - 1} = \frac{1}{3} x^{-\frac{2}{3}} = \frac{1}{3 \sqrt[3]{x^2}}.$$

(2)由指数函数导数公式

$$y' = (3^{-x})' = \left[\left(\frac{1}{3} \right)^x \right]' = \left(\frac{1}{3} \right)^x \ln \frac{1}{3} = -3^{-x} \ln 3.$$

$(3) y' = (x^{-\frac{1}{2}})' = -\frac{1}{2} x^{-\frac{1}{2} - 1} = -\frac{1}{2} x^{-\frac{3}{2}} = -\dfrac{1}{2x \sqrt{x}}.$

$(4) y' = (x^{-1})' = -x^{-1-1} = -x^{-2} = -\dfrac{1}{x^2}.$

习题 3-2

1.利用导数定义,求下列函数的导数.

$(1) y = \sqrt{x}$;　　　　　　　$(2) y = \dfrac{1}{x}$,求 $y'(2)$;

$(3) y = \cos x$.

2.利用幂函数导数公式,求下列函数导数.

$(1)y = x^{15}$；　　　　　　$(2)y = \dfrac{1}{x^3}$；

$(3)y = \sqrt{x\sqrt{x}}$；　　　　　$(4)y = \dfrac{1}{\sqrt[3]{x^2}}$.

3.问曲线 $y = x^2 - 8$ 上哪一点的切线平行于直线 $y = 8x - 3$？

4.求曲线 $y = \ln x$ 在点 $M(\mathrm{e},1)$ 处的切线方程和法线方程.

5.如果 $f'(x_0)$ 存在,证明

$$\lim_{h \to 0} \frac{f(x_0 + h) - f(x_0 - h)}{h} = 2f'(x_0).$$

3.3　函数和、差、积、商的求导法则

函数的求导法又称为微分法.

下面几节将介绍几个基本的求导法则,借助于这些法则和基本初等函数的导数公式,可以较方便地求出初等函数的导数.

3.3.1　函数和、差的求导法则

法则 1　两个可导函数和(差)的导数等于这两个函数的导数和(差).

即如果函数 $u = u(x),v = v(x)$ 在点 x 可导,则 $y = u(x) + v(x)$ 在点 x 也可导,且 $(u + v)' = u' + v'$.

事实上,当自变量 x 有增量 Δx 时,函数 u,v,y 相应地有增量 $\Delta u, \Delta v, \Delta y$,其中

$$\Delta u = u(x + \Delta x) - u(x),$$
$$\Delta v = v(x + \Delta x) - v(x),$$
$$\begin{aligned}\Delta y &= [u(x + \Delta x) + v(x + \Delta x)] - [u(x) + v(x)] \\ &= [u(x + \Delta x) - u(x)] + [v(x + \Delta x) - v(x)] \\ &= \Delta u + \Delta v,\end{aligned}$$

于是　　$\dfrac{\Delta y}{\Delta x} = \dfrac{\Delta u + \Delta v}{\Delta x} = \dfrac{\Delta u}{\Delta x} + \dfrac{\Delta v}{\Delta x}$,

从而,由 $u = u(x)$、$v = v(x)$ 在点 x 可导,得

$$\lim_{\Delta x \to 0} \frac{\Delta y}{\Delta x} = \lim_{\Delta x \to 0}\left(\frac{\Delta u}{\Delta x} + \frac{\Delta v}{\Delta x}\right) = \lim_{\Delta x \to 0} \frac{\Delta u}{\Delta x} + \lim_{\Delta x \to 0} \frac{\Delta v}{\Delta x}$$

$$= u'(x) + v'(x),$$

即 $\quad (u + v)' = u' + v'.$

类似地,如果 $u = u(x), v = v(x)$ 在点 x 可导,

则有 $\quad (u - v)' = u' - v'.$

这个法则可以推广到有限个可导函数代数和的情形,即

$$(u_1 + u_2 + \cdots + u_n)' = u'_1 + u'_2 + \cdots + u'_n.$$

例 1 设 $f(x) = \dfrac{1}{x} - \cos x + \ln 2$,求 $f'(x)$.

解 $f'(x) = \left(\dfrac{1}{x} - \cos x + \ln 2 \right)' = \left(\dfrac{1}{x} \right)' - (\cos x)' + (\ln 2)'$

$$= -\frac{1}{x^2} - (-\sin x) + 0 = -\frac{1}{x^2} + \sin x.$$

例 2 设 $f(x) = \dfrac{x-1}{x} + 2^{-x}$,求 $f'(x)$.

解 $f'(x) = \left[1 - \dfrac{1}{x} + \left(\dfrac{1}{2} \right)^x \right]' = 1' - \left(\dfrac{1}{x} \right)' + \left[\left(\dfrac{1}{2} \right)^x \right]'$

$$= 0 + \frac{1}{x^2} + \left(\frac{1}{2} \right)^x \ln \frac{1}{2} = \frac{1}{x^2} - 2^{-x} \ln 2.$$

3.3.2 函数乘积的求导法则

法则 2 两个可导函数乘积的导数等于第一个函数的导数乘第二个函数,加上第一个函数乘第二个函数的导数.

即如果函数 $u = u(x), v = v(x)$ 在点 x 可导,则 $y = u(x)v(x)$,在点 x 也可导,且

$$(uv)' = u'v + uv'.$$

事实上,当自变量 x 有增量 Δx 时,函数 u, v, y 相应地有增量 $\Delta u, \Delta v, \Delta y$,其中

$$\Delta u = u(x + \Delta x) - u(x),$$
$$u(x + \Delta x) = u(x) + \Delta u = u + \Delta u,$$
$$\Delta v = v(x + \Delta x) - v(x),$$
$$v(x + \Delta x) = v(x) + \Delta v = v + \Delta v,$$
$$\Delta y = u(x + \Delta x)v(x + \Delta x) - u(x)v(x)$$

$$= (u + \Delta u)(v + \Delta v) - uv$$

$$= uv + \Delta u \cdot v + u \cdot \Delta v + \Delta u \cdot \Delta v - uv$$

$$= \Delta u \cdot v + u \cdot \Delta v + \Delta u \cdot \Delta v.$$

$$\frac{\Delta y}{\Delta x} = \frac{\Delta u}{\Delta x} \cdot v + u \cdot \frac{\Delta v}{\Delta x} + \Delta u \cdot \frac{\Delta v}{\Delta x}.$$

由条件知　　$u' = \lim\limits_{\Delta x \to 0} \dfrac{\Delta u}{\Delta x}, \, v' = \lim\limits_{\Delta x \to 0} \dfrac{\Delta v}{\Delta x},$

由于函数在点 x 处可导,则在该点必连续,故 $\lim\limits_{\Delta x \to 0} \Delta u = 0$,所以

$$\lim_{\Delta x \to 0} \frac{\Delta y}{\Delta x} = \lim_{\Delta x \to 0}\left(\frac{\Delta u}{\Delta x} \cdot v\right) + \lim_{\Delta x \to 0}\left(u \cdot \frac{\Delta v}{\Delta x}\right) + \lim_{\Delta x \to 0}\left(\Delta u \cdot \frac{\Delta v}{\Delta x}\right)$$

$$= \left(\lim_{\Delta x \to 0} \frac{\Delta u}{\Delta x}\right) \cdot v + u \cdot \lim_{\Delta x \to 0} \frac{\Delta v}{\Delta x} + \lim_{\Delta x \to 0} \Delta u \cdot \lim_{\Delta x \to 0} \frac{\Delta v}{\Delta x}$$

$$= u'v + uv'.$$

即　　　　$(uv)' = u'v + uv'.$

特别地,当 $v = c$(c 为常数)时,有

$$(c \cdot u)' = (c)'u + cu' = cu',$$

即常数因子可以从导数记号中提出来.

例 3　设 $f(x) = \sqrt{x} \sec x$,求 $f'(x)$.

解　$f'(x) = (\sqrt{x} \sec x)' = (\sqrt{x})' \sec x + \sqrt{x}(\sec x)'$

$$= \frac{1}{2} x^{-\frac{1}{2}} \sec x + \sqrt{x} \sec x \tan x$$

$$= \frac{1}{2\sqrt{x}} \sec x + \sqrt{x} \sec x \tan x.$$

例 4　设 $f(x) = 2x^3 \ln x$,求 $f'(x)$.

解　$f'(x) = 2(x^3 \ln x)' = 2[(x^3)' \ln x + x^3 (\ln x)']$

$$= 2(3x^2 \ln x + x^2) = 6x^2 \ln x + 2x^2.$$

例 5　设 $f(x) = e^x \left(\dfrac{x-1}{x}\right)^2$,求 $f'(x)$.

解　$f'(x) = (e^x)' \left(\dfrac{x-1}{x}\right)^2 + e^x\left[\left(1 - \dfrac{1}{x}\right)^2\right]'$

$$= e^x \cdot \left(\frac{x-1}{x}\right)^2 + e^x\left(1 - \frac{2}{x} + \frac{1}{x^2}\right)'$$

$$= \mathrm{e}^x \cdot \frac{x^2 - 2x + 1}{x^2} + \mathrm{e}^x \left(\frac{2}{x^2} - \frac{2}{x^3} \right)$$

$$= \mathrm{e}^x \cdot \left(1 - \frac{2}{x} + \frac{3}{x^2} - \frac{2}{x^3} \right).$$

必须注意,两个函数乘积的导数不等于两个函数导数的乘积,即 $(uv)' \neq u'v'$.

函数乘积的求导法则可以推广到有限个函数乘积的情况.例如,对于可导函数 u, v, w,有

$$(u \cdot v \cdot w)' = (u \cdot v)'w + (u \cdot v)w'$$

$$= u' \cdot v \cdot w + u \cdot v' \cdot w + u \cdot v \cdot w'.$$

例 6　设 $f(x) = x^2 \mathrm{e}^x \ln x$,求 $f'(x)$.

解　$f'(x) = (x^2)' \mathrm{e}^x \ln x + x^2 (\mathrm{e}^x)' \ln x + x^2 \mathrm{e}^x (\ln x)'$

$$= 2x \mathrm{e}^x \ln x + x^2 \mathrm{e}^x \ln x + x \mathrm{e}^x.$$

3.3.3　函数商的求导法则

法则 3　两个可导函数之商的导数,等于分子的导数与分母的乘积减去分母的导数与分子的乘积,再除以分母的平方.

即如果函数 $u = u(x), v = v(x)$ 在点 x 可导,则函数 $y = \dfrac{u(x)}{v(x)}$ 在点 x 也可导,且

$$\left(\frac{u}{v} \right)' = \frac{u'v - uv'}{v^2} \quad (v \neq 0).$$

事实上,当自变量 x 有增量,函数 u, v, y 相应地有增量 $\Delta u, \Delta v, \Delta y$,其中

$$\Delta u = u(x + \Delta x) - u(x), \quad u(x + \Delta x) = u + \Delta u,$$

$$\Delta v = v(x + \Delta x) - v(x), \quad v(x + \Delta x) = v + \Delta v.$$

于是　　$\Delta y = \dfrac{u(x + \Delta x)}{v(x + \Delta x)} - \dfrac{u(x)}{v(x)} = \dfrac{u + \Delta u}{v + \Delta v} - \dfrac{u}{v}$

$$= \frac{(u + \Delta u)v - u(v + \Delta v)}{v(v + \Delta v)} = \frac{\Delta u \cdot v - u \cdot \Delta v}{(v + \Delta v)v}.$$

从而　　$\dfrac{\Delta y}{\Delta x} = \dfrac{\dfrac{\Delta u}{\Delta x} \cdot v - u \cdot \dfrac{\Delta v}{\Delta x}}{(v + \Delta v)v},$

又因为　$\lim\limits_{\Delta x \to 0} \dfrac{\Delta u}{\Delta x} = u'$, $\lim\limits_{\Delta x \to 0} \dfrac{\Delta v}{\Delta x} = v'$,

且 $v = v(x)$ 在点 x 可导从而在点 x 必连续,于是 $\lim\limits_{\Delta x \to 0} \Delta v = 0$,故

$$\lim_{\Delta x \to 0} \frac{\Delta y}{\Delta x} = \frac{v \lim\limits_{\Delta x \to 0} \dfrac{\Delta u}{\Delta x} - u \lim\limits_{\Delta x \to 0} \dfrac{\Delta v}{\Delta x}}{\left(v + \lim\limits_{\Delta x \to 0} \Delta v\right) v} = \frac{u'v - uv'}{v^2}.$$

即　　　$\left(\dfrac{u}{v}\right)' = \dfrac{u'v - uv'}{v^2}$ ($v \neq 0$).

特例　$u = c$ (c 为常数)时.

$$\left(\frac{c}{v}\right)' = -\frac{cv'}{v^2}.$$

例 7　设 $f(x) = \dfrac{x}{1 + x^2}$,求 $f'(x)$.

解　$f'(x) = \left(\dfrac{x}{1 + x^2}\right)' = \dfrac{(x)'(1 + x^2) - (1 + x^2)'x}{(1 + x^2)^2}$

$\qquad = \dfrac{1 + x^2 - 2x^2}{(1 + x^2)^2} = \dfrac{1 - x^2}{(1 + x^2)^2}.$

例 8　设 $f(x) = \tan x$,求 $f'(x)$.

解　$f'(x) = (\tan x)' = \left(\dfrac{\sin x}{\cos x}\right)' = \dfrac{(\sin x)' \cos x - (\cos x)' \sin x}{\cos^2 x}$

$\qquad = \dfrac{\cos^2 x - (-\sin x) \sin x}{\cos^2 x} = \dfrac{\cos^2 x + \sin^2 x}{\cos^2 x}$

$\qquad = \dfrac{1}{\cos^2 x} = \sec^2 x,$

即　　　$(\tan x)' = \sec^2 x.$

类似地,有　$(\cot x)' = -\csc^2 x.$

例 9　设 $f(x) = \sec x$,求 $f'(x)$.

解　$f'(x) = (\sec x)' = \left(\dfrac{1}{\cos x}\right)' = \dfrac{(1)' \cos x - (\cos x)'}{\cos^2 x}$

$\qquad = \dfrac{\sin x}{\cos^2 x} = \sec x \tan x.$

即　　　$(\sec x)' = \sec x \tan x.$

类似地,有 $(\csc x)' = -\csc x \cot x$.

例 10 设 $f(x) = \dfrac{x(1+\sin x)}{\cos x}$,求 $f'(x)$.

解 $f'(x) = \dfrac{[x(1+\sin x)]'\cos x - (\cos x)' x(1+\sin x)}{\cos^2 x}$

$$= \frac{(1+\sin x + x\cos x)\cos x + x\sin x(1+\sin x)}{\cos^2 x}$$

$$= \frac{\cos x + \sin x\cos x + x\cos^2 x + x\sin x + x\sin^2 x}{\cos^2 x}$$

$$= \frac{\cos x + x + x\sin x + \sin x\cos x}{\cos^2 x}$$

$$= \frac{(x+\cos x)(1+\sin x)}{\cos^2 x}.$$

习题 3-3

1.求下列函数的导数.

$(1) y = 3x^2 - \dfrac{2}{x^2} + \sin\dfrac{\pi}{5}$;

$(2) y = 2x^2 + x^2\sqrt{x} - e^{10}$;

$(3) y = \dfrac{x^5\sqrt{x} + x + \sqrt{x}}{x^3\sqrt{x}}$;

$(4) y = (2x-1)^2$;

$(5) y = x^{10} + 10^x + \ln 10$.

2.求下列函数的导数.

$(1) y = x\ln x$;

$(2) y = e^x\sin x$;

$(3) y = x\tan x - 2\sec x$;

$(4) y = x\sin x\ln x$;

$(5) y = x\log_2 x + \ln 2$;

$(6) y = -\arccos x - \text{arccot } x$.

3.求下列函数的导数.

$(1) y = \dfrac{\cos x}{x}$;

$(2) y = \dfrac{\ln x}{x^2}$;

$(3) y = \dfrac{1-e^x}{1+e^x}$;

$(4) y = \dfrac{\sin x}{1+\cos x}$;

$(5) y = \dfrac{\cot x}{1+\sqrt{x}}$;

$(6) y = \dfrac{x\sin x}{1+\tan x}$;

$(7) y = \sqrt{x}\log_2 x$;

$(8) y = \dfrac{1-\ln x}{1+\ln x}$;

$(9) y = \dfrac{\tan x}{1 + \sec x}$.

4. 求下列函数在指定点的导数.

$(1) f(x) = 6a^x - 3x + \cos x (a > 0)$, 求 $f'(0)$.

$(2) f(x) = \dfrac{1 + \sqrt{x}}{1 - \sqrt{x}} - \dfrac{5}{9} x + 1$, 求 $f'(4)$.

5. 把一物体上抛, 经过 t 秒后, 上升距离为 $s = 12t - \dfrac{1}{2} gt^2$, 求:

(1) 速度 $v(t)$;

(2) 物体到达最高点时, $t = ?$

6. 已知曲线 $y = ax^3$ 和直线 $y = x + b$ 在点 $x = 1$ 相切, 求 a 与 b 的值.

3.4 复合函数的求导法则

到现在为止, 我们只能求一些简单函数的导数, 但在实际中遇到的函数大多是复合函数, 下面介绍复合函数的求导法则.

定理 3.4.1 如果 $u = \varphi(x)$ 在点 x 有导数 $\dfrac{du}{dx} = \varphi'(x)$, 函数 $y = f(u)$ 在对应点 u 处有导数 $\dfrac{dy}{du} = f'(u)$, 则复合函数 $y = f[\varphi(x)]$ 在点 x 可导, 且

$$\frac{dy}{dx} = \frac{dy}{du} \cdot \frac{du}{dx},$$

或　　　　　$y'_x = y'_u \cdot u'_x$,

其中 y'_x 表示 y 对 x 的导数, y'_u 表示 y 对中间变量 u 的导数, u'_x 表示中间变量 u 对自变量 x 的导数.

证 设自变量 x 有增量 Δx, 则相应中间变量 $u = \varphi(x)$ 有增量 Δu, 从而 $y = f(u)$ 有增量 Δy, 于是当 $\Delta u \neq 0$ 时, $\dfrac{\Delta y}{\Delta x} = \dfrac{\Delta y}{\Delta u} \cdot \dfrac{\Delta u}{\Delta x}$. 由于 $u = \varphi(x)$ 在点 x 处可导, 则在该点处必连续, 因此当 $\Delta x \to 0$ 时, 必有 $\Delta u \to 0$. 又因为

$$\lim_{\Delta x \to 0} \frac{\Delta u}{\Delta x} = \frac{du}{dx}, \quad \lim_{\Delta u \to 0} \frac{\Delta y}{\Delta u} = \frac{dy}{du},$$

所以　　　$\lim\limits_{\Delta x \to 0} \dfrac{\Delta y}{\Delta x} = \lim\limits_{\Delta x \to 0} \left(\dfrac{\Delta y}{\Delta u} \cdot \dfrac{\Delta u}{\Delta x} \right) = \lim\limits_{\Delta u \to 0} \dfrac{\Delta y}{\Delta u} \cdot \lim\limits_{\Delta x \to 0} \dfrac{\Delta u}{\Delta x}$

$$= \dfrac{\mathrm{d}y}{\mathrm{d}u} \cdot \dfrac{\mathrm{d}u}{\mathrm{d}x},$$

即　　　　　　$\dfrac{\mathrm{d}y}{\mathrm{d}x} = \dfrac{\mathrm{d}y}{\mathrm{d}u} \cdot \dfrac{\mathrm{d}u}{\mathrm{d}x},$

或写成　　　　$y'_x = y'_u \cdot u'_x.$

当 $\Delta u = 0$ 时,上述结论仍然成立(证略).

定理 3.4.1 告诉我们:对于复合函数 $y = f[\varphi(x)]$,求 y 对 x 的导数,可先求 y 对中间变量 $u = \varphi(x)$ 的导数 y'_u,再求 u 对 x 的导数 u'_x,最后做乘积,即

$$y'_x = y'_u \cdot u'_x.$$

求复合函数的导数,关键在于正确分解复合函数,恰当地选取中间变量 u,搞清复合关系.在求导过程中要明确是对哪个变量求导.

例 1　设 $y = \cos x^2$,求 $\dfrac{\mathrm{d}y}{\mathrm{d}x}$.

解　$y = \cos x^2$ 可看作 $y = \cos u$,$u = x^2$ 复合而成,因此

$$\dfrac{\mathrm{d}y}{\mathrm{d}x} = \dfrac{\mathrm{d}y}{\mathrm{d}u} \cdot \dfrac{\mathrm{d}u}{\mathrm{d}x} = -\sin u \cdot 2x = -2x \sin x^2.$$

注意中间变量 u 是为利用定理而设的,因此在最后结果中要换回原来的变量.

例 2　设 $y = \mathrm{e}^{\tan x}$,求 $\dfrac{\mathrm{d}y}{\mathrm{d}x}$.

解　$y = \mathrm{e}^{\tan x}$ 可看成 $y = \mathrm{e}^u$,$u = \tan x$ 复合而成,故

$$\dfrac{\mathrm{d}y}{\mathrm{d}x} = \dfrac{\mathrm{d}y}{\mathrm{d}u} \cdot \dfrac{\mathrm{d}u}{\mathrm{d}x} = \mathrm{e}^u \cdot \sec^2 x = \mathrm{e}^{\tan x} \sec^2 x.$$

例 3　设 $y = \arctan \dfrac{1-x}{1+x}$,求 $\dfrac{\mathrm{d}y}{\mathrm{d}x}$.

解　$y = \arctan \dfrac{1-x}{1+x}$ 可看成 $y = \arctan u$,$u = \dfrac{1-x}{1+x}$ 复合而成,所以

$$\dfrac{\mathrm{d}y}{\mathrm{d}x} = \dfrac{\mathrm{d}y}{\mathrm{d}u} \cdot \dfrac{\mathrm{d}u}{\mathrm{d}x}$$

$$= \dfrac{1}{1+u^2} \cdot \dfrac{(1-x)'(1+x) - (1-x)(1+x)'}{(1+x)^2}$$

$$= \frac{1}{1 + \left(\dfrac{1-x}{1+x}\right)^2} \cdot \frac{-2}{(1+x)^2} = -\frac{1}{1+x^2}.$$

对复合函数的分解比较熟悉后,可不必写出中间变量,采用下面例题中的方法来求复合函数的导数.

例 4　设 $y = \sqrt{1 - 2x^3}$,求 $\dfrac{\mathrm{d}y}{\mathrm{d}x}$.

解　$\dfrac{\mathrm{d}y}{\mathrm{d}x} = (\sqrt{1 - 2x^3})' = \dfrac{1}{2\sqrt{1 - 2x^3}}(1 - 2x^3)'$

$$= \frac{-6x^2}{2\sqrt{1 - 2x^3}} = -\frac{3x^2}{\sqrt{1 - 2x^3}}.$$

例 5　设 $y = \ln \sin x$,求 y'.

解　$y' = \dfrac{1}{\sin x}(\sin x)' = \dfrac{\cos x}{\sin x} = \cot x.$

例 6　设 $y = \dfrac{1}{2x - 3}$,求 y'.

解　$y' = -\dfrac{1}{(2x - 3)^2}(2x - 3)' = -\dfrac{2}{(2x - 3)^2}.$

复合函数的求导法则可以推广到多个中间变量的情形.

如果 $y = f(u), u = \varphi(v), v = \psi(x)$,且上式右端的各导数均存在,则复合函数 $y = f\{\varphi[\psi(x)]\}$ 的导数为

$$\frac{\mathrm{d}y}{\mathrm{d}x} = \frac{\mathrm{d}y}{\mathrm{d}u} \cdot \frac{\mathrm{d}u}{\mathrm{d}v} \cdot \frac{\mathrm{d}v}{\mathrm{d}x}.$$

例 7　设 $y = (\arctan \sqrt{x})^2$,求 y'.

解　$y' = 2\arctan \sqrt{x} (\arctan \sqrt{x})' = \dfrac{2\arctan \sqrt{x}}{1 + x}(\sqrt{x})'$

$$= \frac{2\arctan \sqrt{x}}{2\sqrt{x}(1 + x)} = \frac{\arctan \sqrt{x}}{\sqrt{x}(1 + x)}.$$

例 8　设 $y = \log_2 \sec(2^x)$,求 y'.

解　$y' = \dfrac{1}{(\sec 2^x)\ln 2}(\sec 2^x)' = \dfrac{\sec 2^x \tan 2^x}{(\sec 2^x)\ln 2}(2^x)'$

$$= \frac{\tan 2^x}{\ln 2} \cdot 2^x \ln 2 = 2^x \tan 2^x.$$

例 9　证明当 α 为实数时, $(x^{\alpha})' = \alpha x^{\alpha-1}$ $(x > 0)$.

证　因为 $x^{\alpha} = e^{\ln x^{\alpha}} = e^{\alpha \ln x}$,

所以　　$(x^{\alpha})' = (e^{\alpha \ln x})' = e^{\alpha \ln x}(\alpha \ln x)'$

$$= x^{\alpha} \cdot \alpha \cdot \frac{1}{x} = \alpha x^{\alpha-1}.$$

例 10　设 $y = x\sqrt{\dfrac{1-x}{1+x}}$, 求 $\dfrac{\mathrm{d}y}{\mathrm{d}x}$.

解　$\dfrac{\mathrm{d}y}{\mathrm{d}x} = (x)'\sqrt{\dfrac{1-x}{1+x}} + x\left(\sqrt{\dfrac{1-x}{1+x}}\right)'$

$$= \sqrt{\frac{1-x}{1+x}} + \frac{x}{2}\sqrt{\frac{1+x}{1-x}}\left(\frac{1-x}{1+x}\right)'$$

$$= \sqrt{\frac{1-x}{1+x}} + \frac{x}{2}\sqrt{\frac{1+x}{1-x}}\ \frac{-(1+x)-(1-x)}{(1+x)^2}$$

$$= \sqrt{\frac{1-x}{1+x}} + \frac{x}{2}\sqrt{\frac{1+x}{1-x}}\frac{(-2)}{(1+x)^2} = \sqrt{\frac{1-x}{1+x}}\left(1 - \frac{x}{1-x^2}\right).$$

例 11　$y = \dfrac{\sin^n x}{1+e^x}$, 求 y'.

解　$y' = \dfrac{(\sin^n x)'(1+e^x) - e^x \sin^n x}{(1+e^x)^2}$

$$= \frac{n\sin^{n-1} x\cos x(1+e^x) - e^x \sin^n x}{(1+e^x)^2}.$$

习题 3-4

1.分析下列复合函数的结构.

(1)$y = \sqrt{(1+x)^3}$;

(2)$y = \cos^2\left(3x + \dfrac{\pi}{4}\right)$;

(3)$y = e^{x^2}$;

(4)$y = \ln\sin(x+1)$.

2.求下列函数的导数.

(1)$y = (2x+1)^2$;

(2)$y = \sqrt{3x-5}$;

(3)$y = \sqrt{\cot\dfrac{x}{2}}$;

(4)$y = \dfrac{1}{4}\tan^4 x + 4\tan\dfrac{\pi}{8}$;

(5)$y = e^{\sin^3 x}$;

(6)$y = \ln^2 x^3$;

(7) $y = \sin^2(2x - 1)$;　　　　　(8) $y = \ln(x^3 \sqrt{1 + x^2})$;

(9) $y = \ln \tan \dfrac{x}{2}$;　　　　　(10) $y = \log_2 \dfrac{x}{1 - 2x}$;

(11) $y = \sqrt{x + e^x}$;　　　　　(12) $y = \sqrt{\dfrac{1}{1 + x^2}}$.

3. 求下列函数的导数.

(1) $y = \dfrac{x}{\sqrt{1 - x^2}}$;　　　　　(2) $y = \dfrac{1}{\sqrt{a^2 - x^2}}$;

(3) $y = x^2 \sin \dfrac{1}{x}$;　　　　　(4) $y = \sqrt{1 + e^{-x}}$;

(5) $y = \dfrac{x}{2} \sqrt{a^2 - x^2}$;　　　　　(6) $y = \ln\left(x + \sqrt{x^2 + a^2}\right)$;

(7) $y = 3^{\sqrt{\ln x}}$;　　　　　(8) $y = \log_a(x^2 + x + 1)$;

(9) $y = \sin^n x \cos nx$;　　　　　(10) $y = \lg \dfrac{\sqrt{x^2 + 1}}{\sqrt[3]{3x + 2}}$;

(11) $y = \csc \sqrt{2x + 1}$;　　　　　(12) $y = \ln\ln\ln x$.

4. 设 $f(x), g(x)$ 可导, $f^2(x) + g^2(x) \neq 0$, 求函数

$$y = \sqrt{f^2(x) + g^2(x)}$$

的导数.

5. 设 $f(x)$ 可导, 求下列函数的导数 $\dfrac{dy}{dx}$.

(1) $y = f(x^2)$;　　　　　　　(2) $y = f(\sin^2 x) + f(\cos^2 x)$.

6. 设函数 $f(x)$ 可导, 证明:

(1) 如果 $f(x)$ 为偶函数, 则 $f'(x)$ 为奇函数;

(2) 如果 $f(x)$ 为奇函数, 则 $f'(x)$ 为偶函数.

3.5　反函数的导数

设函数 $x = \varphi(y)$, 它的反函数是 $y = f(x)$, 由定理 2.8.2 知道, 如果 $x = \varphi(y)$ 在某区间上单调且连续, 则其反函数 $y = f(x)$ 在对应区间上也单调且连续. 现在讨论 $x = \varphi(y)$ 的导数 $\dfrac{dx}{dy}$ 与 $y = f(x)$ 的导数 $\dfrac{dy}{dx}$ 之间的关系.

设 x 有增量 Δx, 由 $y = f(x)$ 的单调性, 可知当 $\Delta x \neq 0$ 时,

$$\Delta y = f(x + \Delta x) - f(x) \neq 0,$$

且　　　$\dfrac{\Delta y}{\Delta x} = \dfrac{1}{\dfrac{\Delta x}{\Delta y}}.$

由于 $y = f(x)$ 连续,所以当 $\Delta x \to 0$ 时,必有 $\Delta y \to 0$.

现假定 $x = \varphi(y)$ 在点 y 可导,且 $\varphi'(y) \neq 0$,于是

$$\lim_{\Delta x \to 0} \frac{\Delta y}{\Delta x} = \lim_{\Delta y \to 0} \frac{1}{\dfrac{\Delta x}{\Delta y}} = \frac{1}{\varphi'(y)}, \ \text{即} \ f'(x) = \frac{1}{\varphi'(y)}. \tag{1}$$

以上说明,如果函数 $x = \varphi(y)$ 在某区间内单调可导,且 $\varphi'(y) \neq 0$,则它的反函数 $y = f(x)$ 在对应区间内也可导,且有公式(1)成立.应注意,最后应表示为 x 的函数.

现利用公式(1)推导反三角函数的导数公式.

3.5.1　反正弦函数和反余弦函数的导数

设函数 $x = \sin y$,则 $y = \arcsin x$ 是它的反函数.已知 $x = \sin y$ 在开区间 $\left(-\dfrac{\pi}{2}, \dfrac{\pi}{2}\right)$ 内单调且可导,且

$$(\sin y)' = \cos y > 0,$$

由公式(1),在对应区间 $(-1, 1)$ 内,有

$$(\arcsin x)' = \frac{1}{(\sin y)'} = \frac{1}{\cos y},$$

且　　　$\cos y = \sqrt{1 - \sin^2 y} = \sqrt{1 - x^2},$

所以　　$(\arcsin x)' = \dfrac{1}{\sqrt{1 - x^2}}.$

同样地,可得到反余弦函数的导数公式

$$(\arccos x)' = -\frac{1}{\sqrt{1 - x^2}}.$$

3.5.2　反正切函数和反余切函数的导数

设函数 $x = \tan y$,则 $y = \arctan x$ 是它的反函数.已知 $x = \tan y$ 在 $\left(-\dfrac{\pi}{2}, \dfrac{\pi}{2}\right)$ 内单调且可导,

$$(\tan y)' = \sec^2 y > 0,$$

由公式(1),在对应区间$(-\infty, +\infty)$内,有

$$(\arctan x)' = \frac{1}{(\tan y)'} = \frac{1}{\sec^2 y},$$

由于$\sec^2 y = 1 + \tan^2 y = 1 + x^2$,所以

$$(\arctan x)' = \frac{1}{1 + x^2}.$$

同样地,可得到反余切函数的导数$(\operatorname{arccot} x)' = -\dfrac{1}{1 + x^2}.$

例 1 设 $y = \arctan\sqrt{x}$,求 y'.

解 $y' = (\arctan\sqrt{x})' = \dfrac{1}{1 + x}(\sqrt{x})' = \dfrac{1}{2\sqrt{x}(1 + x)}.$

例 2 设 $y = x\arccos 2^x$,求 $\dfrac{\mathrm{d}y}{\mathrm{d}x}$.

解 $\dfrac{\mathrm{d}y}{\mathrm{d}x} = \arccos 2^x + x(\arccos 2^x)' = \arccos 2^x - \dfrac{x(2^x)'}{\sqrt{1 - (2^x)^2}}$

$$= \arccos 2^x - \frac{x \cdot 2^x \ln 2}{\sqrt{1 - 4^x}}.$$

例 3 设 $y = \mathrm{e}^{\arctan\sqrt{x}} - \left(\dfrac{x-1}{x}\right)^2$,求 y'.

解 $y' = \mathrm{e}^{\arctan\sqrt{x}}(\arctan\sqrt{x})' - 2\left(\dfrac{x-1}{x}\right)\left(1 - \dfrac{1}{x}\right)'$

$$= \frac{\mathrm{e}^{\arctan\sqrt{x}}}{1 + (\sqrt{x})^2}(\sqrt{x})' - 2\left(\frac{x-1}{x}\right)\frac{1}{x^2}$$

$$= \frac{\mathrm{e}^{\arctan\sqrt{x}}}{2\sqrt{x}(1 + x)} - \frac{2(x-1)}{x^3}.$$

习题 3-5

求下列函数的导数.

1. $y = x\arctan x^2$. 2. $y = \sqrt{x}\operatorname{arccot} x$.

3. $y = (\arcsin x)^2$. 4. $y = x\arcsin(\ln x)$.

5. $y = e^{\arctan\sqrt{x}} + \tan e$.　　　　6. $y = x \arccos x - \sqrt{1 - x^2}$.

7. $y = \arctan\ln(ax + b)$.　　　　8. $y = a^{1 - \sin^4(3x)}$.

3.6　初等函数的求导问题

前面介绍了基本初等函数的导数公式,以及函数和、差、积、商的求导法则和复合函数的求导法则.由于任一初等函数都是由基本初等函数经过有限次四则运算和复合步骤构成的,因此求初等函数的导数,只要运用基本初等函数导数公式及其四则运算求导法则和复合函数求导法则,就可以顺利地解决.为此,我们把这些求导公式和求导法则归纳如下,希望读者熟练掌握.

3.6.1　基本初等函数的导数公式

(1) $(c)' = 0$.　　　　　　　　　(2) $(x^a)' = \alpha x^{a-1}$.

(3) $(\sin x)' = \cos x$.　　　　　(4) $(\cos x)' = -\sin x$.

(5) $(\tan x)' = \sec^2 x$.　　　　(6) $(\cot x)' = -\csc^2 x$.

(7) $(\sec x)' = \sec x \tan x$.　　(8) $(\csc x)' = -\csc x \cot x$.

(9) $(e^x)' = e^x$.　　　　　　　(10) $(a^x)' = a^x \ln a$.

(11) $(\ln x)' = \dfrac{1}{x}$.　　　　(12) $(\log_a x)' = \dfrac{1}{x \ln a}$.

(13) $(\arcsin x)' = \dfrac{1}{\sqrt{1 - x^2}}$.　(14) $(\arccos x)' = -\dfrac{1}{\sqrt{1 - x^2}}$.

(15) $(\arctan x)' = \dfrac{1}{1 + x^2}$.　(16) $(\text{arccot } x)' = -\dfrac{1}{1 + x^2}$.

3.6.2　函数和、差、积、商的求导法则

(1) $(u \pm v)' = u' \pm v'$.　　　　(2) $(uv)' = u'v + uv'$.

(3) $\left(\dfrac{u}{v}\right)' = \dfrac{u'v - uv'}{v^2}$　$(v \neq 0)$.

3.6.3　复合函数的求导法则

设 $y = f(u), u = \varphi(x)$,则复合函数 $y = f[\varphi(x)]$ 的导数为

$$\frac{\mathrm{d}y}{\mathrm{d}x} = \frac{\mathrm{d}y}{\mathrm{d}u} \cdot \frac{\mathrm{d}u}{\mathrm{d}x}, \text{或 } y'_x = f'(u) \cdot \varphi'(x).$$

例 1　设 $y = \ln\left(x + \sqrt{1+x^2}\right)$，求 $y'\Big|_{x=\sqrt{3}}$.

解　$y' = \dfrac{\left(x + \sqrt{1+x^2}\right)'}{x + \sqrt{1+x^2}} = \dfrac{1}{x + \sqrt{1+x^2}}\left[1 + \left(\sqrt{1+x^2}\right)'\right]$

$$= \frac{1}{x + \sqrt{1+x^2}}\left(1 + \frac{(1+x^2)'}{2\sqrt{1+x^2}}\right)$$

$$= \frac{1}{x + \sqrt{1+x^2}}\left(1 + \frac{x}{\sqrt{1+x^2}}\right) = \frac{1}{\sqrt{1+x^2}},$$

故　　$y'\Big|_{x=\sqrt{3}} = \dfrac{1}{2}$.

例 2　设 $y = \sin^2(x^2+1) \cdot 3^{\cos 2x}$，求 $\dfrac{\mathrm{d}y}{\mathrm{d}x}$.

解　$\dfrac{\mathrm{d}y}{\mathrm{d}x} = \left[\sin^2(x^2+1)\right]' \cdot 3^{\cos 2x} + \sin^2(x^2+1)(3^{\cos 2x})'$

$$= 2\sin(x^2+1)\cos(x^2+1) \cdot 2x \cdot 3^{\cos 2x}$$

$$+ \sin^2(x^2+1)(-3^{\cos 2x} \cdot 2\ln 3 \cdot \sin 2x)$$

$$= 2x\sin 2(x^2+1) \cdot 3^{\cos 2x} - 2\sin^2(x^2+1)\sin 2x \cdot 3^{\cos 2x}\ln 3.$$

习题 3-6

1. $y = \ln\dfrac{x + \sqrt{1-x^2}}{x}$，求 y'.

2. $y = \left(\arctan\dfrac{x}{2}\right)^2$，求 y'.

3. $s = \ln\sqrt{\dfrac{1-t}{1+t}}$，求 s'.

4. $s = \dfrac{\mathrm{e}^t - \mathrm{e}^{-t}}{\mathrm{e}^t + \mathrm{e}^{-t}}$，求 s'.

5. $y = \sec^3(\mathrm{e}^{2x})$，求 y'.

6. $y = \mathrm{e}^{\sin^2 \frac{1}{x}}$，求 y'.

7. $y = \mathrm{e}^{2t}\cos 3t + \sin(2^t)$，求 y'.

8. $y = \sqrt{4x - x^2} - 4\arcsin\dfrac{\sqrt{x}}{2}$，求 y'.

9. $y = \dfrac{x^3}{1 + x^6} - \arctan x^3$，求 y'.

10. $y = \arcsin(x - 1) - \arcsin\dfrac{2}{x} \; (x > 0)$，求 y'.

3.7　高阶导数

函数 $y = f(x)$ 的导函数 $y' = f'(x)$ 仍然是 x 的函数，如果 $y' = f'(x)$ 的导数存在,则称该导数为原来函数 $y = f(x)$ 的二阶导数,记为

$$y'', \quad f''(x), \quad \dfrac{\mathrm{d}^2 y}{\mathrm{d}x^2},$$

即　　　　$f''(x) = [f'(x)]', \quad \dfrac{\mathrm{d}^2 y}{\mathrm{d}x^2} = \dfrac{\mathrm{d}}{\mathrm{d}x}\left(\dfrac{\mathrm{d}y}{\mathrm{d}x}\right).$

类似地,二阶导数 $f''(x)$ 的导数,称为 $f(x)$ 的三阶导数,记为 y''', $f'''(x)$, $\dfrac{\mathrm{d}^3 y}{\mathrm{d}x^3}$；三阶导数的导数称为 $f(x)$ 的四阶导数,记为 $y^{(4)}$, $f^{(4)}(x)$, $\dfrac{\mathrm{d}^4 y}{\mathrm{d}x^4}$.

一般地,$n-1$ 阶导数 $f^{(n-1)}(x)$ 的导数称为 $f(x)$ 的 n 阶导数,记为 $y^{(n)}$, $f^{(n)}(x)$, $\dfrac{\mathrm{d}^n y}{\mathrm{d}x^n}$,即

$$f^{(n)}(x) = [f^{(n-1)}(x)]', \quad \dfrac{\mathrm{d}^n y}{\mathrm{d}x^n} = \dfrac{\mathrm{d}}{\mathrm{d}x}\left(\dfrac{\mathrm{d}^{n-1} y}{\mathrm{d}x^{n-1}}\right).$$

二阶和二阶以上的导数统称为高阶导数. 相对于高阶导数而言,称 $f'(x)$ 为 $f(x)$ 的一阶导数.

由定义可知,求高阶导数就是连续多次地求导数,因此仍可用前面学过的求导法则求高阶导数.

高阶导数在自然界中经常碰到,例如,变速直线运动的速度 $v(t)$ 是位置函数 $s(t)$ 对时间 t 的导数,即 $v(t) = \dfrac{\mathrm{d}s(t)}{\mathrm{d}t}$,而加速度 a 则是位置函数 $s(t)$ 对时间 t 的二阶导数,即 $a = \dfrac{\mathrm{d}^2 s(t)}{\mathrm{d}t^2}$.

例 1 设 $y = a_0 x^n + a_1 x^{n-1} + \cdots + a_n (a_0 \neq 0)$,求 $y^{(n)}$.

解 $y' = na_0 x^{n-1} + a_1 (n-1) x^{n-2} + \cdots + a_{n-1}$.

这是 $n-1$ 次多项式,可见每求一次导数,多项式次数就降低一次,易知

$$y^{(n)} = n! \, a_0,$$

这是一个常数,因此高于 n 阶的导数 $y^{(n+1)} = y^{(n+2)} = \cdots = 0$.

例 2 求 $y = e^{\alpha x}$,$y = a^x$ 的 n 阶导数.

解 $y = e^{\alpha x}$,$y' = \alpha e^{\alpha x}$,$y'' = \alpha^2 e^{\alpha x}$,$\cdots$,$y^{(n)} = \alpha^n e^{\alpha x}$.

$y = a^x$,$y' = a^x \ln a$,$y'' = a^x (\ln a)^2$,$\cdots$,$y^{(n)} = a^x (\ln a)^n$.

例 3 设 $y = \dfrac{1}{1-x}$,求 $y^{(n)}$.

解 $y' = -\dfrac{(-1)}{(1-x)^2} = \dfrac{1}{(1-x)^2}$,$\quad y'' = \dfrac{2!}{(1-x)^3}$,

$y''' = \dfrac{3!}{(1-x)^4}$,$\cdots$,$\quad y^{(n)} = \dfrac{n!}{(1-x)^{n+1}}$.

例 4 设 $y = \ln(1+x)$,求 $y^{(n)}$.

解 $y' = \dfrac{1}{1+x}$,$\quad y'' = -\dfrac{1}{(1+x)^2}$,$\quad y''' = \dfrac{2!}{(1+x)^3}$,

$y^{(4)} = -\dfrac{3!}{(1+x)^4}$,$\cdots$,$\quad y^{(n)} = (-1)^{n-1} \dfrac{(n-1)!}{(1+x)^n}$.

例 5 设 $y = \sin x$,求 $y^{(n)}$.

解 $y' = \cos x = \sin\left(x + \dfrac{\pi}{2}\right)$,

$y'' = \cos\left(x + \dfrac{\pi}{2}\right) = \sin\left(x + \dfrac{\pi}{2} \cdot 2\right)$,

$y''' = \cos\left(x + \dfrac{\pi}{2} \cdot 2\right) = \sin\left(x + \dfrac{\pi}{2} \cdot 3\right)$,

$\cdots\cdots$

$y^{(n)} = \sin\left(x + \dfrac{n\pi}{2}\right)$.

同样可得 $(\cos x)^{(n)} = \cos\left(x + \dfrac{n\pi}{2}\right)$.

习题 3-7

1.求下列函数的二阶导数.

(1)$y = \sqrt{1+x}$；　　　　　　　(2)$y = x\mathrm{e}^{x^2}$；

(3)$y = x\cos x$；　　　　　　　(4)$y = \dfrac{x}{\sqrt{1-x^2}}$；

(5)$y = (\arcsin x)^2$；　　　　　(6)$y = \arccos x^2$.

2.若 $f''(x)$ 存在,求下列函数的二阶导数.

(1)$y = f(x^2)$；　　　　　　　(2)$y = \ln[f(x)]$.

3.求下列函数的 n 阶导数.

(1)$y = \mathrm{e}^{-x}$；　　　　　　　(2)$y = x\ln x$；

(3)$y = x\mathrm{e}^x$；　　　　　　　(4)$y = \ln(1-x)$.

3.8　隐函数及参数方程所确定的函数的导数

3.8.1　隐函数的导数

前面所讨论的函数,一般是用自变量的解析式表示的,称这样的函数为显函数,如 $y = x + \sqrt{1+x}$，$y = \sin^2 x - \ln x$ 等.但在实际中还有一些函数,如 $2x - y^3 + 1 = 0$ 是由二元方程确定 y 是 x 的函数,称之为隐函数.

一般地,如果在方程 $F(x,y) = 0$ 中,当 x 取某区间内的任一值时,相应地总有满足这方程的 y 值存在,则称方程 $F(x,y) = 0$ 在该区间内确定了一个隐函数.

有些方程所确定的隐函数可以表示成显函数形式,如由 $2x - y - 3 = 0$,解出 y,得显函数 $y = 2x - 3$.

但有些隐函数化为显函数十分困难,有的甚至不可能,例如 $xy + \mathrm{e}^y - y^2 = 3$ 无法将 y 表示成 x 的显函数.

实际问题有时需要求隐函数的导数,下面通过具体例子介绍这种方法.

例 1　设方程 $\mathrm{e}^y - xy^2 = 3$ 确定了 y 是 x 的函数,求 $\dfrac{\mathrm{d}y}{\mathrm{d}x}$.

解　方程两端分别对 x 求导数,注意 y 是 x 的函数.

e^y 是 y 的函数,y 又是 x 的函数,e^y 对 x 求导数得 $e^y \dfrac{\mathrm{d}y}{\mathrm{d}x}$,同样地

xy^2 对 x 求导数为 $y^2 + x \cdot 2y \dfrac{\mathrm{d}y}{\mathrm{d}x}$,又 $(3)' = 0$,方程两端对 x 的导数相

等,于是有

$$e^y \frac{\mathrm{d}y}{\mathrm{d}x} - y^2 - 2xy \frac{\mathrm{d}y}{\mathrm{d}x} = 0,$$

即　　　　$(e^y - 2xy)\dfrac{\mathrm{d}y}{\mathrm{d}x} = y^2,$

故　　　　$\dfrac{\mathrm{d}y}{\mathrm{d}x} = \dfrac{y^2}{e^y - 2xy}.$

例 2　设 $y^3 + 2y - 3x = 0$ 确定 y 是 x 的函数,求 $\dfrac{\mathrm{d}y}{\mathrm{d}x}\Big|_{x=0}$.

解　方程两端分别对 x 求导数,得

$$3y^2 \frac{\mathrm{d}y}{\mathrm{d}x} + 2 \frac{\mathrm{d}y}{\mathrm{d}x} - 3 = 0,$$

于是　　　$\dfrac{\mathrm{d}y}{\mathrm{d}x} = \dfrac{3}{3y^2 + 2}.$

由方程,当 $x = 0$ 时,$y = 0$. 故 $\dfrac{\mathrm{d}y}{\mathrm{d}x}\Big|_{x=0} = \dfrac{3}{2}.$

例 3　求椭圆 $\dfrac{x^2}{16} + \dfrac{y^2}{9} = 1$ 在点 $(2,$

$\dfrac{3}{2}\sqrt{3})$ 处的切线方程(图 3-3).

解　由导数的几何意义

$$k = y'\Big|_{x=2}.$$

方程两端分别对 x 求导,得

$$\frac{x}{8} + \frac{2}{9}y \frac{\mathrm{d}y}{\mathrm{d}x} = 0,$$

$$\frac{\mathrm{d}y}{\mathrm{d}x} = -\frac{9x}{16y},$$

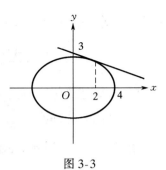

图 3-3

于是

$$\frac{\mathrm{d}y}{\mathrm{d}x}\bigg|_{x=2,y=\frac{3}{2}\sqrt{3}} = -\frac{9\times 2}{16\times \frac{3}{2}\sqrt{3}} = \frac{-\sqrt{3}}{4}.$$

故所求切线方程为 $\quad y-\dfrac{3}{2}\sqrt{3} = -\dfrac{\sqrt{3}}{4}(x-2),$

即 $\quad \sqrt{3}x + 4y - 8\sqrt{3} = 0.$

    隐函数求导时,首先将方程两端同时对自变量 x 求导,但一定切记方程中的 y 是 x 的函数,它的导数用 $\dfrac{\mathrm{d}y}{\mathrm{d}x}$(或 y')表示,然后解出 $\dfrac{\mathrm{d}y}{\mathrm{d}x}$.

    下面介绍对数求导法,即先在 $y=f(x)$ 的两端取对数,再用上面求隐函数导数的方法求出 y'.现通过例子说明这种方法.

例 4 设 $y = x^{\sin x}$,求 $\dfrac{\mathrm{d}y}{\mathrm{d}x}$.

解 此函数既不是幂函数又不是指数函数,通常称为幂指函数.
对方程两端取对数,得

$$\ln y = \sin x \cdot \ln x.$$

上式两端对 x 求导,注意 y 是 x 的函数,得

$$\frac{1}{y}y' = \cos x \cdot \ln x + \sin x \cdot \frac{1}{x},$$

于是 $\quad y' = y(\cos x \cdot \ln x + \dfrac{1}{x}\sin x) = x^{\sin x}(\cos x \cdot \ln x + \dfrac{1}{x}\sin x).$

例 5 设 $y = \sqrt{\dfrac{(x-1)(x-2)}{(x-3)(x-4)}}$,求 y'.

解 方程两端取对数,得

$$\ln y = \frac{1}{2}[\ln(x-1) + \ln(x-2) - \ln(x-3) - \ln(x-4)].$$

上式两端对 x 求导,注意 y 是 x 的函数,得

$$\frac{1}{y}y' = \frac{1}{2}\left(\frac{1}{x-1} + \frac{1}{x-2} - \frac{1}{x-3} - \frac{1}{x-4}\right),$$

所以 $\quad y' = \dfrac{1}{2}\sqrt{\dfrac{(x-1)(x-2)}{(x-3)(x-4)}}\left(\dfrac{1}{x-1} + \dfrac{1}{x-2} - \dfrac{1}{x-3} - \dfrac{1}{x-4}\right).$

3.8.2 由参数方程所确定的函数的导数

如果函数 y 与自变量 x 的函数关系是通过第三个变量 t（叫做参变量）给出，如方程

$$\begin{cases} x = \varphi(t), \\ y = \psi(t), \end{cases} (\alpha \leqslant t \leqslant \beta) \tag{1}$$

称为参数方程，在参数方程中任给一个 x 值，通过 $x = \varphi(t)$ 可求出 t 值，再通过 $y = \psi(t)$ 求出 y 值，所以 y 是 x 的函数，称为是由参数方程所确定的函数. 下面讨论由参数方程所确定的函数的导数的求法.

在方程 (1) 中，如果 $x = \varphi(t)$ 具有单调连续反函数 $t = \bar{\varphi}(x)$，且此反函数能与 $y = \psi(t)$ 构成复合函数

$$y = \psi(t) = \psi[\bar{\varphi}(x)].$$

设 $x = \varphi(t), y = \psi(t)$ 可导，且 $\varphi'(t) \neq 0$，则利用复合函数和反函数的求导法则，得

$$\frac{\mathrm{d}y}{\mathrm{d}x} = \frac{\mathrm{d}y}{\mathrm{d}t} \cdot \frac{\mathrm{d}t}{\mathrm{d}x} = \frac{\mathrm{d}y}{\mathrm{d}t} \cdot \frac{1}{\dfrac{\mathrm{d}x}{\mathrm{d}t}} = \frac{\psi'(t)}{\varphi'(t)}. \tag{2}$$

式 (2) 就是由参数方程 (1) 所确定的函数的求导公式.

如果函数 $x = \varphi(t), y = \psi(t)$ 具有二阶导数，且 $\varphi'(t) \neq 0$，则由公式 (2) 又可得到方程 (1) 所确定的函数的二阶导数公式，即

$$\frac{\mathrm{d}^2 y}{\mathrm{d}x^2} = \frac{\mathrm{d}}{\mathrm{d}x}\left(\frac{\mathrm{d}y}{\mathrm{d}x}\right) = \frac{\mathrm{d}}{\mathrm{d}x}\left(\frac{\psi'(t)}{\varphi'(t)}\right) = \frac{\mathrm{d}}{\mathrm{d}t}\left(\frac{\psi'(t)}{\varphi'(t)}\right) \cdot \frac{\mathrm{d}t}{\mathrm{d}x}$$

$$= \frac{\dfrac{\mathrm{d}}{\mathrm{d}t}\left[\dfrac{\psi'(t)}{\varphi'(t)}\right]}{\dfrac{\mathrm{d}x}{\mathrm{d}t}}. \tag{3}$$

例 6 求椭圆 $\begin{cases} x = a\cos t, \\ y = b\sin t \end{cases}$ 在 $t = \dfrac{\pi}{4}$ 处的切线方程.

解 当 $t = \dfrac{\pi}{4}$ 时，$x = a\cos\dfrac{\pi}{4} = \dfrac{\sqrt{2}}{2}a$，$y = b\sin\dfrac{\pi}{4} = \dfrac{\sqrt{2}}{2}b$. 椭圆在点 $M_0\left(\dfrac{\sqrt{2}}{2}a, \dfrac{\sqrt{2}}{2}b\right)$ 的切线斜率

$$\left.\frac{\mathrm{d}y}{\mathrm{d}x}\right|_{t=\frac{\pi}{4}}=\left.\frac{(b\sin t)'}{(a\cos t)'}\right|_{t=\frac{\pi}{4}}=\left.\frac{b\cos t}{-a\sin t}\right|_{t=\frac{\pi}{4}}=\left.-\frac{b}{a}\cot t\right|_{t=\frac{\pi}{4}}$$

$$=-\frac{b}{a}.$$

由点斜式方程得椭圆在点 M_0 处的切线方程为

$$y-\frac{\sqrt{2}}{2}b=-\frac{b}{a}\left(x-\frac{\sqrt{2}}{2}a\right),$$

即　　　　$bx+ay-\sqrt{2}ab=0.$

例 7　设摆线的参数方程为 $\begin{cases} x=a(t-\sin t), \\ y=a(1-\cos t), \end{cases}$ 求 $\dfrac{\mathrm{d}y}{\mathrm{d}x},\dfrac{\mathrm{d}^2y}{\mathrm{d}x^2}.$

解　$\dfrac{\mathrm{d}y}{\mathrm{d}x}=\dfrac{[a(1-\cos t)]'}{[a(t-\sin t)]'}=\dfrac{\sin t}{1-\cos t}=\dfrac{2\sin\dfrac{t}{2}\cos\dfrac{t}{2}}{2\sin^2\dfrac{t}{2}}=\cot\dfrac{t}{2}.$

$$\frac{\mathrm{d}^2y}{\mathrm{d}x^2}=\frac{\left(\cot\dfrac{t}{2}\right)'}{[a(t-\sin t)]'}=\frac{-\csc^2\dfrac{t}{2}\cdot\dfrac{1}{2}}{a(1-\cos t)}=\frac{-\dfrac{1}{2}\csc^2\dfrac{t}{2}}{2a\sin^2\dfrac{t}{2}}$$

$$=-\frac{1}{4a\sin^4\dfrac{t}{2}}\quad(t\neq2n\pi).$$

习题 3-8

1.求下列隐函数的导数 $\dfrac{\mathrm{d}y}{\mathrm{d}x}$.

$(1)y^3-3y+2ax=0;$　　　　　　$(2)y=1+x\mathrm{e}^y;$

$(2)\cos(xy)=x;$　　　　　　$(4)y-\sin x-\cos(x-y)=0.$

2.求曲线 $x^{\frac{2}{3}}+y^{\frac{2}{3}}=a^{\frac{2}{3}}$ 在点 $\left(\dfrac{\sqrt{2}}{4}a,\dfrac{\sqrt{2}}{4}a\right)$ 的切线方程和法线方程.

3.利用对数求导法,求下列函数的导数.

$(1)y=(\ln x)^x;$　　　　　　$(2)y=(\sin x)^{\cos x};$

$(3)y=\dfrac{\sqrt{x+1}\sin x}{(x^3+1)(x+2)};$　　$(4)y=\dfrac{x^2}{1-x}\sqrt[3]{\dfrac{3-x}{(3+x)^2}}.$

4.求下列参数方程所确定的函数的导数 $\dfrac{\mathrm{d}y}{\mathrm{d}x}$.

(1) $\begin{cases} x = t^2, \\ y = 4t; \end{cases}$　　　　　(2) $\begin{cases} x = \dfrac{a}{2}\left(t + \dfrac{1}{t}\right), \\ y = \dfrac{b}{2}\left(t - \dfrac{1}{t}\right); \end{cases}$

(3) $\begin{cases} x = \ln(1 + t^2), \\ y = t - \arcsin t. \end{cases}$

5.求出下列曲线在已知点的切线方程和法线方程.

(1) $\begin{cases} x = a(t - \sin t), \\ y = a(1 - \cos t), \end{cases}$　在 $t = \dfrac{\pi}{2}$ 处;

(2) $\begin{cases} x = \dfrac{3at}{1 + t^2}, \\ y = \dfrac{3at^2}{1 + t^2}, \end{cases}$　在 $t = 2$ 处.

6.求下列参数方程所确定的函数的二阶导数 $\dfrac{\mathrm{d}^2 y}{\mathrm{d}x^2}$.

(1) $\begin{cases} x = a\cos t, \\ y = b\sin t; \end{cases}$　　　　　(2) $\begin{cases} x = \sqrt{1 + t}, \\ y = \sqrt{1 - t}. \end{cases}$

3.9　微分概念

本节介绍微分学的另一个基本概念——微分.

实际中有时需要考虑在自变量有微小变化时函数改变量的计算问题.通常改变量的计算比较复杂.因此需要建立函数改变量近似值的计算方法,使其既便于计算又有一定的精确度,这就是本节要讨论的问题.

3.9.1　微分概念

一正方形金属薄片(图 3-4)受冷热影响,它的边长由 x_0 变到 $x_0 + \Delta x$,问此薄片的面积改变多少?

设此薄片边长为 x,面积为 S,则 $S = x^2$.薄片面积的改变量可以看成自变量 x 在 x_0 处取得增量 Δx 时,函数 S 相应的增量 ΔS,即

$$\Delta S = (x_0 + \Delta x)^2 - x_0^2$$

$$= 2x_0 \Delta x + (\Delta x)^2.$$

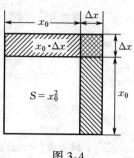

可以看出,ΔS 分成两部分. 第一部分 $2x_0\Delta x$ 是 Δx 的线性函数(图中画有斜线的两个矩形面积之和). 第二部分 $(\Delta x)^2$ (图中画有交叉斜线的小正方形的面积) 是当 $\Delta x \to 0$ 时比 Δx 高阶的无穷小,即

$$\lim_{\Delta x \to 0} \frac{(\Delta x)^2}{\Delta x} = \lim_{\Delta x \to 0}\Delta x = 0, \text{ 或写成}$$

图 3-4

$(\Delta x)^2 = o(\Delta x)(\Delta x \to 0)$.

这时 $\Delta S - 2x_0\Delta x = o(\Delta x)$,且常数 $2x_0$ 不依赖于 Δx,因此,当边长改变很微小,即 $|\Delta x|$ 很小时,面积改变量 ΔS 可近似地用第一部分 $2x_0\Delta x$ 代替.

由此可给出微分定义.

定义 3.9.1　设函数 $y = f(x)$ 在点 x_0 的某邻域内有定义,$x_0 + \Delta x$ 是该邻域内的任一点. 如果函数增量 $\Delta y = f(x_0 + \Delta x) - f(x_0)$ 可表示为

$$\Delta y = A\Delta x + o(\Delta x), \tag{1}$$

其中 A 是不依赖于 Δx 的常数,$o(\Delta x)$ 是比 Δx 高阶的无穷小,则称函数 $y = f(x)$ 在点 x_0 可微,$A\Delta x$ 称为 $y = f(x)$ 在点 x_0 相应于自变量增量 Δx 的微分,记为 $\mathrm{d}y$,即 $\mathrm{d}y = A\Delta x$.

下面讨论函数可微的条件.

设函数 $y = f(x)$ 在点 x_0 可微,则按定义,式(1)成立,在式(1)两端除以 Δx,得

$$\frac{\Delta y}{\Delta x} = A + \frac{o(\Delta x)}{\Delta x},$$

于是　　　$\displaystyle\lim_{\Delta x \to 0} \frac{\Delta y}{\Delta x} = \lim_{\Delta x \to 0}\left[A + \frac{o(\Delta x)}{\Delta x} \right] = A + \lim_{\Delta x \to 0} \frac{o(\Delta x)}{\Delta x} = A,$

即　　　　$A = f'(x_0)$.

因此,如果函数 $f(x)$ 在点 x_0 可微,则 $f(x)$ 在点 x_0 一定可导,且

$$f'(x_0) = A.$$

反之,如果 $f(x)$ 在点 x_0 可导,即

$$\lim_{\Delta x \to 0} \frac{\Delta y}{\Delta x} = f'(x_0),$$

根据极限与无穷小的关系定理,得到

$$\frac{\Delta y}{\Delta x} = f'(x_0) + \alpha,\ 其中\ \lim_{\Delta x \to 0} \alpha = 0.$$

因此有

$$\Delta y = f'(x_0)\Delta x + \alpha \Delta x,\ 且\ \alpha \Delta x = o(\Delta x),$$

其中 $f'(x_0)$ 是不依赖于 Δx 的常数,故上式相当于式(1),所以 $f(x)$ 在点 x_0 可微.

由此得到函数 $f(x)$ 在点 x_0 可微的充分必要条件是 $f(x)$ 在点 x_0 可导,且当 $f(x)$ 在点 x_0 可微时,

$$dy = f'(x_0)\Delta x. \tag{2}$$

从式(2)可知,微分 $f'(x_0)\Delta x$ 是 Δx 的线性函数,$\Delta y - dy$ 是 Δx 的高阶无穷小,即 $\Delta y - dy = o(\Delta x)$.故称函数的微分 dy 是函数增量 Δy 的线性主部($\Delta x \to 0$).从而当 $|\Delta x|$ 很小时,有

$$\Delta y \approx dy.$$

函数 $y = f(x)$ 在任意点 x 的微分,称为函数的微分,记为 dy(或 $df(x)$),即

$$dy = f'(x)\Delta x.$$

通常把自变量的增量 Δx 称为自变量的微分 dx,即 $dx = \Delta x$,于是函数微分可记为

$$dy = f'(x)dx\ (或\ df(x) = f'(x)dx).$$

由 $\dfrac{dy}{dx} = f'(x)$ 可知,函数的微分与自变量的微分之商等于该函数的导数,因此导数也称为微商.

例 1　求 $y = e^{x^2}$ 在点 $x = -1$ 的微分.

解　$dy = (e^{x^2})'dx = e^{x^2} \cdot 2xdx = 2xe^{x^2}dx,$

所以　　$dy\Big|_{x=-1} = -2edx.$

例 2　设 $y = \sqrt{1 - x^2} - \tan^2 x^2$，求 $\mathrm{d}y$.

解　$y' = \left(\sqrt{1 - x^2} - \tan^2 x^2 \right)' = \dfrac{-2x}{2\sqrt{1 - x^2}} - 2\tan x^2 \sec^2 x^2 \cdot 2x$

$\qquad = -\dfrac{x}{\sqrt{1 - x^2}} - 4x\tan x^2 \sec^2 x^2,$

$\mathrm{d}y = y'\mathrm{d}x = \left(-\dfrac{x}{\sqrt{1 - x^2}} - 4x\tan x^2 \sec^2 x^2 \right)\mathrm{d}x.$

3.9.2　微分的几何意义

由图 3-5 可知，当自变量 x 由 x_0 变到 $x_0 + \Delta x$ 时，曲线 $y = f(x)$ 上对应点由 $M(x_0, y_0)$ 变到点 $N(x_0 + \Delta x, y_0 + \Delta y)$，且

$\qquad MQ = \Delta x,\ QN = \Delta y.$

过点 M 作曲线的切线 MT，它的倾角为 α，则

$\qquad QP = MQ \cdot \tan \alpha = f'(x_0)\Delta x = f'(x_0)\mathrm{d}x,\ \mathrm{d}y = QP,$

由此得到微分的几何意义是：函数 $y = f(x)$ 在点 x_0 的微分 $\mathrm{d}y$ 就是曲线在点 $M(x_0, y_0)$ 的切线 MT 当横坐标由 x_0 变到 $x_0 + \Delta x$ 时，其对应纵坐标的增量.

从图 3-5 可以看出，用 QP 近似代替 QN，即 $\Delta y \approx \mathrm{d}y$ 时，当 $|\Delta x|$ 很小时，$|\Delta y - \mathrm{d}y|$ 比 $|\Delta x|$ 小得多，故在 M 点的邻近，可用切线段近似代替曲线段.

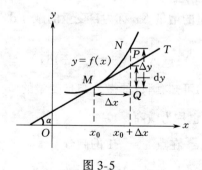

图 3-5

3.9.3　基本初等函数的微分公式与微分运算法则

由 $dy = f'(x)dx$ 可知,函数的微分等于函数的导数乘以自变量的微分,因此很容易得到微分公式与微分运算法则.

3.9.3.1　基本初等函数的微分公式

(1) $d(c) = 0$.　　　　　　　　(2) $d(x^a) = ax^{a-1}dx$.

(3) $d(\sin x) = \cos x\,dx$.　　　(4) $d(\cos x) = -\sin x\,dx$.

(5) $d(\tan x) = \sec^2 x\,dx$.　　(6) $d(\cot x) = -\csc^2 x\,dx$.

(7) $d(\sec x) = \sec x\tan x\,dx$.　(8) $d(\csc x) = -\csc x\cot x\,dx$.

(9) $d(a^x) = a^x\ln a\,dx$.　　　(10) $d(e^x) = e^x dx$.

(11) $d(\log_a x)' = \dfrac{1}{x\ln a}dx$.　(12) $d(\ln x) = \dfrac{1}{x}dx$.

(13) $d(\arcsin x) = \dfrac{1}{\sqrt{1-x^2}}dx$.　(14) $d(\arccos x) = -\dfrac{1}{\sqrt{1-x^2}}dx$.

(15) $d(\arctan x) = \dfrac{1}{1+x^2}dx$.　(16) $d(\operatorname{arccot} x) = -\dfrac{1}{1+x^2}dx$.

3.9.3.2　函数和、差、积、商的微分法则

设 u,v 都是 x 的可微函数,则有

(1) $d(u \pm v) = du \pm dv$.

(2) $d(uv) = vdu + udv$.

(3) $d\left(\dfrac{u}{v}\right) = \dfrac{vdu - udv}{v^2}$　$(v \neq 0)$.

3.9.3.3　复合函数的微分法则

设 $y = f(u)$, $u = \varphi(x)$ 可微,则复合函数 $y = f[\varphi(x)]$ 的微分

$$dy = y'_x dx = f'(u) \cdot \varphi'(x)dx,$$

而 $du = \varphi'(x)dx$,故 $y = f[\varphi(x)]$ 的微分可以写成

$$dy = f'(u)du.$$

上式说明,无论 u 是自变量还是中间变量,$y = f(u)$ 的微分 $dy = f'(u)du$,这一性质称为一阶微分形式不变性.

有了这一性质,基本初等函数的微分公式也可用于复合函数.

例 3　设 $y = \tan x^2$,求 dy.

解　$dy = d(\tan x^2) = \sec^2 x^2 d(x^2) = 2x\sec^2 x^2 dx$.

例 4　设 $y = \ln(1 + e^{x^2})$，求 dy.

解　$dy = d(\ln(1 + e^{x^2})) = \dfrac{1}{1 + e^{x^2}} d(1 + e^{x^2})$

$$= \frac{e^{x^2}}{1 + e^{x^2}} d(x^2) = 2x \cdot \frac{e^{x^2}}{1 + e^{x^2}} dx = \frac{2x\, e^{x^2}}{1 + e^{x^2}} dx.$$

例 5　设 $y = \sqrt{x + 2x^2}\cos\ln x$，求 dy.

解　$dy = \cos\ln x\, d(\sqrt{x + 2x^2}) + \sqrt{x + 2x^2}\, d(\cos\ln x)$

$$= \frac{\cos\ln x}{2\sqrt{x + 2x^2}} d(x + 2x^2) + \sqrt{x + 2x^2}(-\sin\ln x)d(\ln x)$$

$$= \frac{(1 + 4x)\cos\ln x}{2\sqrt{x + 2x^2}} dx - \frac{\sqrt{x + 2x^2}\sin\ln x}{x} dx$$

$$= \left(\frac{(1 + 4x)\cos\ln x}{2\sqrt{x + 2x^2}} - \frac{\sqrt{x + 2x^2}}{x}\sin\ln x \right) dx.$$

例 6　设 $y = \dfrac{3^{\sqrt{x}}}{\sin x}$，求 dy.

解　$dy = \dfrac{\sin x\, d(3^{\sqrt{x}}) - 3^{\sqrt{x}} d(\sin x)}{\sin^2 x}$

$$= \frac{\sin x \cdot 3^{\sqrt{x}}\ln 3\, d(\sqrt{x}) - 3^{\sqrt{x}}\cos x\, dx}{\sin^2 x}$$

$$= \frac{\dfrac{1}{2\sqrt{x}} 3^{\sqrt{x}}\ln 3 \cdot \sin x\, dx - 3^{\sqrt{x}}\cos x\, dx}{\sin^2 x}$$

$$= \frac{3^{\sqrt{x}}\ln 3 \cdot \sin x - 2\sqrt{x} \cdot 3^{\sqrt{x}}\cos x}{2\sqrt{x}\sin^2 x} dx.$$

3.9.4　微分在近似计算中的应用举例

3.9.4.1　举例

设函数 $y = f(x)$ 在点 x_0 的导数 $f'(x_0) \neq 0$，且 Δx 很小，则有

$$\Delta y \approx dy = f'(x_0)\Delta x,$$

即 $\qquad \Delta y = f(x_0 + \Delta x) - f(x_0) \approx f'(x_0)\Delta x,$ $\qquad$ (3)

或 $\qquad f(x_0 + \Delta x) \approx f(x_0) + f'(x_0)\Delta x.$ $\qquad$ (4)

令 $x = x_0 + \Delta x$, 则 $\Delta x = x - x_0$, 故式(4)又可写成

$$f(x) \approx f(x_0) + f'(x_0)(x - x_0).$$ $\qquad$ (5)

利用式(3)可近似计算 Δy, 用式(4)近似计算 $f(x_0 + \Delta x)$, 或用式 (5)近似计算 $f(x)$.

例7 利用微分计算 $\sin 30°30'$ 的近似值.

解 把 $30°30'$ 化为弧度,得

$$30°30' = \frac{\pi}{6} + \frac{\pi}{360}.$$

设 $f(x) = \sin x, f'(x) = \cos x$, 取 $x_0 = \frac{\pi}{6}, \Delta x = \frac{\pi}{360}.$

则 $\qquad f\left(\frac{\pi}{6} + \frac{\pi}{360}\right) \approx f\left(\frac{\pi}{6}\right) + f'\left(\frac{\pi}{6}\right) \cdot \frac{\pi}{360}.$

而 $f\left(\frac{\pi}{6} + \frac{\pi}{360}\right) = \sin\left(\frac{\pi}{6} + \frac{\pi}{360}\right) = \sin 30°30',$

$$f\left(\frac{\pi}{6}\right) = \sin\frac{\pi}{6} = \frac{1}{2}, f'\left(\frac{\pi}{6}\right) = \cos\frac{\pi}{6} = \frac{\sqrt{3}}{2}.$$

所以 $\qquad \sin 30°30' \approx \frac{1}{2} + \frac{\sqrt{3}}{2} \cdot \frac{\pi}{360} \approx 0.500\ 0 + 0.007\ 6 = 0.507\ 6.$

例8 直径为 20 cm 的金属圆片受热后,直径增加了 0.02 cm,问面积大约增加了多少?

解 设圆面积为 S, 半径为 R, 则

$$S = \pi R^2, \Delta S \approx \mathrm{d}S = (\pi R^2)' \Delta R = 2\pi R \Delta R.$$

而 $R = 10$ cm, $\Delta R = 0.01$ cm, 代入上式得

$$\Delta S \approx 2\pi \times 10 \times 0.01 = 0.2\pi,$$

即金属圆片面积大约增加了 0.2π cm^2.

在式(5)中如果取 $x_0 = 0$, 可得到

$$f(x) \approx f(0) + f'(0)x.$$ $\qquad$ (6)

利用式(6),当 $|x|$ 很小时,可推得工程上常用的下面几个近似公式(证略).

(1) $\sqrt[n]{1+x} \approx 1 + \dfrac{1}{n}x$.　　　(2) $\sin x \approx x$.

(3) $\tan x \approx x$.　　　　　(4) $\ln(1+x) \approx x$.

(5) $e^x \approx 1 + x$.　　　　　(6) $\arcsin x \approx x$.

例 9　求 $\sqrt[4]{1.01}$, $\sqrt{26}$ 的近似值.

解　由 $\sqrt[n]{1+x} \approx 1 + \dfrac{1}{n}x$, 且 $x = 0.01$, $n = 4$,

得　　　　　$\sqrt[4]{1.01} = \sqrt[4]{1+0.01} \approx 1 + \dfrac{1}{4} \times 0.01 = 1.002\ 5$.

由　　$\sqrt[n]{1+x} \approx 1 + \dfrac{1}{n}x$, 而 $\sqrt{26} = \sqrt{25+1} = 5\sqrt{1+\dfrac{1}{25}}$,

即　　$x = \dfrac{1}{25}$, 所以

$$\sqrt{26} = 5\sqrt{1+\dfrac{1}{25}} \approx 5\left(1+\dfrac{1}{2 \times 25}\right) = 5(1+0.02) = 5.1.$$

计算 $\sqrt{26}$ 也可直接用 $f(x) \approx f(x_0) + f'(x_0)(x - x_0)$ 求. 这里

$f(x) = \sqrt{x}$, $x = 26$, $x_0 = 25$, $f'(x) = \dfrac{1}{2\sqrt{x}}$, 于是

$$\sqrt{x} \approx \sqrt{x_0} + \dfrac{1}{2\sqrt{x_0}}(x - x_0),$$

即　　　$\sqrt{26} \approx \sqrt{25} + \dfrac{1}{2\sqrt{25}}(26-25) = 5 + 0.1 = 5.1$.

*3.9.4.2　误差估计

设某个量的精确值为 A, 它的近似值为 α, 则称 $|A - \alpha|$ 为 α 的绝对误差, 称 $\left|\dfrac{A-\alpha}{\alpha}\right|$ 为 α 的相对误差.

因为实际中某个量的精确值无法得到, 因此绝对误差和相对误差也就无法求得, 但有时可确定误差在某个范围内.

如果某个量的精确值为 A, 测得它的近似值为 α, 且知误差不超过 δ_A, 即

$$|A - \alpha| \leqslant \delta_A,$$

则称 δ_A 为 α 的绝对误差限,称 $\dfrac{\delta_A}{|\alpha|}$ 为 α 的相对误差限.

通常把绝对误差限和相对误差限简称为绝对误差和相对误差.

设函数 $y = f(x)$,若 x 的绝对误差限为 δ_x,则当 $y' \neq 0$ 时,y 的绝对误差限 δ_y 为

$$|\Delta y| \approx |\mathrm{d}y| = |y'| \cdot |\Delta x| \leqslant |y'| \delta_x,$$

即　$\delta_y = |y'| \delta_x$,y 的相对误差为

$$\frac{\delta_y}{|y|} = \frac{|y'|}{|y|} \delta_x.$$

例 10　若测得圆钢的直径 $D = 60.03$ mm,测量 D 的绝对误差限 $\delta_D = 0.05$ mm,试估计面积 $A = \dfrac{\pi}{4} D^2$ 的误差.

解　由 $A = \dfrac{\pi}{4} D^2$,得 $\dfrac{\mathrm{d}A}{\mathrm{d}D} = \dfrac{\pi}{2} D$,于是

$$\delta_A = \left| \frac{\mathrm{d}A}{\mathrm{d}D} \right| \delta_D = \frac{\pi}{2} D \delta_D,$$

$$\frac{\delta_A}{|A|} = \frac{\dfrac{\pi}{2} D \delta_D}{\dfrac{\pi}{4} D^2} = \frac{2}{D} \delta_D,$$

将 $D = 60.03$ mm,$\delta_D = 0.05$ mm 代入以上两式,得

$$\delta_A = \frac{\pi}{2} \times 60.03 \times 0.05 \approx 4.715 (\mathrm{mm}^2)(绝对误差).$$

$$\frac{\delta_A}{|A|} = 2 \times \frac{0.05}{60.03} \approx 0.17\%.$$

习题 3-9

1.设 x 的值从 $x = 1$ 变到 $x = 1.01$,试求函数 $y = 2x^2 - x$ 的增量和微分.

2.已知函数 $y = f(x)$ 在点 x 有增量 $\Delta x = 0.2$,对应的函数增量的线性主部等于 0.8,求在点 x 的导数.

3.求下列函数的微分.

(1) $y = \sqrt[3]{1 + x^2}$；　　　　　　　　(2) $y = \ln x^2 + \ln \sqrt{x}$；

(3) $y = (x^2 + 2x)(x + 1)$;　　　　(4) $y = \arctan \dfrac{1 - x^2}{1 + x^2}$;

(5) $y = e^{ax} \cos bx$;　　　　　　(6) $y = \dfrac{x^{2n}}{(1 + x^2)^n}$.

4. 将适当的函数填入下列括号内,使等式成立.

(1) d( ) $= 2dx$;　　　　　　　(2) d( ) $= 3x dx$;

(3) d( ) $= \cos t dt$;　　　　　(4) d( ) $= e^{-2x} dx$;

(5) d( ) $= \dfrac{1}{\sqrt{x}} dx$.

5. 水管壁的横截面是一个圆环,设它的内半径为 R,壁厚为 h,试利用微分计算这个圆环面积的近似值.

6. 利用微分计算下列各式的近似值.

(1) $\cos 29°$;　　　　　　　　(2) $\ln(1.01)$.

7. 当 $|x|$ 很小时,证明下列近似公式.

(1) $\tan x \approx x$ (x 是弧度值);　　(2) $\ln(1 + x) \approx x$;

(3) $e^x \approx 1 + x$.

练习题(3)

填空题:

1. 如果 $f'(x_0)$ 存在,则 $\lim\limits_{h \to 0} \dfrac{f(x_0 - h) - f(x_0)}{h} = $ _____.

2. 函数 $f(x) = x^3 - 3x^2 + 2$ 在点 $x = -1$ 的切线斜率 $k = $ _____.

3. 设 $f(x)$ 在点 x_0 可导,且 $f(x_0) = 0$,则 $\lim\limits_{h \to \infty} hf\left(x_0 - \dfrac{3}{h}\right) = $ _____.

4. 如果 $f'(x_0)$ 存在,则 $\lim\limits_{x \to x_0} = \dfrac{f^2(x) - f^2(x_0)}{x - x_0} = $ _____.

5. 如果 $f(x)$ 在点 x_0 可导,则 $\lim\limits_{\Delta x \to 0} \dfrac{\Delta y - dy}{\Delta x} = $ _____.

6. 如果 $x = 2, \Delta x = 0.01$,则 $d(x^2)\Big|_{x=2} $ _____.

7. $d\left(\arctan \dfrac{1}{x}\right) = $ _____.

8. 设函数 $f(x)$ 可微,则当 x 在点 $x = 0$ 处有微小改变量 Δx 时,函数约改变了 _____.

9. 设 $f(x) = |x - 1|$,则 $f'(1) = $ _____.

10. 设 $f(x) = x^x$，则 $f'(x) =$ _____.

11. 设 $y = e^{f(x)}$，且 $f(x)$ 为二阶可导函数，则 $y'' =$ _____.

12. 将直径为 4 的球加热，球的半径增加了 0.005，球的体积 V 增加的近似值为_____（用微分表示）.

13. 设 $f(x^2) = x^4 + x^2 + 2$，则 $f'(-1) =$ _____.

14. 如果 u 与 v 都是可导函数，则 $d(uv) =$ _____.

15. 设 $f(x) = x^n + \sin x$，则 $f^{(n)}(0) =$ _____.

单项选择题：

1. 设 $x = te^{-t}$，$y = 2t^3 + t^2$，则 $\left.\dfrac{dy}{dx}\right|_{t=-1} = ($ 　　$)$.

(A) $-\dfrac{2}{e}$　　(B) $-2e$　　(C) $\dfrac{2}{e}$　　(D) $2e$

2. 如果 $f(x)$ 在点 x_0 不连续，则 $f'(x_0)($ 　　$)$.

(A) 存在　　(B) 不存在　　(C) $= 0$　　(D) 可能存在

3. 如果 $f(x)$ 在点 x_0 可微，则 $\dfrac{\Delta y}{\Delta x} = f'(x_0) + \alpha$，其中（ 　　）.

(A) $\lim\limits_{\Delta x \to 0} \alpha = 0$　　　　　　　　(B) $\lim\limits_{\Delta x \to 0} \alpha \neq 0$

(C) $\lim\limits_{\Delta x \to 0} \dfrac{\alpha}{\Delta x} = 0$　　　　　　　(D) $\lim\limits_{\Delta x \to 0} \alpha \Delta x \neq 0$

4. 如果 $y = f\left(1 - \dfrac{1}{x}\right)$，则 $y' = ($ 　　$)$.

(A) $f'\left(1 - \dfrac{1}{x}\right)$　　　　　　　(B) $f'\left(1 - \dfrac{1}{x}\right)\left(-\dfrac{1}{x^2}\right)$

(C) $\dfrac{1}{x^2} f'\left(1 - \dfrac{1}{x}\right)$　　　　　　(D) $-f'\left(1 - \dfrac{1}{x}\right)$

5. $\lim\limits_{\Delta x \to 0}[f(x + \Delta x) - f(x)] = 0$ 是 $f(x)$ 在点 x 可导的（ 　　）.

(A) 无关条件　　　　　　(B) 充分必要条件

(C) 充分条件　　　　　　(D) 必要条件

6. 设 $f(x) = \dfrac{x-1}{x+1}$，则 $\left. dy \right|_{x=1} = ($ 　　$)$.

(A) $2dx$　　(B) $-2dx$　　(C) $\dfrac{1}{2}dx$　　(D) $-\dfrac{1}{2}dx$

7. 下列函数在点 $x = 1$ 连续且可导的是（ 　　）.

(A) $y = |x-1|$　　　　　　(B) $y = x|x-1|$

(C) $y = \sqrt[3]{x-1}$　　　　　　(D) $y = (x-1)^2$

8.如果曲线 $y = x^2 - x$ 上点 M 处切线斜率为 1,则点 M 坐标为(　　).

(A)$(1,0)$　　　(B)$(1,1)$　　　(C)$(0,0)$　　　(D)$(0,1)$

9.如果 $f'(1)$ 存在,且 $f(1) = 0$,则 $\lim\limits_{x \to 1} \dfrac{f(x)}{x-1} = ($　　$)$.

(A)$f'(1)$　　　(B)1　　　　(C)0　　　　(D)∞

10.函数 $f(x) = \begin{cases} x^2, & x < 0, \\ 0, & x \geqslant 0, \end{cases}$ 在点 $x = 0($　　$)$.

(A)不连续　　　　　　　(B)连续不可导

(C)无定义　　　　　　　(D)连续且可导

11.设 $f(x)$ 在 $(-\infty, +\infty)$ 内为可微的奇函数,且 $f'(x_0) = a \neq 0$,则
$f'(-x_0) = ($　　$)$.

(A)$-a$　　　(B)a　　　(C)$\dfrac{1}{a}$　　　(D)0

12.如果 T 是可导函数 $f(x)$ 的周期,则 $f'(x)($　　$)$

(A)是以 T 为周期的函数　　　(B)不是周期函数

(C)不一定是周期函数　　　　　(D)不以 T 为周期的周期函数

13.如果曲线 $f(x)$ 在点 x_0 有切线,则 $f'(x_0)($　　$)$.

(A)$= 0$　　　(B)存在　　　(C)不存在　　　(D)不一定存在

14.设 $xy = \cos xy$,则 $\dfrac{\mathrm{d}y}{\mathrm{d}x} = ($　　$)$.

(A)$\dfrac{y}{x}$　　　(B)$\dfrac{x}{y}$　　　(C)$-\dfrac{y}{x}$　　　(D)$-\dfrac{x}{y}$

15.设 $f(x) = \dfrac{1+x}{1-x}$,则 $f^{(n)}(x) = ($　　$)$.

(A)$\dfrac{(-1)^{n-1} \cdot 2 \cdot n!}{(1-x)^{n+1}}$　　　　　(B)$\dfrac{2 \cdot n!}{(1-x)^{n+1}}$

(C)$\dfrac{(-1)^{n-1} \cdot 2 \cdot n!}{(1-x)^n}$　　　　　(D)$\dfrac{2 \cdot n!}{(1-x)^n}$

16.函数在某点不可导,则函数所表示的曲线在该点的切线(　　).

(A)不存在　　　　　　　(B)不一定存在

(C)存在　　　　　　　　(D)平行于 y 轴

计算及证明题:

1.证明 $f(x) = \begin{cases} \cos x, & x \leqslant \dfrac{\pi}{2}, \\ \dfrac{\pi}{2} - x, & x > \dfrac{\pi}{2}, \end{cases}$ 在点 $x = \dfrac{\pi}{2}$ 可导.

2. 设 $y = \dfrac{x^2}{\sqrt{x^2 + a^2}}$，求 $\mathrm{d}y$.

3. 设 $y = \sqrt{x^2 + 1}\ln\left(x + \sqrt{x^2 + 1}\right)$，求 $y'(0)$.

4. $y = (e^{\cos x} - 1)^2$，求 y'.

5. 设 $y = x\sec^2 x - \tan x$，求 y''.

6. 设 $y = (1 + x^2)^{\arctan x}$，求 y'.

7. $\arctan \dfrac{y}{x} = \ln(x^2 + y^2)$，求 $\dfrac{\mathrm{d}y}{\mathrm{d}x}$.

8. 设 $y = \dfrac{x}{1 - x}$，求 $y^{(n)}$.

9. 设 $f(x) = x(x + 1)(x + 2)\cdots(x + n)$，求 $y'(0)$.

10. 证明曲线 $C_1 : 3y = 2x + x^4$ 与 $C_2 : 2y = x^3 - 3x$ 在原点正交.

11. 设 $y = \sin x\sqrt[3]{\dfrac{x(1 + x)^2}{x + 2}}$，求 $\mathrm{d}y$.

12. 设 $f(x)$ 二阶可导，且 $y = f(1 - x^2)x$，求 y''.

13. 设 $f(x) = \begin{cases} x^2, & x \leqslant x_0, \\ ax + b, & x > x_0, \end{cases}$ 在点 x_0 可导，求 a 与 b 的值.

14. 设 $f(x) = \begin{cases} \dfrac{\sin(x - 1)^2}{4x - 4}, & x > 1, \\ \dfrac{1}{4}x - \dfrac{1}{4}, & x \leqslant 1. \end{cases}$ 求 $f'(x)$.

15. 甲乙两船同时由一个码头出发，甲往西行，乙往南行，若甲船速度为 40 n mile/h，乙船速度为 30 n mile/h，求两船相离的速度.

习题答案

习题 3-1

1. -200.　2. a.　3. (1) $f'(x_0)$;　(2) $-f'(x_0)$;

(3) $f'(x_0)$;　(4) $\lim\limits_{x\to 0}\dfrac{f(x)}{x} = \lim\limits_{x\to 0}\dfrac{f(x) - f(0)}{x} = f'(0)$.

4. (1) 28 m/s; (2) 12 m/s.　5. 不连续，不可导.　6. 连续，可导.

习题 3-2

1. (1) $\dfrac{1}{2\sqrt{x}}$;　(2) $-\dfrac{1}{4}$;　(3) $-\sin x$.

2. (1) $15x^{14}$;　(2) $-\dfrac{3}{x^4}$;　(3) $\dfrac{3}{4\sqrt[4]{x}}$;　(4) $-\dfrac{2}{3x\sqrt[3]{x^2}}$.

3. $(4,8)$.

4. 切线方程: $y=\dfrac{1}{e}x$,　　法线方程: $y+ex=e^2+1$.

习题 3-3

1. (1) $6x+\dfrac{4}{x^3}$;　(2) $4x+\dfrac{5}{2}x\sqrt{x}$;　(3) $2x-\dfrac{5}{2x^3\sqrt{x}}-\dfrac{3}{x^4}$;

　　(4) $8x-4$;　(5) $10x^9+10^x\ln 10$.

2. (1) $\ln x+1$;　(2) $e^x(\sin x+\cos x)$;

　　(3) $\tan x+x\sec^2 x-2\sec x\tan x$;

　　(4) $\sin x\ln x+x\cos x\ln x+\sin x$;

　　(5) $\log_2 x+\dfrac{1}{\ln 2}$;　(6) $\dfrac{1}{\sqrt{1-x^2}}+\dfrac{1}{1+x^2}$.

3. (1) $-\dfrac{1}{x^2}(x\sin x+\cos x)$;　　(2) $\dfrac{1-2\ln x}{x^3}$;

　　(3) $\dfrac{-2e^x}{(1+e^x)^2}$;　　　　　　(4) $\dfrac{1}{1+\cos x}$;

　　(5) $-\dfrac{2\sqrt{x}(1+\sqrt{x})\csc^2 x+\cot x}{2\sqrt{x}(1+\sqrt{x})^2}$;

　　(6) $\dfrac{(\sin x+x\cos x)(1+\tan x)-x\sin x\sec^2 x}{(1+\tan x)^2}$;

　　(7) $\dfrac{1}{2\sqrt{x}}\left(\log_2 x+\dfrac{2}{\ln 2}\right)$;　(8) $\dfrac{-2}{x(1+\ln x)^2}$;

　　(9) $\dfrac{\sec x}{1+\sec x}$.

4. (1) $6\ln a-3$;　　　　　　　(2) $-\dfrac{1}{18}$.

5. (1) $12-gt$;

　　(2) $\dfrac{12}{g}$(提示:物体达到最高点时其速度为零).

6. $a=\dfrac{1}{3}, b=-\dfrac{2}{3}\left($提示: $y'\Big|_{x=1}=1, y\Big|_{x=1}=1+b=a\right)$.

习题 3-4

1. (1) $y=u^{\frac{3}{2}}, u=1+x$;　　(2) $y=u^2, u=\cos v, v=3x+\dfrac{\pi}{4}$;

(3)$y = e^u$，$u = x^2$；　　　　(4)$y = \ln u$，$u = \sin v$，$v = x + 1$.

2. (1)$4(2x+1)$；　(2)$\dfrac{3}{2\sqrt{3x-5}}$；　(3)$-\dfrac{\csc^2 \dfrac{x}{2}}{4\sqrt{\cot \dfrac{x}{2}}}$；

(4)$\tan^3 x \sec^2 x$；　　　　(5)$3e^{\sin^3 x}\sin^2 x \cos x$；

(6)$\dfrac{18}{x}\ln x$；　(7)$2\sin(4x-2)$；　(8)$\dfrac{3}{x}+\dfrac{x}{1+x^2}$；

(9)$\dfrac{1}{\sin x}$；　(10)$\dfrac{1}{x(1-2x)\ln 2}$；　(11)$\dfrac{1+e^x}{2\sqrt{x+e^x}}$；

(12)$-\dfrac{x}{\sqrt{(1+x^2)^3}}$.

3. (1)$\dfrac{1}{\sqrt{(1-x^2)^3}}$；　　　　　(2)$\dfrac{x}{\sqrt{(a^2-x^2)^3}}$；

(3)$2x\sin\dfrac{1}{x}-\cos\dfrac{1}{x}$；　　　(4)$-\dfrac{e^{-x}}{2\sqrt{1+e^{-x}}}$；

(5)$\dfrac{a^2-2x^2}{2\sqrt{a^2-x^2}}$；　　　　　(6)$\dfrac{1}{\sqrt{x^2+a^2}}$；

(7)$\dfrac{3^{\sqrt{\ln x}}\ln 3}{2x\sqrt{\ln x}}$；　　　　(8)$\dfrac{2x+1}{(x^2+x+1)\ln a}$；

(9)$n\sin^{n-1}\cos(n+1)x$；　　(10)$\left(\dfrac{x}{x^2+1}-\dfrac{1}{3x+2}\right)\dfrac{1}{\ln 10}$；

(11)$-\dfrac{\csc\sqrt{2x+1}\cot\sqrt{2x+1}}{\sqrt{2x+1}}$；　(12)$\dfrac{1}{x(\ln x)(\ln\ln x)}$.

4. $y' = \dfrac{1}{2\sqrt{f^2(x)+g^2(x)}}[f^2(x)+g^2(x)]'$

$\qquad = \dfrac{1}{2\sqrt{f^2(x)+g^2(x)}}[2f(x)f'(x)+2g(x)g'(x)]$

$\qquad = \dfrac{f(x)f'(x)+g(x)g'(x)}{\sqrt{f^2(x)+g^2(x)}}$.

5. (1)$2xf'(x^2)$；

(2)$y' = f'(\sin^2 x)\cdot(\sin^2 x)'+f'(\cos^2 x)(\cos^2 x)'$

$\qquad = f'(\sin^2 x)2\sin x\cos x + f'(\cos^2 x)2\cos x(-\sin x)$

$\qquad = [f'(\sin^2 x)-f'(\cos^2 x)]\sin 2x$.

6. (1)因 $f(x)$ 为偶函数，故 $f(x)=f(-x)$.两边对 x 求导得

$$f'(x) = \frac{\mathrm{d}f(-x)}{\mathrm{d}(-x)} \cdot \frac{\mathrm{d}(-x)}{\mathrm{d}x} = f'(-x) \cdot (-1)$$
$$= -f'(-x),$$

故 $f'(x)$ 为奇函数.

同理可证(2).

习题 3-5

1. $\arctan x^2 + \dfrac{2x^2}{1+x^4}$.

2. $\dfrac{1}{2\sqrt{x}}\operatorname{arccot} x - \dfrac{\sqrt{x}}{1+x^2}$.

3 $\dfrac{2\arcsin x}{\sqrt{1-x^2}}$.

4. $\arcsin(\ln x) + \dfrac{1}{\sqrt{1-\ln^2 x}}$.

5. $\dfrac{1}{2\sqrt{x}(1+x)}\mathrm{e}^{\arctan\sqrt{x}}$.

6. $\arccos x$.

7. $\dfrac{a}{(ax+b)(1+\ln^2(ax+b))}$.

8. $(-12\sin^3 3x\cos 3x)a^{1-\sin^4(3x)}\ln a$.

习题 3-6

1. $-\dfrac{1}{x\sqrt{1-x^2}\left(x+\sqrt{1-x^2}\right)}$.

2. $\dfrac{4}{4+x^2}\arctan\dfrac{x}{2}$.

3. $\dfrac{1}{t^2-1}$.

4. $\dfrac{4}{(\mathrm{e}^t+\mathrm{e}^{-t})^2}$.

5. $6\mathrm{e}^{2x}\sec^3(\mathrm{e}^{2x})\tan(\mathrm{e}^{2x})$.

6. $-\dfrac{1}{x^2}\mathrm{e}^{\sin^2\frac{1}{x}}\sin\dfrac{2}{x}$.

7. $\mathrm{e}^{2t}(2\cos 3t - 3\sin 3t) + (2^t\ln 2)\cos 2^t$.

8. $-\dfrac{x}{\sqrt{4x-x^2}}$.

9. $-\dfrac{6x^8}{(1+x^6)^2}$.

10. $\dfrac{1}{\sqrt{2x-x^2}}+\dfrac{2}{x\sqrt{x^2-4}}$.

习题 3-7

1. $(1)-\dfrac{1}{4\sqrt{(1+x)^3}}$;　　　　　$(2)(6x+4x^3)\mathrm{e}^{x^2}$;

　$(3)-(2\sin x+x\cos x)$;　　$(4)3x(1-x^2)^{-\frac{5}{2}}$;

　$(5)\dfrac{2}{(1-x^2)^{3/2}}\left(\sqrt{1-x^2}+x\arcsin x\right)$;

　$(6)-\dfrac{2(1+x^4)}{(1-x^4)^{3/2}}$.

2. $(1)y'=2xf'(x^2)$,

　　　$y''=2f'(x^2)+2xf''(x^2)\cdot2x$

　　　　$=2f'(x^2)+4x^2f''(x^2)$;

　$(2)y''=\dfrac{f''(x)f(x)-[f'(x)]^2}{[f(x)]^2}$.

3. $(1)(-1)^n\mathrm{e}^{-x}$;

　$(2)y'=\ln x+1,y''=\dfrac{1}{x},y'''=-\dfrac{1}{x^2}$,

　$y^{(4)}=\dfrac{2}{x^3},\cdots,y^{(n)}=\begin{cases}\ln x+1, & n=1,\\[2mm]\dfrac{(-1)^n(n-2)!}{x^{n-1}}, & n\geqslant2;\end{cases}$

　$(3)(n+x)\mathrm{e}^x$;

　$(4)y'=-\dfrac{1}{1-x},y^{(n)}=(y')^{(n-1)}=-\left(\dfrac{1}{1-x}\right)^{(n-1)}=-\dfrac{(n-1)!}{(1-x)^n}$.

习题 3-8

1. $(1)\dfrac{2a}{3(1-y^2)}$;　　　　　$(2)\dfrac{\mathrm{e}^y}{1-x\mathrm{e}^y}$;

　$(3)-\dfrac{1+y\sin(xy)}{x\sin(xy)}$;　　　$(4)\dfrac{\cos x-\sin(x-y)}{1-\sin(x-y)}$.

2. 切线方程:$y=-x+\dfrac{\sqrt{2}}{2}a$,法线方程:$y=x$.

3. $(1)(\ln x)^x\left(\ln(\ln x)+\dfrac{1}{\ln x}\right)$;

(2)$(\sin x)^{\cos x}(\cos x \cot x - (\sin x)\ln\sin x)$;

(3)$\dfrac{\sqrt{x+1}\sin x}{(x^3+1)(x+2)}\left(\dfrac{1}{2(x+1)}+\cot x - \dfrac{3x^2}{x^3+1}-\dfrac{1}{x+2}\right)$;

(4)$\dfrac{x^2}{1-x}\sqrt[3]{\dfrac{3-x}{(3+x)^2}}\left(\dfrac{2}{x}-\dfrac{1}{3(3-x)}+\dfrac{1}{1-x}-\dfrac{2}{3(3+x)}\right)$.

4. (1)$\dfrac{2}{t}$;　　(2)$\dfrac{b(t^2+1)}{a(t^2-1)}$;　　(3)$\dfrac{(1+t^2)\left(\sqrt{1-t^2}-1\right)}{2t\sqrt{1-t^2}}$.

5. (1)切线方程:$y=x+\left(2-\dfrac{\pi}{2}\right)a$,　法线方程:$y=-x+\dfrac{\pi}{2}a$;

　　(2)切线方程:$y=-\dfrac{4}{3}x+4a$,　　法线方程:$y=\dfrac{3}{4}x+\dfrac{3}{2}a$.

6. (1)$-\dfrac{b}{a^2}\csc^3 t$;　　　　　　　　(2)$-\dfrac{2}{(1-t)^{3/2}}$.

习题 3-9

1. 增量 $\triangle y=0.0302$,　微分 $\mathrm{d}y=0.03$.

2. 4.

3. (1)$\dfrac{2x}{3\sqrt[3]{(1+x^2)^2}}\mathrm{d}x$;　　　　(2)$\dfrac{5}{2x}\mathrm{d}x$;

(3)$(3x^2+6x+2)\mathrm{d}x$;　　　　(4)$-\dfrac{2x}{1+x^4}\mathrm{d}x$;

(5)$\mathrm{e}^{ax}(a\cos bx - b\sin bx)\mathrm{d}x$;　(6)$\dfrac{2nx^{2n-1}}{(1+x^2)^{n+1}}\mathrm{d}x$.

4. (1)$2x+c$;　(2)$\dfrac{3}{2}x^2+c$;　(3)$\sin t+c$;

(4)$-\dfrac{1}{2}\mathrm{e}^{-2x}+c$;　(5)$2\sqrt{x}+c$.

5. $2\pi Rh$.

6. (1)0.874 77;　(2)0.01.

练习题(3)

填空题:

1. $-f'(x_0)$　**2.** 9

3. $-3f'(x_0)$

$$\lim_{h\to\infty}hf\left(x_0-\dfrac{3}{h}\right)=\lim_{h\to\infty}\dfrac{f\left(x_0-\dfrac{3}{h}\right)-f(x_0)}{\dfrac{1}{h}}$$

$$= \lim_{h \to \infty} \frac{f\left(x_0 - \dfrac{3}{h}\right) - f(x_0)}{-\dfrac{3}{h}}(-3) = -3f'(x_0).$$

4. $2f'(x_0)f(x_0)$

$$\lim_{x \to x_0} \frac{f^2(x) - f^2(x_0)}{x - x_0} = \lim_{x \to x_0} \frac{f(x) - f(x_0)}{x - x_0}[f(x) + f(x_0)]$$

$$= \lim_{x \to x_0} \frac{f(x) - f(x_0)}{x - x_0} \lim_{x \to x_0}[f(x) + f(x_0)] = 2f'(x_0)f(x_0).$$

5. 0　**6.** 0.04　**7.** $-\dfrac{1}{x^2+1}\mathrm{d}x$　**8.** $f'(0)\Delta x$　**9.** 不存在

10. $x^x(1 + \ln x)$

用对数求导法.

11. $\mathrm{e}^{f(x)}[f'(x)]^2 + \mathrm{e}^{f(x)}f''(x)$

$y' = \mathrm{e}^{f(x)}f'(x), y'' = \mathrm{e}^{f(x)}[f'(x)]^2 + \mathrm{e}^{f(x)}f''(x).$

12. 0.08π

因 $V = \dfrac{4}{3}\pi R^3, \mathrm{d}V = 4\pi R^2 \Delta R,$ 所以 $\Delta V \approx \mathrm{d}V = 4\pi \times 2^2 \times 0.005 = 0.08\pi.$

13. -1

$f(x) = x^2 + x + 2, f'(x) = 2x + 1, f'(-1) = 2 \times (-1) + 1 = -1.$

14. $v\mathrm{d}u + u\mathrm{d}v$

15. $n! + \sin\dfrac{n\pi}{2}.$

$$f^{(n)}(x) = n! + \sin\left(x + \frac{n\pi}{2}\right), f^{(n)}(0) = n! + \sin\frac{n\pi}{2}.$$

单项选择题：

1. (C)　**2.** (B)　**3.** (A)　**4.** (C)　**5.** (D)　**6.** (C)　**7.** (D)　**8.** (A)　**9.** (A)

10. (D)

11. (B)

因 $f(x) = -f(-x), f'(x) = -f'(-x)(-x)' = f'(-x),$

故 $f'(-x_0) = f'(x_0) = a.$

12. (A)

$f(x + T) = f(x),$ 两边求导, $f'(x + T) = f'(x), f'(x)$ 是以 T 为周期的周期函数.

13. (D)　**14.** (C)　**15.** (B)　**16.** (B)

计算及证明题:

1. $f\left(\dfrac{\pi}{2}\right) = \cos\dfrac{\pi}{2} = 0,$

$$f'_{-}\left(\frac{\pi}{2}\right) = \lim_{x \to \frac{\pi}{2}-0} \frac{f(x)-f\left(\frac{\pi}{2}\right)}{x-\frac{\pi}{2}} = \lim_{x \to \frac{\pi}{2}-0} \frac{\cos x}{x-\frac{\pi}{2}} = \lim_{x \to \frac{\pi}{2}-0} \frac{-\sin\left(x-\frac{\pi}{2}\right)}{x-\frac{\pi}{2}} = -1,$$

$$f'_{+}\left(\frac{\pi}{2}\right) = \lim_{x \to \frac{\pi}{2}+0} \frac{f(x)-f\left(\frac{\pi}{2}\right)}{x-\frac{\pi}{2}} = \lim_{x \to \frac{\pi}{2}+0} \frac{\frac{\pi}{2}-x}{x-\frac{\pi}{2}} = -1, \text{故 } f'\left(\frac{\pi}{2}\right) = -1.$$

2. $y' = \dfrac{2x\sqrt{x^2+a^2} - x^2 \cdot \dfrac{2x}{2\sqrt{x^2+a^2}}}{x^2+a^2} = \dfrac{2x(x^2+a^2)-x^3}{(x^2+a^2)^{3/2}} = \dfrac{x^3+2a^2x}{(x^2+a^2)^{3/2}},$

故 $dy = y'\,dx = \dfrac{x^3+2a^2x}{(x^2+a^2)^{3/2}}\,dx.$

3. $y' = \dfrac{x}{\sqrt{x^2+1}}\ln\left(x+\sqrt{x^2+1}\right) + \sqrt{x^2+1} \cdot \dfrac{1+\left(\sqrt{x^2+1}\right)'}{x+\sqrt{x^2+1}}$

$\qquad = \dfrac{x}{\sqrt{x^2+1}}\ln\left(x+\sqrt{x^2+1}\right) + \sqrt{x^2+1} \cdot \dfrac{1+\dfrac{x}{\sqrt{x^2+1}}}{x+\sqrt{x^2+1}}$

$\qquad = \dfrac{x}{\sqrt{x^2+1}}\ln\left(x+\sqrt{x^2+1}\right) + 1,$

$\quad y'(0) = 1.$

4. $y' = 2(e^{\cos x}-1)e^{\cos x}(-\sin x) = -2e^{\cos x}\sin x(e^{\cos x}-1).$

5. $y' = \sec^2 x + 2x\sec^2 x\tan x - \sec^2 x = 2x\sec^2 x\tan x,$

$\quad y'' = 2\sec^2 x\tan x + 4x\sec^2 x\tan^2 x + 2x\sec^4 x.$

6. $\ln y = \arctan x \ln(1+x^2), \dfrac{1}{y}y' = \dfrac{1}{1+x^2}\ln(1+x^2) + \dfrac{2x\arctan x}{1+x^2},$

故 $y' = (1+x^2)^{\arctan x-1}\left[\ln(1+x^2) + 2x\arctan x\right].$

7. 两边对 x 求导数得　$\dfrac{1}{1+\dfrac{y^2}{x^2}}(xy'-y) \cdot \dfrac{1}{x^2} = \dfrac{2x+2yy'}{x^2+y^2},$

$\quad \dfrac{xy'-y}{x^2+y^2} = \dfrac{2x+2yy'}{x^2+y^2}, \quad xy'-y = 2x+2yy', \quad y' = \dfrac{2x+y}{x-2y}.$

8. 因 $y = \dfrac{x}{1-x} = \dfrac{x-1+1}{1-x} = -1 + \dfrac{1}{1-x}, y' = \dfrac{1}{(1-x)^2}, y'' = \dfrac{2!}{(1-x)^3},$

$$y''' = \frac{3!}{(1-x)^4}, \cdots, y^{(n)} = \frac{n!}{(1-x)^{n+1}}.$$

9. $f'(0) = \lim\limits_{x \to 0} \frac{f(x) - f(0)}{x} = \lim\limits_{x \to 0}(x+1)(x+2)\cdots(x+n) = n!.$

10. $C_1 : y = \frac{2}{3}x + \frac{x^4}{3}, y' = \frac{2}{3} + \frac{4}{3}x^3, k_1 = y'(0) = \frac{2}{3},$

$\quad C_2 : y = \frac{x^3}{2} - \frac{3}{2}x, y' = \frac{3}{2}x^2 - \frac{3}{2}, k_2 = y'(0) = -\frac{3}{2},$

因 $k_1 k_2 = -1$ 故 C_1 与 C_2 在原点正交.

11. $\ln y = \ln\sin x + \frac{1}{3}\ln x + \frac{2}{3}\ln(1+x) - \frac{1}{3}\ln(x+2),$

$y' \cdot \frac{1}{y} = \frac{\cos x}{\sin x} + \frac{1}{3x} + \frac{2}{3(x+1)} - \frac{1}{3(x+2)},$

所以 $\mathrm{d}y = y'\mathrm{d}x = \sin x \sqrt[3]{\frac{x(1+x)^2}{x+2}}\left[\cot x + \frac{1}{3x} + \frac{2}{3(x+1)} - \frac{1}{3(x+2)}\right]\mathrm{d}x.$

12. $y' = f(1-x^2) + xf'(1-x^2)(-2x) = f(1-x^2) - 2x^2 f'(1-x^2),$

$\quad y'' = -2xf'(1-x^2) - 4xf'(1-x^2) - 2x^2 f''(1-x^2)(-2x)$

$\quad = -6xf'(1-x^2) + 4x^3 f''(1-x^2).$

13. 由条件知 $f(x)$ 在点 x_0 连续, 因 $f(x_0 + 0) = \lim\limits_{x \to x_0 + 0}(ax+b) = ax_0 + b,$

$f(x_0 - 0) = \lim\limits_{x \to x_0 - 0} x^2 = x_0^2$, 所以 $ax_0 + b = x_0^2$, 因 $f'(x_0)$ 存在, 所以 $f'_+(x_0) = f'_-(x_0)$, 而

$f'_+(x_0) = \lim\limits_{x \to x_0 + 0} \frac{f(x) - f(x_0)}{x - x_0} = \lim\limits_{x \to x_0 + 0} \frac{ax + b - x_0^2}{x - x_0} = \lim\limits_{x \to x_0 + 0} \frac{ax + b - ax_0 - b}{x - x_0} = a,$

$f'_-(x_0) = \lim\limits_{x \to x_0 - 0} \frac{f(x) - f(x_0)}{x - x_0} = \lim\limits_{x \to x_0 - 0} \frac{x^2 - x_0^2}{x - x_0} = \lim\limits_{x \to x_0 - 0}(x + x_0) = 2x_0,$

故 $a = 2x_0, b = -x_0^2.$

14. $x < 1, f'(x) = \left(\frac{1}{4}x - \frac{1}{4}\right)' = \frac{1}{4};$

$x > 1, f'(x) = \left[\frac{\sin(x-1)^2}{4(x-1)}\right]' = \frac{2(x-1)^2\cos(x-1)^2 - \sin(x-1)^2}{4(x-1)^2};$

$x = 1, f'_-(1) = \lim\limits_{x \to 1-0} \frac{f(x) - f(1)}{x-1} = \lim\limits_{x \to 1-0} \frac{\frac{1}{4}x - \frac{1}{4}}{x-1} = \frac{1}{4},$

$f'_+(1) = \lim\limits_{x \to 1+0} \frac{f(x) - f(1)}{x-1} = \lim\limits_{x \to 1+0} \frac{\frac{\sin(x-1)^2}{4x-4}}{x-1} = \lim\limits_{x \to 1+0} \frac{\sin(x-1)^2}{4(x-1)^2} = \frac{1}{4},$

所以 $f'(1) = \dfrac{1}{4}$.

15. 设经过 t h,甲航行的距离为 x n mile,乙航行的距离为 y n mile,两船间的距离为 s n mile,则 $x = 40t$,$y = 30t$,$s = \sqrt{(40t)^2 + (30t)^2} = 50t$,所以 $\dfrac{\mathrm{d}s}{\mathrm{d}t} = 50$,即两船相离的速度为 50 n mlie/h.

第 4 章　中值定理与导数应用

本章首先介绍微分学中值定理,然后利用导数研究函数的某些性态.中值定理是用导数研究函数某些性态的理论基础.

4.1　中值定理

本节介绍罗尔定理、拉格朗日中值定理和柯西中值定理,它们都是微分学的中值定理.

4.1.1　罗尔定理

由图 4-1 不难看出,如果在 $[a,b]$ 上连续曲线 $y=f(x)$ 的弧 $\overset{\frown}{AB}$ 上除端点外处处具有不垂直于 x 轴的切线且两端点的纵坐标相等,则在这弧上至少有一点 C 处,使曲线在点 C 的切线平行于 x 轴.由此可得罗尔定理.

定理 4.1.1　罗尔(Rolle)定理
如果函数 $f(x)$ 满足:

(1)在闭区间 $[a,b]$ 上连续;

(2)在开区间 (a,b) 内可导;

(3)两端点函数值相等,即 $f(a)=f(b)$.

则在 (a,b) 内至少存在一点 ξ,使
$$f'(\xi)=0.$$

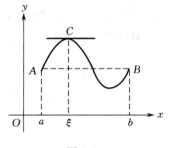

图 4-1

例 1　$f(x)=(x-1)(x-3)$ 在闭区间 $[1,3]$ 上连续,在开区间 $(1,3)$ 内具有导数 $f'(x)=2x-4$,且 $f(1)=f(3)=0$,即 $f(x)$ 满足罗尔定理的三个条件,因此在 $(1,3)$ 内至少有一点 ξ,使 $f'(\xi)=2\times\xi-4=0$,由此可知 $\xi=2$.

应当注意,罗尔定理的三个条件缺一不可,否则结论不一定成立,如图 4-2.

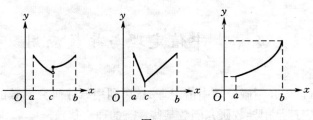

图 4-2

把罗尔定理推广,可得到下面的定理.

4.1.2　拉格朗日中值定理

定理 4.1.2　拉格朗日(Lagrange)中值定理　如果函数 $f(x)$ 满足下列条件:

(1)在闭区间 $[a,b]$ 上连续;

(2)在开区间 (a,b) 内可导.

则在 (a,b) 内至少存在一点 ξ,使

$$f(b)-f(a)=f'(\xi)(b-a).\tag{1}$$

定理的几何意义是:如果连续曲线 $y=f(x)$ 上的弧 $\overset{\frown}{AB}$ 除端点外处处具有不垂直于 x 轴的切线,那么在这弧上至少有一点 C,使曲线在点 C 处的切线平行于弦 AB(图 4-3).

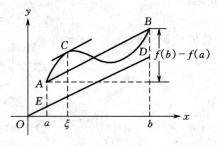

图 4-3

事实上,把式(1)写成

$$\frac{f(b)-f(a)}{b-a}=f'(\xi),$$

其中,$f'(\xi)$ 是曲线在点 C 处的切线斜率,$\dfrac{f(b)-f(a)}{b-a}$ 是弦 AB 的斜

率,因此,曲线 $f(x)$ 在点 C 处的切线平行于弦 AB(图 4-3).

不难看出,过原点且平行于弦 AB 的直线 OD 的方程为

$$y = \frac{f(b) - f(a)}{b - a} x.$$

由图 4-3 还可以看出,函数$(f(x) - y)$在端点 $x = a$ 和 $x = b$ 的函数值相等.

上述为证明拉格朗日中值定理提供了引进辅助函数的方法,下面证明这个定理.

证　引进辅助函数

$$\varphi(x) = f(x) - \frac{f(b) - f(a)}{b - a} x.$$

由定理的假设可推出:$\varphi(x)$在$[a,b]$上连续,在(a,b)内可导,有

$$\varphi'(x) = f'(x) - \frac{f(b) - f(a)}{b - a}$$

且　　　　$$\varphi(a) = \frac{bf(a) - af(b)}{b - a} = \varphi(b),$$

即 $\varphi(x)$ 满足罗尔定理的三个条件,因此,在(a,b)内至少存在一点 ξ,使得

$$\varphi'(\xi) = f'(\xi) - \frac{f(b) - f(a)}{b - a} = 0,$$

即　　　　$$f(b) - f(a) = f'(\xi)(b - a).$$

公式(1)叫做拉格朗日中值公式,它对于 $b < a$ 也成立.

设 $x_0, x_0 + \Delta x$ 是$[a,b]$上的任意两点($\Delta x > 0$ 或 $\Delta x < 0$),在以 x_0 与 $x_0 + \Delta x$ 为端点的区间上,公式(1)的另外两种表达形式为

$$f(x_0 + \Delta x) - f(x_0) = f'(\xi)\Delta x \text{ (ξ 在 x_0 与 $x_0 + \Delta x$ 之间).} \quad (2)$$

$$f(x_0 + \Delta x) - f(x_0) = f'(x_0 + \theta\Delta x)\Delta x \text{ } (0 < \theta < 1). \quad (3)$$

在公式(2)中,取 $\xi = x_0 + \theta\Delta x$,便得到公式(3).事实上,当 $\Delta x > 0$ 时,$x_0 < \xi < x_0 + \Delta x$,即

$$0 < \frac{\xi - x_0}{\Delta x} < 1, \quad 取 \ \theta = \frac{\xi - x_0}{\Delta x},$$

得到　　　　$$\xi = x_0 + \theta\Delta x.$$

$\triangle x < 0$ 的情况完全类似.

拉格朗日中值公式也叫做有限增量公式.

在拉格朗日中值定理中,如果 $f(a) = f(b)$,公式(1)就简化为 $f'(\xi) = 0$,这个定理就成为罗尔定理了.

作为拉格朗日中值定理的一个应用,给出下面的推论.

推论　如果函数 $f(x)$ 在区间 (a,b) 内的导数恒为零,那么 $f(x)$ 在 (a,b) 内是一个常数.

证　在 (a,b) 内任取两点 $x_1, x_2 (x_1 \neq x_2)$,函数 $f(x)$ 在以 x_1, x_2 为端点的区间上满足拉格朗日中值定理的条件,所以

$$f(x_2) - f(x_1) = f'(\xi)(x_2 - x_1) \quad (\xi \text{ 在 } x_1 \text{ 与 } x_2 \text{ 之间}).$$

由假设 $f'(\xi) = 0$ 得到 $f(x_2) - f(x_1) = 0$,即

$$f(x_2) = f(x_1).$$

这说明区间 (a,b) 内任意两点的函数值相等,从而证明了函数 $f(x)$ 在 (a,b) 内是一常数.

例2　设 $0 < b \leqslant a$,证明　$\dfrac{a-b}{a} \leqslant \ln \dfrac{a}{b} \leqslant \dfrac{a-b}{b}$.

证　当 $0 < b < a$.

设函数 $f(t) = \ln t$,它在 $[b,a]$ 上满足拉格朗日中值定理的条件,

所以　　$\ln a - \ln b = \dfrac{1}{\xi}(a-b), \quad b < \xi < a,$

即　　　$\ln \dfrac{a}{b} = \dfrac{1}{\xi}(a-b), \quad b < \xi < a.$

由　　　$0 < b < \xi < a, \quad$ 得到 $\dfrac{1}{a} < \dfrac{1}{\xi} < \dfrac{1}{b},$

因此　　$\dfrac{a-b}{a} < \dfrac{a-b}{\xi} < \dfrac{a-b}{b},$

即　　　$\dfrac{a-b}{a} < \ln \dfrac{a}{b} < \dfrac{a-b}{b}.$

当 $0 < b = a$,

$$\dfrac{a-b}{a} = \ln \dfrac{a}{b} = \dfrac{a-b}{b} = 0.$$

故当 $0 < b \leqslant a$ 时,有

$$\frac{a-b}{a} \leqslant \ln \frac{a}{b} \leqslant \frac{a-b}{b}.$$

例 3 证明 $|\sin x - \sin y| \leqslant |x - y|$.

证 当 $x \neq y$ 时,设函数 $f(t) = \sin t$,它在以 x 与 y 为端点的区间上满足拉格朗日中值定理的条件,所以

$$\sin x - \sin y = (\sin t)' \big|_{t=\xi} (x - y) = \cos \xi \cdot (x - y),$$

$$\xi \text{ 在 } x \text{ 与 } y \text{ 之间}.$$

从而 $\quad |\sin x - \sin y| = |\cos \xi| |x - y| \leqslant |x - y|$.

当 $x = y$ 时,有

$$|\sin x - \sin y| = 0 = |x - y|,$$

因此 $\quad |\sin x - \sin y| \leqslant |x - y|$.

由上面两个例题可以看出,在应用拉格朗日中值定理证明不等式时,必须先根据所给不等式的特点选定一个函数(如例 2 选定 $f(t) = \ln t$,例 3 选定 $f(t) = \sin t$),然后确定一个区间.注意选定的函数在所确定的区间上要满足拉格朗日中值定理的条件.

例 4 应用推论证明

$$\arcsin x + \arccos x = \frac{\pi}{2} \quad (-1 \leqslant x \leqslant 1).$$

证 设 $f(x) = \arcsin x + \arccos x$.

当 $-1 < x < 1$ 时,$f'(x) = \dfrac{1}{\sqrt{1-x^2}} + (-\dfrac{1}{\sqrt{1-x^2}}) = 0$,

所以,$f(x)$ 在区间 $(-1, 1)$ 内恒为一常数 c,即

$$\arcsin x + \arccos x = c.$$

下面确定常数 c 的值.不妨设 $x = 0$,得

$$c = f(0) = \arcsin 0 + \arccos 0 = 0 + \frac{\pi}{2} = \frac{\pi}{2},$$

即当 $-1 < x < 1$ 时,$\arcsin x + \arccos x = \dfrac{\pi}{2}$.

当 $x = -1, x = 1$ 时,有

$$f(-1) = \arcsin(-1) + \arccos(-1) = -\frac{\pi}{2} + \pi = \frac{\pi}{2}.$$

$$f(1) = \arcsin 1 + \arccos 1 = \frac{\pi}{2} + 0 = \frac{\pi}{2}.$$

因此　　$\arcsin x + \arccos x = \dfrac{\pi}{2}$　$(-1 \leqslant x \leqslant 1)$.

4.1.3 柯西中值定理

定理 4.1.3　柯西(Cauchy)中值定理　如果函数 $f(x)$ 与 $F(x)$ 满足：

(1)在闭区间 $[a,b]$ 上连续，

(2)在开区间 (a,b) 内可导，且 $F'(x) \neq 0$.

则在 (a,b) 内至少存在一点 ξ，使得

$$\frac{f(b) - f(a)}{F(b) - F(a)} = \frac{f'(\xi)}{F'(\xi)}.$$

(证略)

在柯西中值定理中，令 $F(x) = x$，则得到拉格朗日中值定理.

由上述讨论可以知道，罗尔定理是拉格朗日中值定理的特例，柯西中值定理是拉格朗日中值定理的推广.

中值定理揭示了函数与导数之间的关系，它们是借助导数研究函数及曲线某些性态的理论基础.

习题 4-1

1.下列函数在指定的区间上是否满足罗尔定理的条件，如满足，求出定理结论中的数值 ξ.

(1) $f(x) = \dfrac{1}{x^2}, [-2,2]$；　　　　(2) $f(x) = (x-2)^2, [-1,3]$；

(3) $f(x) = \sqrt{2x - x^2}, [0,2]$；　　(4) $f(x) = \dfrac{2}{x^2 + 1}, [-1,1]$.

2.不用求出函数 $f(x) = (x-1)(x-2)(x-3)(x-4)$ 的导数，说明方程 $f'(x) = 0$ 有几个实根，并指出它们所在的区间.

3.验证函数 $f(x) = \ln x$ 在区间 $[1,e]$ 上满足拉格朗日中值定理的条件，并求定理结论中的数值 ξ.

4. 证明：如果方程 $a_0 x^n + a_1 x^{n-1} + \cdots + a_{n-1} x = 0$ 有正根 x_0，则方程 $n a_0 x^{n-1} + (n-1) a_1 x^{n-2} + \cdots + a_{n-1} = 0$ 必存在小于 x_0 的正根.

5. 设 $f(x)$ 在 $[a,b]$ 上具有二阶导数，且 $f(a) = f(b) = f(c) = 0$ $(a < c < b)$，证明在 (a,b) 内至少存在一点 ξ，使 $f''(\xi) = 0$ (提示：应用罗尔定理).

6. 证明下列不等式.

(1) $|\arctan x - \arctan y| \leqslant |x - y|$；

(2) 当 $x > 0$ 时，$\dfrac{x}{1+x} < \ln(1+x) < x$；

(3) 当 $a > b > 0$ 时，$n b^{n-1}(a-b) < a^n - b^n < n a^{n-1}(a-b)$　$(n > 1)$.

7. 证明恒等式

$$\arctan x + \operatorname{arccot} x = \frac{\pi}{2}.$$

8. 如果函数 $f(x)$ 在闭区间 $[-1,1]$ 上连续，且 $f(0) = 0$，在开区间 $(-1,1)$ 内具有导数 $f'(x)$，且 $|f'(x)| \leqslant M$ ($M > 0$ 常数)，证明在 $[-1,1]$ 上 $|f(x)| \leqslant M$.

(提示：在 $[-1,1]$ 上任取一点 x，在以 0 与 x 为端点的闭区间上应用拉格朗日中值定理)

9*. 证明罗尔定理.

10*. 证明柯西中值定理.

4.2　洛必达法则

当 $x \to a$ 或 $x \to \infty$ 时，两个函数 $f(x)$ 与 $\varphi(x)$ 都趋于零或都趋于无穷大，这时极限 $\lim\limits_{\substack{x \to a \\ (x \to \infty)}} \dfrac{f(x)}{\varphi(x)}$ 可能存在也可能不存在，通常分别把上述这两种极限叫做 $\dfrac{0}{0}$ 型未定式或 $\dfrac{\infty}{\infty}$ 型未定式. 例如

$$\lim_{x \to 0} \frac{x - \sin x}{x^3}, \quad \lim_{x \to +\infty} \frac{\operatorname{arccot} x}{\mathrm{e}^{-x}}$$

都是 $\dfrac{0}{0}$ 型未定式.

$$\lim_{x \to \infty} \frac{\ln(1 + x^2)}{x}, \quad \lim_{x \to 0+0} \frac{\csc x}{\ln x}$$

都是 $\dfrac{\infty}{\infty}$ 型未定式. 对于这类极限，即使极限值存在也不能用商的极限

等于极限的商来求. 下面介绍求这类未定式极限的一种简便有效的方法——洛必达(L′Hospital)法则. 这个法则的理论基础是柯西中值定理.

4.2.1　$\dfrac{0}{0}$ 型未定式

4.2.1.1　$x \to a$ 情形

定理 4.2.1　如果

(1)当 $x \to a$ 时, $f(x)$ 与 $\varphi(x)$ 都趋于零;

(2)在点 a 的某邻域(点 a 可除外)内, $f'(x)$ 与 $\varphi'(x)$ 都存在且 $\varphi'(x) \neq 0$;

(3)$\lim\limits_{x \to a} \dfrac{f'(x)}{\varphi'(x)}$ 存在(或为 ∞).

则极限　$\lim\limits_{x \to a} \dfrac{f(x)}{\varphi(x)}$ 存在(或为 ∞),且 $\lim\limits_{x \to a} \dfrac{f(x)}{\varphi(x)} = \lim\limits_{x \to a} \dfrac{f'(x)}{\varphi'(x)}$.

证　由条件(1),如果 $f(x), \varphi(x)$ 在点 a 连续,那么必有 $f(a) = \varphi(a) = 0$;如果在点 a 不连续,那么可补充定义或重新定义 $f(a) = \varphi(a) = 0$,使 $f(x), \varphi(x)$ 在点 a 连续,这样由条件(1),(2)可得出 $f(x), \varphi(x)$ 在点 a 的某一邻域内连续. 在该邻域内任取一点 x,则 $f(x), \varphi(x)$ 在以 x 与 a 为端点的区间上满足柯西中值定理的条件,所以有

$$\frac{f(x)}{\varphi(x)} = \frac{f(x) - f(a)}{\varphi(x) - \varphi(a)} = \frac{f'(\xi)}{\varphi'(\xi)} \quad (\xi \text{ 在 } x \text{ 与 } a \text{ 之间}).$$

由于当 $x \to a$ 时, $\xi \to a$,又由条件(3)知

$$\lim_{x \to a} \frac{f'(x)}{\varphi'(x)} \text{存在(或为 } \infty),$$

因此　$\lim\limits_{x \to a} \dfrac{f(x)}{\varphi(x)} = \lim\limits_{\xi \to a} \dfrac{f'(\xi)}{\varphi'(\xi)}$.

将字母 ξ 换成 x,则得到

$$\lim_{x \to a} \frac{f(x)}{\varphi(x)} = \lim_{x \to a} \frac{f'(x)}{\varphi'(x)}.$$

如果 $\lim\limits_{x \to a} \dfrac{f'(x)}{\varphi'(x)}$ 仍属 $\dfrac{0}{0}$ 型未定式,且 $f'(x)$ 与 $\varphi'(x)$ 满足定理的条件,那么可以继续使用定理 4.2.1,即有

$$\lim_{x \to a} \frac{f(x)}{\varphi(x)} = \lim_{x \to a} \frac{f'(x)}{\varphi'(x)} = \lim_{x \to a} \frac{f''(x)}{\varphi''(x)},$$

且可以依次类推.

例 1　求 $\lim\limits_{x \to 0} \dfrac{(1+x)^a - 1}{x}$　（a 为任何实数）.

解　$\lim\limits_{x \to 0} \dfrac{(1+x)^a - 1}{x} = \lim\limits_{x \to 0} \dfrac{a(1+x)^{a-1}}{1} = a.$

例 2　求 $\lim\limits_{x \to -1} \dfrac{\ln(2+x)}{(x+1)^2}.$

解　$\lim\limits_{x \to -1} \dfrac{\ln(2+x)}{(x+1)^2} = \lim\limits_{x \to -1} \dfrac{\dfrac{1}{2+x}}{2(x+1)} = \lim\limits_{x \to -1} \dfrac{1}{2(2+x)(x+1)} = \infty.$

例 3　求 $\lim\limits_{x \to 2} \dfrac{x^3 - 3x^2 + 4}{x^2 - 4x + 4}.$

解　$\lim\limits_{x \to 2} \dfrac{x^3 - 3x^2 + 4}{x^2 - 4x + 4} = \lim\limits_{x \to 2} \dfrac{3x^2 - 6x}{2x - 4} = \lim\limits_{x \to 2} \dfrac{6x - 6}{2} = 3.$

这种在一定条件下通过分子分母分别求导数再求极限确定未定式值的方法,称为洛必达法则.

4.2.1.2　$x \to \infty$ 情形

推论　如果

(1)当 $x \to \infty$ 时,$f(x)$ 与 $\varphi(x)$ 都趋于零;

(2)当 $|x| > N$ 时,$f'(x)$ 与 $\varphi'(x)$ 都存在,且 $\varphi'(x) \neq 0$;

(3)$\lim\limits_{x \to \infty} \dfrac{f'(x)}{\varphi'(x)}$ 存在(或为 ∞).

则极限　$\lim\limits_{x \to \infty} \dfrac{f(x)}{\varphi(x)}$ 存在(或为 ∞),且 $\lim\limits_{x \to \infty} \dfrac{f(x)}{\varphi(x)} = \lim\limits_{x \to \infty} \dfrac{f'(x)}{\varphi'(x)}.$

证　令 $x = \dfrac{1}{t}$,则当 $x \to \infty$ 时,$t \to 0$.

由定理 4.2.1,得

$$\lim_{x \to \infty} \frac{f(x)}{\varphi(x)} = \lim_{t \to 0} \frac{f\left(\dfrac{1}{t}\right)}{\varphi\left(\dfrac{1}{t}\right)} = \lim_{t \to 0} \frac{\left[f\left(\dfrac{1}{t}\right)\right]'}{\left[\varphi\left(\dfrac{1}{t}\right)\right]'}$$

$$= \lim_{t \to 0} \frac{f'\left(\dfrac{1}{t}\right)\left(-\dfrac{1}{t^2}\right)}{\varphi'\left(\dfrac{1}{t}\right)\left(-\dfrac{1}{t^2}\right)} = \lim_{t \to 0} \frac{f'\left(\dfrac{1}{t}\right)}{\varphi'\left(\dfrac{1}{t}\right)} = \lim_{x \to \infty} \frac{f'(x)}{\varphi'(x)}.$$

例 4　求 $\lim\limits_{x \to \infty} \dfrac{\sin \dfrac{2}{x}}{\sin \dfrac{3}{x}}$.

解　$\lim\limits_{x \to \infty} \dfrac{\sin \dfrac{2}{x}}{\sin \dfrac{3}{x}} = \lim\limits_{x \to \infty} \dfrac{-\dfrac{2}{x^2}\cos \dfrac{2}{x}}{-\dfrac{3}{x^2}\cos \dfrac{3}{x}} = \lim\limits_{x \to \infty} \dfrac{2\cos \dfrac{2}{x}}{3\cos \dfrac{3}{x}} = \dfrac{2}{3}.$

例 5　求 $\lim\limits_{x \to \infty} \dfrac{\ln\left(1 - \dfrac{3}{x}\right)}{\tan \dfrac{1}{x}}$.

解　$\lim\limits_{x \to \infty} \dfrac{\ln\left(1 - \dfrac{3}{x}\right)}{\tan \dfrac{1}{x}} = \lim\limits_{x \to \infty} \dfrac{\dfrac{1}{1 - \dfrac{3}{x}}\left(\dfrac{3}{x^2}\right)}{\sec^2 \dfrac{1}{x}\left(-\dfrac{1}{x^2}\right)} = \lim\limits_{x \to \infty} \dfrac{-3\cos^2 \dfrac{1}{x}}{1 - \dfrac{3}{x}} = -3.$

例 6　设函数 $f(x)$ 具有二阶连续导数,求

$$\lim_{h \to 0} \frac{f(x+h) + f(x-h) - 2f(x)}{h^2}.$$

解　$\lim\limits_{h \to 0} \dfrac{f(x+h) + f(x-h) - 2f(x)}{h^2}$

$$= \lim_{h \to 0} \frac{f'(x+h) - f'(x-h)}{2h}$$

$$= \lim_{h \to 0} \frac{f''(x+h) + f''(x-h)}{2} = f''(x).$$

4.2.2　$\dfrac{\infty}{\infty}$ 型未定式

对于 $\dfrac{\infty}{\infty}$ 型未定式,只给出相应的定理和推论,证明从略.

4.2.2.1　$x \to a$ 情形

定理 4.2.2　如果

(1)当 $x \to a$ 时,$f(x)$ 与 $\varphi(x)$ 都趋于无穷大;

(2)在点 a 的某邻域(点 a 可除外)内,$f'(x)$ 与 $\varphi'(x)$ 都存在,且 $\varphi'(x) \neq 0$;

(3)$\lim\limits_{x \to a} \dfrac{f'(x)}{\varphi'(x)}$ 存在(或为 ∞).

则极限　$\lim\limits_{x \to a} \dfrac{f(x)}{\varphi(x)}$ 存在(或为 ∞),且 $\lim\limits_{x \to a} \dfrac{f(x)}{\varphi(x)} = \lim\limits_{x \to a} \dfrac{f'(x)}{\varphi'(x)}$.

例 7　求 $\lim\limits_{x \to 0+0} \dfrac{\cot x}{\ln x}$.

解　$\lim\limits_{x \to 0+0} \dfrac{\cot x}{\ln x} = \lim\limits_{x \to 0+0} \dfrac{-\csc^2 x}{\dfrac{1}{x}} = \lim\limits_{x \to 0+0} \dfrac{x}{\sin x} \left(\dfrac{-1}{\sin x} \right) = -\infty$.

例 8　求 $\lim\limits_{x \to 0+0} \dfrac{\ln \tan x}{\ln x}$.

解　$\lim\limits_{x \to 0+0} \dfrac{\ln \tan x}{\ln x} = \lim\limits_{x \to 0+0} \dfrac{\dfrac{1}{\tan x} \cdot \sec^2 x}{\dfrac{1}{x}} = \lim\limits_{x \to 0+0} \dfrac{x}{\tan x} \lim\limits_{x \to 0+0} \sec^2 x = 1$.

4.2.2.2　$x \to \infty$ 情形

推论　如果

(1)当 $x \to \infty$ 时,$f(x)$ 与 $\varphi(x)$ 都趋于无穷大;

(2)当 $|x| > N$ 时,$f'(x)$ 与 $\varphi'(x)$ 都存在,且 $\varphi'(x) \neq 0$;

(3)$\lim\limits_{x \to \infty} \dfrac{f'(x)}{\varphi'(x)}$ 存在(或为 ∞).

则极限 $\lim\limits_{x \to \infty} \dfrac{f(x)}{\varphi(x)}$ 存在(或为 ∞),且 $\lim\limits_{x \to \infty} \dfrac{f(x)}{\varphi(x)} = \lim\limits_{x \to \infty} \dfrac{f'(x)}{\varphi'(x)}$.

例 9　求 $\lim\limits_{x\to\infty}\dfrac{x^3}{e^{x^2}}$.

解　$\lim\limits_{x\to\infty}\dfrac{x^3}{e^{x^2}}=\lim\limits_{x\to\infty}\dfrac{3x^2}{2xe^{x^2}}=\lim\limits_{x\to\infty}\dfrac{3x}{2e^{x^2}}=\lim\limits_{x\to\infty}\dfrac{3}{4xe^{x^2}}=0.$

注意

①洛必达法则仅适用于 $\dfrac{0}{0}$ 型及 $\dfrac{\infty}{\infty}$ 型未定式.

②当 $\lim\limits_{\substack{x\to a\\(x\to\infty)}}\dfrac{f'(x)}{\varphi'(x)}$ 不存在且不为 ∞ 时,不能断定 $\lim\limits_{\substack{x\to a\\(x\to\infty)}}\dfrac{f(x)}{\varphi(x)}$ 不存在,仅说明此时不能应用洛必达法则.

例 10　求 $\lim\limits_{x\to\infty}\dfrac{x+\sin x}{x-\sin x}$.

解　因为 $\lim\limits_{x\to\infty}\dfrac{x+\sin x}{x-\sin x}=\lim\limits_{x\to\infty}\dfrac{1+\cos x}{1-\cos x}$ 不存在,所以不能应用洛必达法则,但是

$$\lim_{x\to\infty}\frac{x+\sin x}{x-\sin x}=\lim_{x\to\infty}\frac{1+\dfrac{\sin x}{x}}{1-\dfrac{\sin x}{x}}=1.$$

4.2.3　其他类型未定式

还有 $0\cdot\infty,\infty-\infty,0^0,\infty^0,1^\infty$ 五种类型未定式,可以把它们化为 $\dfrac{0}{0}$ 型或 $\dfrac{\infty}{\infty}$ 型未定式,然后再用洛必达法则计算.

4.2.3.1　$0\cdot\infty$ 型未定式

设　$\lim\limits_{\substack{x\to a\\(x\to\infty)}}f(x)=0$, $\lim\limits_{\substack{x\to a\\(x\to\infty)}}\varphi(x)=\infty$,

则　$\lim\limits_{\substack{x\to a\\(x\to\infty)}}f(x)\cdot\varphi(x)$ 为 $0\cdot\infty$ 型未定式,利用恒等变换

$$f(x)\cdot\varphi(x)=\frac{f(x)}{\dfrac{1}{\varphi(x)}},\text{或 }f(x)\cdot\varphi(x)=\frac{\varphi(x)}{\dfrac{1}{f(x)}},$$

把它化为 $\dfrac{0}{0}$ 型或 $\dfrac{\infty}{\infty}$ 型未定式.

例 11　求 $\lim\limits_{x \to 0} x \cot 2x$.

解　$\lim\limits_{x \to 0} x \cot 2x = \lim\limits_{x \to 0} \dfrac{x}{\tan 2x} = \lim\limits_{x \to 0} \dfrac{1}{2 \sec^2 2x} = \dfrac{1}{2}$.

例 12　求 $\lim\limits_{x \to \infty} x^2 e^{-x^2}$.

解　$\lim\limits_{x \to \infty} x^2 e^{-x^2} = \lim\limits_{x \to \infty} \dfrac{x^2}{e^{x^2}} = \lim\limits_{x \to \infty} \dfrac{2x}{2x e^{x^2}} = \lim\limits_{x \to \infty} \dfrac{1}{e^{x^2}} = 0$.

4.2.3.2　$\infty - \infty$ 型未定式

设 $\lim\limits_{\substack{x \to a \\ (x \to \infty)}} f(x) = \infty$, $\lim\limits_{\substack{x \to a \\ (x \to \infty)}} \varphi(x) = \infty$,

则　$\lim\limits_{\substack{x \to a \\ (x \to \infty)}} [f(x) - \varphi(x)]$ 为 $\infty - \infty$ 型未定式,利用恒等变换

$$f(x) - \varphi(x) = \dfrac{\dfrac{1}{\varphi(x)} - \dfrac{1}{f(x)}}{\dfrac{1}{f(x)} \cdot \dfrac{1}{\varphi(x)}} ,$$

可以把它化为 $\dfrac{0}{0}$ 型未定式.在实际计算中,通常只需经过通分就可以化

为 $\dfrac{0}{0}$ 型.

例 13　求 $\lim\limits_{x \to 0} \left(\dfrac{1}{x} - \dfrac{1}{e^x - 1} \right)$.

解　$\lim\limits_{x \to 0} \left(\dfrac{1}{x} - \dfrac{1}{e^x - 1} \right) = \lim\limits_{x \to 0} \dfrac{e^x - 1 - x}{x(e^x - 1)} = \lim\limits_{x \to 0} \dfrac{e^x - 1}{e^x - 1 + x e^x}$

$$= \lim\limits_{x \to 0} \dfrac{e^x}{2e^x + x e^x} = \lim\limits_{x \to 0} \dfrac{1}{2 + x} = \dfrac{1}{2} .$$

4.2.3.3　$0^0 , \infty^0 , 1^\infty$ 型未定式

设　$f(x) > 0$,且 $\lim\limits_{\substack{x \to a \\ (x \to \infty)}} f(x) = 0$, $\lim\limits_{\substack{x \to a \\ (x \to \infty)}} \varphi(x) = 0$,

或　　$\lim\limits_{\substack{x \to a \\ (x \to \infty)}} f(x) = \infty$, $\lim\limits_{\substack{x \to a \\ (x \to \infty)}} \varphi(x) = 0$,

或 $$\lim_{\substack{x \to a \\ (x \to \infty)}} f(x) = 1, \ \lim_{\substack{x \to a \\ (x \to \infty)}} \varphi(x) = \infty,$$

则 $$\lim_{\substack{x \to a \\ (x \to \infty)}} [f(x)]^{\varphi(x)}$$

为 0^0 型或为 ∞^0 型或为 1^∞ 型未定式.

(1)利用恒等变换将 $[f(x)]^{\varphi(x)}$ 变形：

$$[f(x)]^{\varphi(x)} = e^{\ln[f(x)]^{\varphi(x)}} = e^{\varphi(x)\ln f(x)}.$$

(2)利用求复合函数极限的定理(定理 2.8.3)得

$$\lim_{\substack{x \to a \\ (x \to \infty)}} [f(x)]^{\varphi(x)} = e^{\lim\limits_{\substack{x \to a \\ (x \to \infty)}} \varphi(x)\ln f(x)},$$

其中 $\lim\limits_{\substack{x \to a \\ (x \to \infty)}} \varphi(x)\ln f(x)$ 为 $0 \cdot \infty$ 型未定式,可以按前面所介绍的方法求出它的值来.

例 14 求 $\lim\limits_{x \to 1} x^{\frac{1}{1-x}}$.

解 这是 1^∞ 型未定式.

由于 $x^{\frac{1}{1-x}} = e^{\frac{\ln x}{1-x}}$,且 $\lim\limits_{x \to 1} \dfrac{\ln x}{1-x}$ 是 $\dfrac{0}{0}$ 型未定式,所以

$$\lim_{x \to 1} x^{\frac{1}{1-x}} = e^{\lim\limits_{x \to 1} \frac{\ln x}{1-x}} = e^{\lim\limits_{x \to 1} \frac{\frac{1}{x}}{-1}} = e^{-\lim\limits_{x \to 1} \frac{1}{x}} = e^{-1}.$$

例 15 求 $\lim\limits_{x \to 0+0} x^{\sin x}$.

解 这是 0^0 型未定式.

$$\lim_{x \to 0+0} x^{\sin x} = \lim_{x \to 0+0} e^{\sin x \ln x} = e^{\lim\limits_{x \to 0+0} \sin x \ln x} = e^{\lim\limits_{x \to 0+0} \frac{\ln x}{\csc x}}$$

$$= e^{\lim\limits_{x \to 0+0} \frac{\frac{1}{x}}{-\csc x \cot x}} = e^{-\lim\limits_{x \to 0+0} \frac{\sin x \tan x}{x}} = e^0 = 1.$$

例 16 求 $\lim\limits_{x \to +\infty} (\ln x)^{\frac{1}{x}}$.

解 这是 ∞^0 型未定式.

$$\lim_{x \to +\infty} (\ln x)^{\frac{1}{x}} = \lim_{x \to +\infty} e^{\frac{\ln\ln x}{x}} = e^{\lim\limits_{x \to +\infty} \frac{\ln\ln x}{x}} = e^{\lim\limits_{x \to +\infty} \frac{\frac{1}{\ln x} \cdot \frac{1}{x}}{1}}$$

$$= e^{\lim\limits_{x \to +\infty} \frac{1}{x\ln x}} = e^0 = 1.$$

习题 4-2

1.利用洛必达法则求下列极限.

$(1)\lim\limits_{x\to 0}\dfrac{\sin 5x}{\sin 3x}$;

$(2)\lim\limits_{x\to \frac{\pi}{2}}\dfrac{\ln\sin x}{(\pi-2x)^2}$;

$(3)\lim\limits_{x\to 0}\dfrac{e^x-\cos x}{\sin 2x}$;

$(4)\lim\limits_{x\to 0}\dfrac{\ln(1+x)-x}{1-\cos x}$;

$(5)\lim\limits_{x\to 0}\dfrac{\tan x-x}{x-\sin x}$;

$(6)\lim\limits_{x\to 0}\dfrac{e^x+e^{-x}-2}{1-\cos x}$;

$(7)\lim\limits_{x\to 0+0}\dfrac{\ln\sin 3x}{\ln\sin x}$;

$(8)\lim\limits_{x\to \frac{\pi}{2}}\dfrac{\tan x}{\tan 3x}$;

$(9)\lim\limits_{x\to +\infty}\dfrac{\ln\ln x}{x}$;

$(10)\lim\limits_{x\to +\infty}\dfrac{(1.1)^x}{x^{10}}$;

$(11)\lim\limits_{x\to 1}\left(\dfrac{2}{x^2-1}-\dfrac{1}{x-1}\right)$;

$(12)\lim\limits_{x\to 1}\left(\dfrac{x}{x-1}-\dfrac{1}{\ln x}\right)$;

$(13)\lim\limits_{x\to \frac{\pi}{2}}\left(x-\dfrac{\pi}{2}\right)\tan x$;

$(14)\lim\limits_{x\to \infty}x(e^{\frac{3}{x}}-1)$;

$(15)\lim\limits_{x\to 0}x^2 e^{1/x^2}$;

$(16)\lim\limits_{x\to 0+0}\left(\dfrac{1}{x}\right)^{\tan x}$;

$(17)\lim\limits_{x\to 0+0}x^x$;

$(18)\lim\limits_{x\to 0}(\cos x)^{\frac{1}{x^2}}$;

$(19)\lim\limits_{x\to 0}\left(\dfrac{\sin x}{x}\right)^{\frac{1}{x^2}}$;

$(20)\lim\limits_{x\to 0+0}x^{\ln(1+x)}$.

2.验证极限 $\lim\limits_{x\to \infty}\dfrac{x+\sin x}{x}$ 存在,但不能用洛必达法则.

4.3 泰勒公式

4.3.1 泰勒(Taylor)公式

在近似计算和理论分析中,为了对复杂的函数进行研究,通常用多项式来近似表示函数.

由微分学知道,当函数 $f(x)$ 在点 x_0 处可导,且 $|\Delta x|$ 很小时,有近似表示式

$$f(x_0+\Delta x)\approx f(x_0)+f'(x_0)\Delta x,$$

记 $\Delta x = x - x_0$,则上式可写成

$$f(x) \approx f(x_0) + f'(x_0)(x - x_0).$$

用 $P_1(x) = f(x_0) + f'(x_0)(x - x_0)$ 来近似表示 $f(x)$. 但这种表示存在着不足之处. 其一是精确度不高, 误差 $o(x - x_0) = f(x) - P_1(x)$, 仅是 $x - x_0$ 的高阶无穷小, 即 $\lim\limits_{x \to x_0} \dfrac{o(x - x_0)}{x - x_0} = 0$. 其二是这个误差多大无法估计. 因此对精确度要求较高及需要估计误差的情形, 必须找到一个高次多项式

$$P_n(x) = a_0 + a_1(x - x_0) + a_2(x - x_0)^2 + \cdots + a_n(x - x_0)^n \quad (1)$$

近似表示 $f(x)$, 同时给出误差的具体表示式.

设函数 $f(x)$ 在含点 x_0 的某开区间 (a, b) 内具有直到 $n + 1$ 阶导数, 且 $P_n(x)$ 与 $f(x)$ 满足关系式:

$$f(x_0) = P_n(x_0), \quad f'(x_0) = P_n'(x_0),$$
$$f''(x_0) = P_n''(x_0), \cdots, f^{(n)}(x_0) = P_n^{(n)}(x_0).$$

下面求满足上述条件的多项式(1).

首先确定多项式(1)的系数 $a_0, a_1, a_2, \cdots, a_n$ 的值, 对式(1)求各阶导数, 然后将 x_0 代入, 根据上述各等式得

$$a_0 = f(x_0), \qquad 1 \cdot a_1 = f'(x_0),$$
$$2! \, a_2 = f''(x_0), \cdots, \quad n! \, a_n = f^{(n)}(x_0),$$

即 $\qquad a_0 = f(x_0), \qquad a_1 = f'(x_0).$

$$a_2 = \frac{1}{2!} f''(x_0), \cdots, \quad a_n = \frac{1}{n!} f^{(n)}(x_0).$$

将求得的系数 $a_0, a_1, a_2, \cdots, a_n$ 代入式(1), 得

$$P_n(x) = f(x_0) + f'(x_0)(x - x_0) + \frac{f''(x_0)}{2!}(x - x_0)^2 + \cdots$$
$$+ \frac{f^{(n)}(x_0)}{n!}(x - x_0)^n. \qquad (2)$$

下面证明多项式(2)确实是我们要得到的多项式.

定理 4.3.1　泰勒(Taylor)中值定理　如果函数 $f(x)$ 在含有 x_0

的某个开区间 (a, b) 内具有直到 $n+1$ 阶导数，则当 x 在 (a, b) 内时，有

$$f(x) = f(x_0) + f'(x_0)(x - x_0) + \frac{f''(x_0)}{2!}(x - x_0)^2 + \cdots$$

$$+ \frac{f^{(n)}(x_0)}{n!}(x - x_0)^n + R_n(x), \tag{3}$$

其中

$$R_n(x) = \frac{f^{(n+1)}(\xi)}{(n+1)!}(x - x_0)^{n+1} \quad (\xi \text{ 在 } x_0 \text{ 与 } x \text{ 之间}). \tag{4}$$

证 令 $R_n(x) = f(x) - P_n(x)$，

得到 $\quad f(x) = P_n(x) + R_n(x)$，即式 (3) 成立.

下面只需证明

$$R_n(x) = \frac{f^{(n+1)}(\xi)}{(n+1)!}(x - x_0)^{n+1} \quad (\xi \text{ 在 } x_0 \text{ 与 } x \text{ 之间}).$$

由于 $R_n(x) = f(x) - P_n(x)$，根据假设可知，$R_n(x)$ 在 (a, b) 内具有直到 $n+1$ 阶导数，且

$$R_n(x_0) = R'_n(x_0) = R''_n(x_0) = \cdots = R_n^{(n)}(x_0) = 0.$$

两个函数 $R_n(x)$ 与 $(x - x_0)^{n+1}$ 在以 x 及 x_0 为端点的区间上满足柯西中值定理的全部条件，所以

$$\frac{R_n(x)}{(x - x_0)^{n+1}} = \frac{R_n(x) - R_n(x_0)}{(x - x_0)^{n+1}}$$

$$= \frac{R'_n(\xi_1)}{(n+1)(\xi_1 - x_0)^n} \quad (\xi_1 \text{ 在 } x_0 \text{ 与 } x \text{ 之间}).$$

同理，由柯西中值定理，得

$$\frac{R'_n(\xi_1)}{(n+1)(\xi_1 - x_0)^n} = \frac{R'_n(\xi_1) - R'_n(x_0)}{(n+1)(\xi_1 - x_0)^n}$$

$$= \frac{R''_n(\xi_2)}{(n+1)n(\xi_2 - x_0)^{n-1}} \quad (\xi_2 \text{ 在 } x_0 \text{ 与 } \xi_1 \text{ 之间}).$$

照此方法继续下去，经过 $n+1$ 次后，得到

$$\frac{R_n(x)}{(x - x_0)^{n+1}} = \frac{R_n^{(n+1)}(\xi)}{(n+1)!} \quad (\xi \text{ 在 } x_0 \text{ 与 } x \text{ 之间}).$$

因为 $P_n^{(n+1)}(x) = 0$, 所以 $R_n^{(n+1)}(x) = f^{(n+1)}(x) - P_n^{(n+1)}(x) = f^{(n+1)}(x)$, 因此

$$R_n(x) = \frac{f^{(n+1)}(\xi)}{(n+1)!}(x-x_0)^{n+1} \quad (\xi \text{ 在 } x_0 \text{ 与 } x \text{ 之间}).$$

公式(3)叫做 $f(x)$ 在点 x_0 的 n 阶泰勒展开式或 n 阶泰勒公式. $R_n(x)$ 的表达式(4)叫做拉格朗日型 n 阶泰勒余项或拉格朗日型余项.

用 $P_n(x)$ 近似表示 $f(x)$, 误差为

$$|R_n(x)| = \left| \frac{f^{(n+1)}(\xi)}{(n+1)!}(x-x_0)^{n+1} \right|.$$

如果对于某个固定的 n, 当 x 在开区间 (a,b) 内变动时, $|f^{(n+1)}(x)|$ 总不超过一个常数 M, 则有误差估计式

$$|R_n(x)| \leqslant \frac{M}{(n+1)!}|x-x_0|^{n+1}.$$

由于　　　$0 \leqslant \dfrac{|R_n(x)|}{|x-x_0|^n} \leqslant \dfrac{M|x-x_0|}{(n+1)!},$

且　　　$\displaystyle\lim_{x \to x_0} \frac{M|x-x_0|}{(n+1)!} = 0.$

所以　　　$\displaystyle\lim_{x \to x_0} \frac{|R_n(x)|}{(x-x_0)^n} = 0.$

这表示误差 $|R_n(x)|$ 是当 $x \to x_0$ 时比 $(x-x_0)^n$ 高阶的无穷小. 到此为止, 我们提出的问题全部得到解决.

4.3.2　麦克劳林公式

4.3.2.1　麦克劳林公式

在泰勒公式(3)中, 取 $x_0 = 0$, 得到

$$f(x) = f(0) + f'(0)x + \frac{f''(0)}{2!}x^2 + \cdots + \frac{f^{(n)}(0)}{n!}x^n + R_n(x). \quad (5)$$

其中　　　$R_n(x) = \dfrac{f^{(n+1)}(\xi)}{(n+1)!}x^{n+1} \quad (\xi \text{ 在 } 0 \text{ 与 } x \text{ 之间}). \qquad (6)$

公式(5)是 $f(x)$ 在点 0 展开的泰勒公式, 叫做 $f(x)$ 的 n 阶麦克劳林(Maclaurin)展开式(或麦克劳林公式).

由此得到近以公式

$$f(x) \approx f(0) + f'(0)x + \frac{f''(0)}{2!}x^2 + \cdots + \frac{f^{(n)}(0)}{n!}x^n,$$

误差估计式为

$$|R_n(x)| \leqslant \frac{M}{(n+1)!}|x|^{n+1}.$$

4.3.2.2 常用的麦克劳林公式

(1)$f(x) = e^x$ 的 n 阶麦克劳林公式:由于

$$f'(x) = f''(x) = \cdots = f^{(n)}(x) = f^{(n+1)}(x) = e^x,$$

所以 $f(0) = f'(0) = f''(0) = \cdots = f^{(n)}(0) = 1, f^{(n+1)}(\xi) = e^\xi,$

代入公式(5),得到 e^x 的 n 阶麦克劳林公式

$$e^x = 1 + x + \frac{x^2}{2!} + \cdots + \frac{x^n}{n!} + \frac{e^\xi}{(n+1)!}x^{n+1} \ (\xi \text{ 在 } 0 \text{ 与 } x \text{ 之间}).$$

由此可得到 e^x 的 n 次近似表示式

$$e^x \approx 1 + x + \frac{x^2}{2!} + \cdots + \frac{x^n}{n!}.$$

这里,误差为

$$|R_n(x)| = \left| \frac{e^\xi}{(n+1)!}x^{n+1} \right| < \frac{e^{|x|}}{(n+1)!}|x|^{n+1}$$

$$(\xi \text{ 在 } 0 \text{ 与 } x \text{ 之间}).$$

(2)$f(x) = \sin x$ 的 n 阶麦克劳林公式:由于

$$f'(x) = \cos x = \sin(x + \frac{\pi}{2}), f''(x) = \sin(x + 2 \cdot \frac{\pi}{2}),$$

$$\cdots, f^{(n)}(x) = \sin(x + n \cdot \frac{\pi}{2}),$$

所以,当 $n = 2m$ 时,

$$f(0) = 0, f'(0) = 1, f''(0) = 0, f'''(0) = -1,$$

$$\cdots, f^{(2m-1)}(0) = (-1)^{m-1}, f^{(2m)}(0) = 0.$$

代入公式(5),得到 $\sin x$ 的麦克劳林公式

$$\sin x = x - \frac{x^3}{3!} + \frac{x^5}{5!} - \cdots + (-1)^{m-1}\frac{x^{2m-1}}{(2m-1)!} + R_{2m}(x),$$

其中

$$R_{2m}(x) = \frac{\sin[\xi + (2m+1)\frac{\pi}{2}]}{(2m+1)!} x^{2m+1} \quad (\xi 在 0 与 x 之间).$$

由此可得 $\sin x$ 的近似公式

$$\sin x \approx x - \frac{x^3}{3!} + \frac{x^5}{5!} - \cdots + (-1)^{m-1} \frac{x^{2m-1}}{(2m-1)!}.$$

误差为

$$|R_{2m}(x)| = \left| \frac{\sin[\xi + (2m+1)\frac{\pi}{2}]}{(2m+1)!} x^{2m+1} \right| \leqslant \frac{|x|^{2m+1}}{(2m+1)!}$$

$$(\xi 在 0 与 x 之间).$$

显然,当 $m=1$ 时,$\sin x \approx x$,且误差 $|R_2| \leqslant \frac{|x|^3}{6}$.

(3) $f(x) = \ln(1+x)$ 的 n 阶麦克劳林公式:利用同样的方法,得到 $\ln(1+x)$ 的 n 阶麦克劳林公式

$$\ln(1+x) = x - \frac{x^2}{2} + \frac{x^3}{3} - \cdots + (-1)^{n-1} \frac{x^n}{n} + R_n(x).$$

其中 $\quad R_n(x) = (-1)^n \frac{x^{n+1}}{(n+1)(1+\xi)^{n+1}} \ (\xi 在 0 与 x 之间).$

习题 4-3

1. 写出 $f(x) = \cos x$ 的 $2n$ 阶麦克劳林公式并给出误差估计式.

2. 应用麦克劳林公式,按 x 乘幂展开函数

$$f(x) = (x^2 - 3x + 1)^3.$$

3. 按 $(x+1)$ 的乘幂展开 $f(x) = x^3 + 3x^2 - 2x + 4$.

4. 求函数 $f(x) = \tan x$ 的二阶麦克劳林公式.

5. 求函数 $f(x) = xe^x$ 的六阶麦克劳林公式.

6. 求函数 $f(x) = (1+x)^a$ 的 n 阶麦克劳林公式.

7. 当 $x_0 = -1$ 时,求函数 $f(x) = \frac{1}{x}$ 的 n 阶泰勒公式.

8. 求 $f(x) = e^{-x}$,在 $x_0 = 2$ 的 n 阶泰勒公式.

9. 证明 $\sqrt{1+x} = 1 + \frac{x}{2} - \frac{1}{8}x^2 + \frac{x^3}{16(1+\theta x)^{\frac{5}{2}}} \quad (0 < \theta < 1).$

4.4　函数单调性的判别法

由单调函数的定义可以知道，单调增加(减少)函数的图形是一条沿 x 轴正方向上升(下降)的曲线. 它上面各点处的切线与 x 轴正向成锐角(钝角)，即各点切线的斜率是非负(非正)的(图 4-4).这说明函数的单调性与其导数符号的正负之间有着密切的联系.

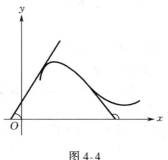

图 4-4

4.4.1　函数单调的必要条件

如果函数是单调增加(减少)的,有下面的定理.

定理 4.4.1(必要条件)　设函数 $f(x)$ 在 $[a,b]$ 上连续,在 (a,b) 内可导.如果 $f(x)$ 在 $[a,b]$ 上单调增加(减少),则在 (a,b) 内 $f'(x)\geqslant 0(f'(x)\leqslant 0)$.

证　略.

4.4.2　函数单调性的判别法

反过来,如果导数的正负号知道,我们又有下面的定理.

定理 4.4.2(充分条件)　设函数 $f(x)$ 在 $[a,b]$ 上连续,在 (a,b) 内可导.

(1)如果在 (a,b) 内, $f'(x)>0$,则 $f(x)$ 在 $[a,b]$ 上单调增加.

(2)如果在 (a,b) 内, $f'(x)<0$,则 $f(x)$ 在 $[a,b]$ 上单调减少.

证　只证 $f'(x)>0$ 的情况.

在 $[a,b]$ 上任取两点 x_1,x_2,且 $x_1<x_2$,由假设知,$f(x)$ 在 $[x_1,x_2]$ 上满足拉格朗日中值定理的条件,于是有

$$f(x_2)-f(x_1)=f'(\xi)(x_2-x_1),\qquad x_1<\xi<x_2.$$

因为　　$f'(\xi)>0$,　　　$x_2-x_1>0$,

所以　　$f(x_2)-f(x_1)>0$,

即　　　$f(x_2)>f(x_1)$,

而 x_1, x_2 是 $[a,b]$ 上的任意两点,故由单调函数的定义知 $f(x)$ 在 $[a,b]$ 上单调增加.　　　　　　　　　　　　　　　　证毕.

将定理 4.4.2 中的闭区间换成其他各种区间(包括无穷区间),这个定理的结论仍成立.

定理 4.4.2 给出了判定函数单调性的方法.

例 1　判定函数 $f(x) = \sin x - x$ 在 $[0, 2\pi]$ 上的单调性.

解　因为 $f(x)$ 在闭区间 $[0, 2\pi]$ 上连续,而且在 $(0, 2\pi)$ 内,
$$f'(x) = \cos x - 1 < 0,$$
由定理 4.4.2 知,$f(x) = \sin x - x$ 在 $[0, 2\pi]$ 上单调减少.

例 2　讨论函数 $f(x) = x^3$ 的单调性.

解　$f(x)$ 在 $(-\infty, +\infty)$ 上连续,$f'(x) = 3x^2$.
在 $(-\infty, 0)$ 及 $(0, +\infty)$ 内,$f'(x) > 0$. 由定理 4.4.2 知,$f(x)$ 在 $(-\infty, 0]$ 及 $[0, +\infty)$ 上单调增加.因此,$f(x) = x^3$ 在 $(-\infty, +\infty)$ 内单调增加(图 4-5).

一般地,在函数 $f(x)$ 的连续区间内,如果在有限多个点处 $f'(x) = 0$ 或 $f'(x)$ 不存在,而在其余各点处导数均为正(负)的,那么,函数 $f(x)$ 在这个区间上仍是单调增加(减少)的.

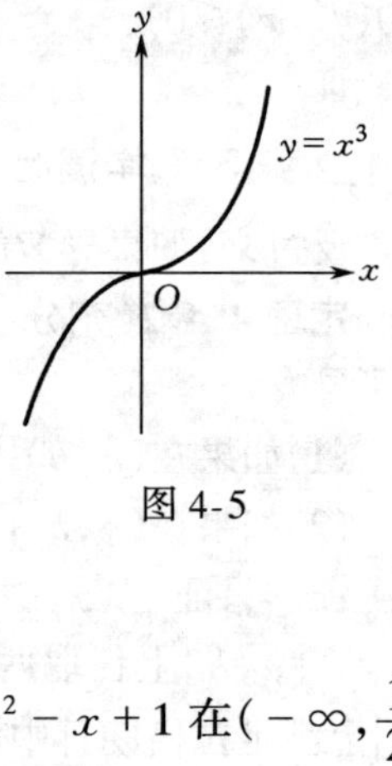

例 3　讨论函数 $f(x) = x^2 - x + 1$ 的单调性.

解　该函数的定义域为 $(-\infty, +\infty)$,在定义域内 $f(x)$ 连续.
$$f'(x) = 2x - 1.$$

图 4-5

在 $\left(-\infty, \dfrac{1}{2}\right)$ 内,$f'(x) < 0$,所以 $f(x) = x^2 - x + 1$ 在 $\left(-\infty, \dfrac{1}{2}\right]$ 上单调减少;在 $\left(\dfrac{1}{2}, +\infty\right)$ 内,$f'(x) > 0$,所以 $f(x) = x^2 - x + 1$ 在 $\left[\dfrac{1}{2}, +\infty\right)$ 上单调增加.

例 4　讨论函数 $f(x) = \sqrt[3]{x^2}$ 的单调性.

解　该函数的定义域为 $(-\infty, +\infty)$,在定义域内 $f(x)$ 连续.

当 $x \neq 0$ 时,$y' = \dfrac{2}{3\sqrt[3]{x}}$;当 $x = 0$ 时,$y = \sqrt[3]{x^2}$ 的导数不存在.

在 $(-\infty, 0)$ 内,$y' < 0$,所以 $y = \sqrt[3]{x^2}$ 在 $(-\infty, 0]$ 上单调减少;在 $(0, +\infty)$ 内,$y' > 0$,所以 $y = \sqrt[3]{x^2}$ 在 $[0, +\infty)$ 上单调增加.

一般地,如果函数 $f(x)$ 在其定义区间上连续,除去有限个导数不存在的点外,$f'(x)$ 存在且连续,那么就以 $f'(x) = 0$ 及 $f'(x)$ 不存在的点为分界点划分函数 $f(x)$ 的定义区间.这时,$f'(x)$ 在各个部分区间内不变号,从而保证了 $f(x)$ 在每个部分区间上单调.

例 5　确定函数 $f(x) = 2x^3 - 9x^2 + 12x - 3$ 的单调区间.

解　这个函数的定义域为 $(-\infty, +\infty)$,在定义域内 $f(x)$ 连续.

$$f'(x) = 6x^2 - 18x + 12 = 6(x-1)(x-2),$$

令　　　$f'(x) = 0$,得 $x_1 = 1$,$x_2 = 2$.

在 $(-\infty, 1)$ 内,$f'(x) > 0$,所以 $f(x)$ 在 $(-\infty, 1]$ 上单调增加;在 $(1, 2)$ 内,$f'(x) < 0$,所以 $f(x)$ 在 $[1, 2]$ 上单调减少;在 $(2, +\infty)$ 内,$f'(x) > 0$,所以 $f(x)$ 在 $[2, +\infty]$ 上单调增加.

函数 $f(x) = 2x^3 - 9x^2 + 12x - 3$ 的图形如图 4-6 所示.

例 6　证明当 $x > 1$ 时,$e^x > ex$.

证　设 $f(x) = e^x - ex$. $f(x)$ 在区间 $[1, +\infty)$ 上连续.

在 $(1, +\infty)$ 内,$f'(x) = e^x - e > 0$,所以 $f(x)$ 在 $[1, +\infty)$ 上单调增加.根据单调增加函数的定义,知当 $x > 1$ 时,$f(x) > f(1) = 0$,

即当 $x > 1$ 时,$e^x > ex$.

例 7　证明函数 $f(x) = \dfrac{x}{\tan x}$ 在区间

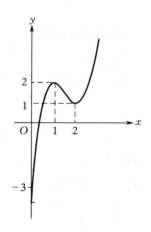

图 4-6

$(0, \frac{\pi}{2})$内单调减少.

证　$f'(x) = \dfrac{\tan x - x\sec^2 x}{\tan^2 x}$.

要证明 $f(x)$ 在 $(0, \frac{\pi}{2})$ 内单调减少.只需证明在 $(0, \frac{\pi}{2})$ 内,$f'(x)$

<0.很明显,在 $(0, \frac{\pi}{2})$ 内,分母 $\tan^2 x > 0$,所以,只需证明分子 $\tan x -$

$x\sec^2 x < 0$ 就可以了.为此,设

$$\varphi(x) = \tan x - x\sec^2 x,$$
$$\varphi'(x) = \sec^2 x - \sec^2 x - 2x\sec^2 x\tan x = -2x\sec^2 x\tan x.$$

在 $(0, \frac{\pi}{2})$ 内,$\varphi'(x) < 0$,而 $\varphi(x)$ 在 $[0, \frac{\pi}{2})$ 上连续,因此 $\varphi(x)$ 在

$[0, \frac{\pi}{2})$ 上单调减少.于是当 $0 < x < \frac{\pi}{2}$ 时,$\varphi(x) < \varphi(0) = 0$,即在

$(0, \frac{\pi}{2})$ 内,$\tan x - x\sec^2 x < 0$.

故函数 $f(x) = \dfrac{x}{\tan x}$ 在区间 $(0, \frac{\pi}{2})$ 内单调减少.

习题 4-4

1.判定函数 $f(x) = \tan x - x$ 在区间 $(-\frac{\pi}{2}, \frac{\pi}{2})$ 内的单调性.

2.判定函数 $f(x) = \ln(x + \sqrt{1+x^2}) - x$ 的单调性.

3.确定下列函数的单调区间.

(1) $y = xe^x$;　　　　　　　　　(2) $y = \frac{1}{3}(x^3 - 3x)$;

(3) $y = x\sqrt{ax - x^2}$　$(a > 0)$;　　(4) $y = \dfrac{4}{x^2 - 4x + 3}$;

(5) $y = (x-1)(x+1)^3$;　　　　(6) $y = 2x^2 - \ln x$.

4.证明下列不等式.

(1)当 $x > 0$ 时,$x > \ln(1+x)$;

(2)当 $x \neq 0$ 时,$e^x > 1 + x$.

5.证明函数 $f(x) = \dfrac{\sin x}{x}$ 在区间 $(0, \frac{\pi}{2})$ 内单调减少.

6.证明方程 $\sin x = x$ 只有一个实根.

7.证明,当 $x > 0$ 时,$x - \dfrac{x^3}{6} < \sin x < x$.

8.设函数 $f(x)$ 在 $[a,b]$ 上连续,在 (a,b) 内具有导数.试证明如果 $f(x)$ 在 $[a,b]$ 上单调增加(减少),则在 (a,b) 内,$f'(x) \geqslant 0(f'(x) \leqslant 0)$.

4.5　函数的极值及其求法

由上节图 4-6 可知,点 $x = 1$ 及 $x = 2$ 是函数
$$f(x) = 2x^3 - 9x^2 + 12x - 3$$
单调区间的分界点.函数值 $f(1) = 2$ 比 $x = 1$ 附近其他点 x 的函数值 $f(x)$ 都大,$f(2) = 1$ 比 $x = 2$ 附近其他点 x 的函数值 $f(x)$ 都小.下面利用导数来研究具有这种性质的点.

4.5.1　极值定义

设函数 $f(x)$ 在区间 (a,b) 内有定义,x_0 是 (a,b) 内的点.如果存在 x_0 的一个邻域,对于这个邻域内的所有点 $x \neq x_0$,恒有 $f(x) < f(x_0)$,那么就称 $f(x_0)$ 是 $f(x)$ 的一个极大值,点 x_0 是 $f(x)$ 的极大值点;如果存在 x_0 的一个邻域,对于这个邻域内的所有点 $x \neq x_0$,恒有 $f(x) > f(x_0)$,那么就称 $f(x_0)$ 是 $f(x)$ 的一个极小值,点 x_0 是 $f(x)$ 的极小值点.函数 $f(x)$ 的极大值和极小值统称为 $f(x)$ 的极值,极大值点和极小值点统称为极值点.

如 $f(1) = 2$,$f(2) = 1$ 分别是函数 $f(x) = 2x^3 - 9x^2 + 12x - 3$ 的极大值和极小值.

注意

①函数在一个区间上可能有几个极大值和极小值,其中有的极大值可能比极小值还小.如图 4-7,$f(x_2)$,$f(x_4)$,$f(x_6)$ 是 $f(x)$ 的极大值,$f(x_1)$,$f(x_3)$,$f(x_5)$,$f(x_7)$ 都是 $f(x)$ 的极小值,而 x_1,x_2,x_3,x_4,x_5,x_6,x_7 都是 $f(x)$ 的极值点.显然极大值 $f(x_4)$ 比极小值 $f(x_7)$ 小.

②函数的极值概念是局部性的,它们与函数的最大值、最小值不同.极值 $f(x_0)$ 是就点 x_0 附近的一个局部范围来说的.最大值与最小

值是就整个定义域来说的,所以极大值不一定是最大值,极小值不一定是最小值.如图 4-7,$f(x)$在$[a,b]$上只有极小值$f(x_3)$是最小值,而没有一个极大值是最大值.

③函数的极值只能在区间的内部取得.

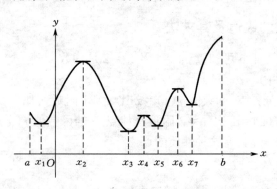

图 4-7

4.5.2　极值存在的充分必要条件

4.5.2.1　必要条件

从图 4-7 可以看出,可导函数在取得极值的点处的切线是水平的,即下面的定理成立.

定理 4.5.1(必要条件)　设函数 $f(x)$ 在点 x_0 可导,且在点 x_0 取得极值,则 $f'(x_0)=0$.

证　只证 $f(x_0)$ 是极大值的情形.

由假设,$f'(x_0)$存在,即

$$f'(x_0)=\lim_{x\to x_0+0}\frac{f(x)-f(x_0)}{x-x_0}=\lim_{x\to x_0-0}\frac{f(x)-f(x_0)}{x-x_0}.$$

因为 $f(x_0)$ 是 $f(x)$ 的一个极大值,所以对于 x_0 的某邻域内的一切 x,只要 $x\neq x_0$,恒有 $f(x)<f(x_0)$,于是当 $x>x_0$ 时,

$$\frac{f(x)-f(x_0)}{x-x_0}<0,$$

因此　　　　　　$\lim_{x\to x_0+0}\dfrac{f(x)-f(x_0)}{x-x_0}\leqslant 0.$

当 $x < x_0$ 时,

$$\frac{f(x) - f(x_0)}{x - x_0} > 0,$$

因此 $\qquad \lim\limits_{x \to x_0 - 0} \dfrac{f(x) - f(x_0)}{x - x_0} \geqslant 0.$

从而得到 $\qquad f'(x_0) = 0.$

类似地,可以证明 $f(x_0)$ 是极小值的情形.

使 $f'(x) = 0$ 的点称为函数 $f(x)$ 的驻点.定理 4.5.1 告诉我们,可导函数 $f(x)$ 的极值点必是 $f(x)$ 的驻点.反过来,驻点却不一定是 $f(x)$ 的极值点.如上节例 2,$f(x) = x^3$,由 $f'(x) = 3x^2 = 0$ 可知 $x = 0$ 是 $f(x)$ 的驻点,但 $x = 0$ 却不是 $f(x)$ 的极值点.

对于一个连续函数,它的极值点还可能是导数不存在的点.例如,$f(x) = |x|$,$f'(0)$ 不存在,但 $x = 0$ 是它的极小值点(图 4-8).

总之,函数的驻点或导数不存在的点可能是这个函数的极值点.连续函数仅在这种点上才可能取得极值.这种点是不是极值点,如果是极值点,它是极大值点还是极小值点,尚需进一步判定.

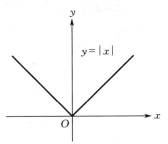

图 4-8

4.5.2.2　充分条件

定理 4.5.2(第一充分条件)　设连续函数 $f(x)$ 在点 x_0 的一个邻域(x_0 点可除外)内可导.当 x 由小增大经过 x_0 时,如果

(1)$f'(x)$ 由正变负,那么 x_0 是极大值点;

(2)$f'(x)$ 由负变正,那么 x_0 是极小值点;

(3)$f'(x)$ 不变号,那么 x_0 不是极值点.

证　(1)由假设可知,$f(x)$ 在 x_0 的左侧邻近单调增加;在 x_0 的右侧邻近单调减少,即当 $x < x_0$ 时,$f(x) < f(x_0)$;当 $x > x_0$ 时,$f(x) < f(x_0)$.因此 x_0 是 $f(x)$ 的极大值点,$f(x_0)$ 是 $f(x)$ 的极大值.

类似地可证明(2).

(3)由假设,当 x 在 x_0 的某个邻域($x \neq x_0$)内取值时,$f'(x) > 0$ (< 0),所以 $f(x)$ 在这个邻域内是单调增加(减少)的.因此点 x_0 不是极值点.

例1 求函数 $f(x) = 3 - (x-1)^{\frac{2}{3}}$ 的极值.

解 这个函数的定义域为 $(-\infty, +\infty)$.

当 $x \neq 1$ 时,$f'(x) = -\dfrac{2}{3\sqrt[3]{x-1}}$;当 $x = 1$ 时,$f'(x)$ 不存在.

在 $(-\infty, 1)$ 内,$f'(x) > 0$;在 $(1, +\infty)$ 内,$f'(x) < 0$. 由定理 4.5.2知,$f(x)$ 在点 $x = 1$ 取得极大值 $f(1) = 3$. 见图4-9.

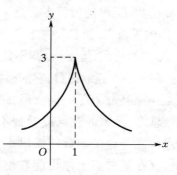

图 4-9

例2 求函数 $f(x) = x^3 - 6x^2 + 9x - 3$ 的极值.

解 这个函数的定义域为 $(-\infty, +\infty)$.

$$f'(x) = 3x^2 - 12x + 9$$
$$= 3(x-1)(x-3).$$

令 $f'(x) = 0$,得驻点 $x_1 = 1, x_2 = 3$.

在 $(-\infty, 1)$ 内,$f'(x) > 0$;在 $(1, 3)$ 内,$f'(x) < 0$;在 $(3, +\infty)$ 内,$f'(x) > 0$.由定理 4.5.2 知,$f(1) = 1$ 是 $f(x)$ 的极大值,$f(3) = -3$ 是 $f(x)$ 的极小值(见图4-10).

由上面的讨论可知,如果 $f(x)$ 在它的连续区间内除有限个点外具有导数,我们就可以按下列步骤来求 $f(x)$ 的极值点和极值.

(1)求导数 $f'(x)$;

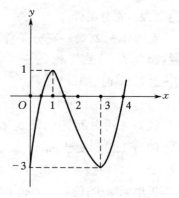

图 4-10

(2)求出 $f(x)$ 在所讨论的区间内的全部驻点(即 $f'(x)=0$ 的实根)及 $f'(x)$ 不存在的点;

(3)根据定理 4.5.2 确定这些点是不是极值点,如果是极值点,确定对应的函数值是极大值还是极小值;

(4)求出各极值点处的函数值,就得到 $f(x)$ 在所讨论的连续区间内的全部极值.

如果 $f(x)$ 在驻点处的二阶导数存在且不为零,通常也可以用下面的定理判定 $f(x)$ 在驻点取得极大值还是极小值.

定理 4.5.3(第二充分条件)　设函数 $f(x)$ 在点 x_0 具有二阶导数且 $f'(x_0)=0, f''(x_0)\neq 0$.

(1)如果 $f''(x_0)<0$,则 $f(x)$ 在点 x_0 取得极大值.

(2)如果 $f''(x_0)>0$,则 $f(x)$ 在点 x_0 取得极小值.

由读者给出证明.

定理 4.5.3 说明,如果在 $f(x)$ 的驻点 x_0 有 $f''(x_0)\neq 0$,则驻点 x_0 必为 $f(x)$ 的极值点,且可由 $f''(x_0)$ 的正负号判定 $f(x_0)$ 是极小值还是极大值. 如果 $f''(x_0)=0$,则点 x_0 不一定是 $f(x)$ 的极值点,如 $f(x)=x^4, \varphi(x)=x^3$,都有 $f'(0)=\varphi'(0)=0, f''(0)=\varphi''(0)=0$,而 0 是 $f(x)$ 的极小值点,却不是 $\varphi(x)$ 的极值点. 当 $f(x)$ 在驻点 x_0 处有 $f''(x_0)=0$ 时,需用定理 4.5.2 判定.

例 3　求函数 $f(x)=\sin x+\cos x(0\leqslant x\leqslant 2\pi)$ 的极值.

解　$f'(x)=\cos x-\sin x$, 　$f''(x)=-\sin x-\cos x$,

令　$f'(x)=0$,有 $\cos x-\sin x=0$.

即　　　　　$\tan x=1$,得驻点　$x_1=\dfrac{\pi}{4}, x_2=\dfrac{5\pi}{4}$.

而　　　　　$f''\left(\dfrac{\pi}{4}\right)=-\sin\dfrac{\pi}{4}-\cos\dfrac{\pi}{4}=-\sqrt{2}<0$,

$$f''\left(\dfrac{5\pi}{4}\right)=-\sin\dfrac{5\pi}{4}-\cos\dfrac{5\pi}{4}=\sqrt{2}>0.$$

由定理 4.5.3 知,$x_1=\dfrac{\pi}{4}$ 是 $f(x)$ 的极大值点,极大值为

$$f\left(\frac{\pi}{4}\right) = \sin\frac{\pi}{4} + \cos\frac{\pi}{4} = \sqrt{2};$$

$x_2 = \dfrac{5}{4}\pi$ 是 $f(x)$ 的极小值点,极小值为

$$f\left(\frac{5}{4}\pi\right) = \sin\frac{5}{4}\pi + \cos\frac{5}{4}\pi = -\sqrt{2}.$$

习题 4-5

1.求下列函数的极值.

(1) $y = x^2 + 2x - 1$;　　　　　　(2) $y = x - e^x$;

(3) $y = (x^2 - 1)^3 + 2$;　　　　　(4) $y = x^4 - 2x^3$;

(5) $y = x^3(x - 5)^2$;　　　　　　(6) $y = (x - 1)x^{\frac{2}{3}}$.

2.判定函数 $f(x) = 8x^3 - 12x^2 + 6x + 1$ 有无极值.

3. a 为何值时,函数 $f(x) = a\sin x + \dfrac{1}{3}\sin 3x$ 在 $x = \dfrac{\pi}{3}$ 处具有极值? 它是极大值还是极小值,求此极值.

4.设 $f(x) = a\ln x + bx^2 + x$ 在点 $x_1 = 1$,$x_2 = 2$ 都取得极值,试求 a,b 的值,并问 $f(x)$ 在点 x_1,x_2 是取得极大值还是极小值.

5.方程 $\ln x = ax$(其中 $a > 0$)有几个实根?

6*.证明如果函数 $f(x)$ 具有二阶导数,且 $f'(x_0) = 0$,$f''(x_0) > 0$(或 $f''(x) < 0$),则 $f(x_0)$ 是 $f(x)$ 的一个极小值(或极大值).

4.6　函数的最大值和最小值

实际问题往往需要解决在一定条件下"用料最省"、"产值最高"、"质量最好"等问题,这类问题在数学上就是最大值最小值问题.

由定理 2.9.1 知,闭区间上的连续函数必有最大值和最小值,下面讨论函数在闭区间上最大值最小值的求法.

设函数 $f(x)$ 在 $[a,b]$ 上连续,在 (a,b) 内至多存在有限个使 $f'(x)$ 不存在的点外,其余各点可导.这时 $f(x)$ 在 $[a,b]$ 上的最大(小)值只可能是它的极大(小)值或端点处的函数值,因此可用下面方法求 $f(x)$ 在 $[a,b]$ 上的最大值和最小值.

(1)在开区间 (a,b) 内,求使 $f'(x) = 0$ 及 $f'(x)$ 不存在的点 x_1,

$x_2, \cdots, x_n$,且计算 $f(x_1), f(x_2), \cdots, f(x_n)$;

(2)计算区间$[a, b]$两端点的函数值 $f(a), f(b)$;

(3)比较 $f(x_1), f(x_2), \cdots, f(x_n), f(a), f(b)$ 的大小,其中最大的一个是最大值,最小的一个是最小值.

例 1　求函数 $f(x) = x^3 - 3x^2 - 9x + 5$ 在$[-2, 4]$上的最大值和最小值.

解　$f'(x) = 3x^2 - 6x - 9 = 3(x + 1)(x - 3)$.

令　$f'(x) = 0$,得 $x_1 = -1, x_2 = 3$.

由于　$f(-1) = (-1)^3 - 3(-1)^2 - 9(-1) + 5 = 10$,

　　　　$f(3) = 3^3 - 3 \cdot 3^2 - 9 \cdot 3 + 5 = -22$,

　　　　$f(-2) = (-2)^3 - 3(-2)^2 - 9(-2) + 5 = 3$,

　　　　$f(4) = 4^3 - 3 \cdot 4^2 - 9 \cdot 4 + 5 = -15$.

所以,$f(x)$在$[-2, 4]$上的最大值是 $f(-1) = 10$,最小值是 $f(3) = -22$.

例 2　求函数 $f(x) = \sqrt[3]{x^2} + 1$ 在$[-1, 2]$上的最小值.

解　当 $x \neq 0$ 时,$f'(x) = \dfrac{2}{3\sqrt[3]{x}}$.

当 $x = 0$ 时,$f'(x)$不存在.

由于　$f(0) = 1, f(-1) = 2, f(2) = \sqrt[3]{4} + 1$,

所以　$f(x)$在$[-1, 2]$上的最小值是 $f(0) = 1$.

由例 2 可以看出,如果连续函数 $f(x)$ 在一个区间(有限或无限,开或闭)内只有一个极值点 x_0,那么,当 $f(x_0)$ 是极大值时,$f(x_0)$ 就是 $f(x)$ 在这个区间上的最大值;当 $f(x_0)$ 是极小值时,$f(x_0)$ 就是 $f(x)$ 在这个区间上的最小值.

例 3　有一块宽 $2a$ 的长方形铁片,将它的两个边缘向上折起成一个开口水槽,其横截面为矩形,高为 x(图 4-11).问高 x 取何值时,水槽的流量最大?

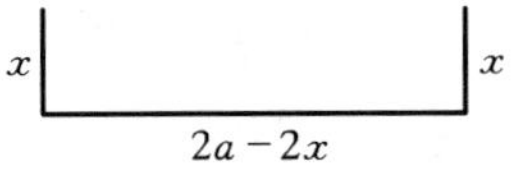

解　设两边各折起 x,那么,横截面的面积

图 4-11

$$S(x) = 2x(a - x), 0 \leqslant x \leqslant a.$$

这样，问题就归结为当 x 为何值时 $S(x)$ 取得最大值. 由于

$$S'(x) = 2a - 4x, S''(x) = -4,$$

令　$S'(x) = 0$，得 $x = \dfrac{a}{2}, S''\left(\dfrac{a}{2}\right) = -4 < 0,$

所以，$x = \dfrac{a}{2}$ 是 $S(x)$ 在 $(0, a)$ 内惟一的极大值点.

因此，$S(x)$ 在点 $x = \dfrac{a}{2}$ 取得最大值，即当两边各折起 $\dfrac{a}{2}$ 时，水槽的流量最大.

对于实际问题，往往根据问题的性质就可断定可导函数 $f(x)$ 在定义区间的内部确有最大值或最小值. 这时，如果 $f'(x) = 0$ 在定义区间内只有一个根 x_0，那么，不必讨论 $f(x_0)$ 是否为极值，就可直接断定 $f(x_0)$ 是最大值或最小值.

例 4　设由电动势 E、内电阻 r 与外电阻 R 构成一个闭合电路（图4-12），E 与 r 的值已知. 问当 R 等于多少时才能使输出功率最大？

解　由电学中的有关定律可知通过 R 的功率

$$p = I^2 R = \frac{E^2 R}{(R + r)^2},$$

$$0 \leqslant R < + \infty.$$

$$p' = \frac{E^2(r - R)}{(R + r)^3},$$

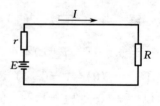

图 4-12

令　$p' = 0$，得 $R = r$.

由于这闭合电路的最大输出功率一定存在，且在 $(0, +\infty)$ 内部取到，现 $p' = 0$ 在 $(0, +\infty)$ 内只有一个根 $R = r$，所以，当 $R = r$ 时，输出功率最大.

习题 4-6

1. 求下列函数的最大值、最小值.

(1) $y = x^4 - 2x^3,$　　　　$[1, 2];$

$(2) y = x^3 - 3x^2 - 9x + 5, \ [-4, 4]$;

$(3) y = x + \sqrt{1-x}, \quad\quad [-5, 1]$.

2. 设 $y = (x+3)\sqrt[3]{x^2}(-1 \leqslant x \leqslant 2)$, 问 x 等于何值时 y 的值最小? 并求出它的最小值.

3. 确定 p, q 的值, 使 $y = x^2 + px + q$ 在点 $x = 1$ 取得最小值 3.

4. 设 $y = \dfrac{x}{x^2+1}(0 \leqslant x < +\infty)$, 问 x 等于何值时 y 的值最大? 并求出它的最大值.

5. 某车间靠墙壁要盖一间长方形小屋, 现有存砖只够砌 20 m 长的墙壁, 问应围成怎样的长方形才能使这间小屋的面积最大?

6. 今欲制造一个容积为 50 m³ 的圆柱形锅炉, 问锅炉的高和底半径取多大值时, 用料最省?

7. 把一根直径为 d 的圆木锯成截面为矩形的梁, 已知梁的抗弯强度与矩形宽成正比, 与它的高的平方成正比, 问矩形截面的高 y 和宽 x 应如何选择才能使梁的抗弯强度最大(图 4-13)?

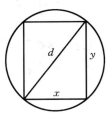

8. 轮船甲位于轮船乙以东 75 n mile 处, 以每小时 12 n mile 的速度向西行驶, 而轮船乙以每小时 6 n mile 的速度向北行驶, 问经过多少时间, 两船相距最近?

图 4-13

9. 在半径为 R 的半圆及其直径围成的闭曲线内作一以直径为底边, 另二顶点在半圆上的矩形, 求周长最大的矩形的边长.

4.7　曲线的凹凸性与拐点

4.7.1　曲线的凹凸性

根据函数的单调性与极值, 只能知道函数的大概情况, 要准确地描绘函数图形还需研究曲线的凹凸性与拐点.

图 4-14 给出了两条单调上升的曲线, 它们的图形显著不同, 其中 $\overset{\frown}{ACB}$ 是(向上)凸的曲线弧, $\overset{\frown}{ADB}$ 是

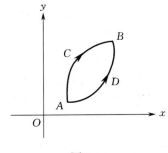

图 4-14

(向上)凹的曲线弧.

在图 4-15(向上)凹的曲线弧上任取两点,连接这两点的弦的中点总是在两点间弧段相应点的上方,而图 4-16(向上)凸的曲线弧却正好相反.

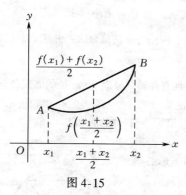

图 4-15

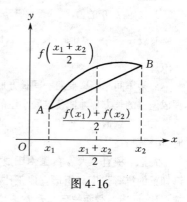

图 4-16

4.7.1.1　曲线凹凸性定义

设 $f(x)$ 在 $[a,b]$ 上连续,如果对于 $[a,b]$ 上任意两点 x_1, x_2,恒有

$$f\left(\frac{x_1 + x_2}{2}\right) < \frac{f(x_1) + f(x_2)}{2},$$

则称 $f(x)$ 在 $[a,b]$ 上的图形是(向上)凹的,(向上)凹的曲线弧又称凹弧.如果恒有

$$f\left(\frac{x_1 + x_2}{2}\right) > \frac{f(x_1) + f(x_2)}{2},$$

则称 $f(x)$ 在 $[a,b]$ 上的图形是(向上)凸的,(向上)凸的曲线弧又称凸弧.

类似地,可以给出曲线 $y = f(x)$ 在任意区间上凹或凸的定义.

4.7.1.2　曲线凹凸性的判别法

一般说来,利用定义判别曲线的凹凸性很麻烦.如果函数 $f(x)$ 在区间 (a,b) 内具有二阶导数,那么函数 $f(x)$ 的图形在区间 (a,b) 内的凹凸性就可以利用 $f(x)$ 的二阶导数的正负号判定.

定理 4.7.1　设函数 $f(x)$ 在 $[a,b]$ 上连续,在 (a,b) 内具有二阶

导数.

(1)如果在(a,b)内 $f''(x)>0$,那么 $f(x)$的图形在$[a,b]$上是凹的.

(2)如果在(a,b)内 $f''(x)<0$,那么 $f(x)$的图形在$[a,b]$上是凸的.

证明从略.

类似地可以写出曲线在任意区间上凹凸性的判定定理.

例 1　判定曲线 $y=f(x)=e^x$ 的凹凸性.

解　$f'(x)=e^x, f''(x)=e^x>0$,

所以曲线 $y=f(x)=e^x$ 在定义域$(-\infty,+\infty)$内是凹的.

例 2　判定曲线 $y=f(x)=x^4$ 的凹凸性.

解　$f'(x)=4x^3, f''(x)=12x^2$.

由于在$(-\infty,0)$及$(0,+\infty)$内都有 $f''(x)>0$,所以曲线$y=f(x)$在$(-\infty,+\infty)$内是凹的.

例 3　判定曲线 $y=f(x)=x^3+x$ 的凹凸性.

解　$f'(x)=3x^2+1, f''(x)=6x$.

由于在$(-\infty,0)$内,$f''(x)<0$,所以曲线 $y=f(x)$在$(-\infty,0]$上为凸弧. 由于在$(0,+\infty)$内,$f''(x)>0$,所以 $y=f(x)$在$[0,+\infty)$上为凹弧.

一般地,在连续曲线 $y=f(x)$ 的定义区间内,除在有限个点处 $f''(x)=0$ 或 $f''(x)$不存在外,若在其余各点处的二阶导数 $f''(x)$均为正(负)时,曲线 $y=f(x)$在这个区间上为凹(凸)弧,这个区间就是曲线 $y=f(x)$的凹(凸)区间;否则,就以这些点为分界点划分函数 $f(x)$ 的定义区间,然后在各个区间上讨论曲线 $y=f(x)$的凹凸性.

4.7.2　拐点

由例 3 可知,点$(0,0)$是曲线 $y=x^3+x$ 的凸弧与凹弧的分界点.

连续曲线上凹弧与凸弧的分界点称为该曲线的拐点. 例如,点 $O(0,0)$就是曲线 $y=x^3+x$ 的拐点.

例 4　求曲线 $y=2+(x-4)^{\frac{1}{3}}$ 的凹凸区间及拐点.

解　$y' = \dfrac{1}{3}(x-4)^{-\frac{2}{3}}, y'' = -\dfrac{2}{9}(x-4)^{-\frac{5}{3}}$.

当 $x=4$ 时, y''不存在.

由于在$(-\infty,4)$内, $y''>0$, 所以$(-\infty,4]$是这曲线的凹区间; 在$(4,+\infty)$内, $y''<0$, 所以$[4,+\infty)$是这曲线的凸区间.

点$(4,2)$是这条曲线惟一的拐点.

由上述的讨论可以看出, 如果曲线 $y=f(x)$在某区间上连续, 且除有限个点外, $f''(x)$存在, 我们就可以按下列步骤来求曲线 $y=f(x)$的拐点.

(1)求 $f''(x)$.

(2)求 $f''(x)=0$ 及 $f''(x)$不存在的点.

(3)对于(2)所求得的每一个 x_0, 检查 $f''(x)$在 x_0 左右两侧的符号, 如果 $f''(x)$在 x_0 左右两侧附近异号, 则$(x_0, f(x_0))$是曲线 $y=f(x)$的一个拐点; 如果 $f''(x)$在 x_0 左右两侧同号(同正或同负), 则$(x_0, f(x_0))$不是曲线 $y=f(x)$的拐点.

例 5　求曲线 $y=3x^4-4x^3+1$ 的凹凸区间及拐点.

解　$y' = 12x^3-12x^2$,

$$y'' = 36x^2-24x = 36x(x-\frac{2}{3}),$$

令　$y''=0$ 得 $x_1=0, x_2=\dfrac{2}{3}$.

由于在$(-\infty,0), \left(\dfrac{2}{3},+\infty\right)$内, $y''>0$, 所以$(-\infty,0], [\dfrac{2}{3},+\infty)$是这条曲线的凹区间; 由于在$(0,\dfrac{2}{3})$内, $y''<0$, 所以$[0,\dfrac{2}{3}]$是这条曲线的凸区间.

因此, 点$(0,1)$和点 $\left(\dfrac{2}{3},\dfrac{11}{27}\right)$都是这条曲线的拐点.

例 6　问 a 及 b 为何值时, 点$(1,3)$为曲线 $y=ax^3+bx^2$ 的拐点?

解　$y' = 3ax^2+2bx$,

$$y'' = 6ax+2b = 2(3ax+b).$$

由假设　$\begin{cases} a \times 1^3 + b \times 1^2 = 3, \\ 3a \times 1 + b = 0, \end{cases}$

即　　　$\begin{cases} a + b = 3, \\ 3a + b = 0. \end{cases}$

解这个方程组,得到 $a = -\dfrac{3}{2}, b = \dfrac{9}{2}$.

　　不难验证点 $(1,3)$ 为曲线 $y = -\dfrac{3}{2}x^3 + \dfrac{9}{2}x^2$ 的拐点.

　　注意　拐点一定在曲线上.

习题 4-7

1. 判定下列曲线的凹凸性.

(1) $y = \ln x$;　　　　　　　　(2) $y = 4x + x^2$.

2. 求下列曲线的凹凸区间与拐点.

(1) $y = x^3 - x^2 - x + 1$;　　　　(2) $y = \dfrac{36x}{(x+3)^2} + 1$;

(3) $y = \mathrm{e}^{-\frac{1}{2}x^2}$;　　　　　　　(4) $y = \ln(x^2 - 1)$.

3. 试决定曲线 $y = ax^3 + bx^2 + cx + d$ 中的 a, b, c, d,使得 $x = -2$ 为驻点,$(1, -10)$ 为拐点,且通过点 $(-2, 44)$.

4.8　函数图形的描绘

4.8.1　水平与垂直渐近线

　　当曲线上的点沿曲线无限远离坐标原点时,如果该点与某条水平(或垂直)直线的距离趋近于零,则称此直线为曲线的水平(或垂直)渐近线(图 4-17).

4.8.1.1　水平渐近线

　　如果函数 $f(x)$ 的定义域是无穷区间,且

$$\lim_{x \to +\infty} f(x) = b,$$

则直线 $y = b$ 为曲线 $y = f(x)$ 的一条水平渐近线.

　　用完全类似的方法,可以求得 $x \to -\infty$ 或 $x \to \infty$ 情形时的水平渐

近线.

例1　求曲线 $y = f(x) = \dfrac{1}{x-1}$ 的水平渐近线.

解　因为 $\lim\limits_{x \to \infty} \dfrac{1}{x-1} = 0$,

所以, $y = 0$ 是这条曲线的一条水平渐近线(图4-17).

4.8.1.2　垂直渐近线

如果曲线 $y = f(x)$ 在点 $x = c$ 处间断,且

$$\lim\limits_{x \to c+0} f(x) = \infty$$

则直线 $x = c$ 为曲线 $y = f(x)$ 的一条垂直渐近线.

用完全类似的方法,可以求得 $x \to c - 0$ 或 $x \to c$ 情形时的垂直渐近线.

例2　求曲线 $y = f(x) = \dfrac{1}{x-1}$ 的垂直渐近线.

解　因为　$\lim\limits_{x \to 1} \dfrac{1}{x-1} = \infty$,

所以 $x = 1$ 是这条曲线的一条垂直渐近线(图4-17).

例3　求曲线 $y = \dfrac{1-2x}{x^2} + 1 \ (x > 0)$ 的水平与垂直渐近线.

解　因为 $\lim\limits_{x \to +\infty} \left(\dfrac{1-2x}{x^2} + 1 \right) = 1$,

$$\lim\limits_{x \to 0+0} \left(\dfrac{1-2x}{x^2} + 1 \right) = +\infty,$$

所以,曲线 $y = \dfrac{1-2x}{x^2} + 1 \ (x > 0)$ 有一条水平渐近线 $y = 1$,有一条垂直渐近线 $x = 0 \,(y\,轴)$.

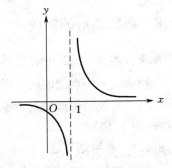

图4-17

4.8.2　函数图形的描绘

知道函数的图形,可使我们对函数性态有直观的了解.我们已讨论了利用导数确定函数的单调性、凹凸性、拐点和极值,介绍了函数图形水平(垂直)渐近线的求法,现在能够

做到把函数的图形描绘得比较迅速准确.利用导数描绘函数图形的步骤大致如下：

(1)确定函数的定义域,讨论函数的一些基本性质(如奇偶性、周期性等)；

(2)计算函数的一阶导数和二阶导数,并求出定义域内使一阶导数、二阶导数为零及不存在的点；

(3)确定函数的单调性、其图形的凹凸性、极值点和拐点；

(4)确定函数图形的渐近线；

(5)把上述结果,按自变量大小顺序列入一个表格内.必要时,由函数再求一些曲线上的点,然后描绘函数的图形.

例4 描绘函数 $y = x^3 - 3x^2 + 1$ 的图形.

解 (1)定义域为 $(-\infty, +\infty)$.

(2) $y' = 3x^2 - 6x = 3x(x-2)$, $y'' = 6x - 6 = 6(x-1)$.

令 $y' = 0$,得 $x_1 = 0, x_2 = 2$; $y'' = 0$,得 $x = 1$.

(3)在 $(-\infty, 0)$ 内, $y' > 0$, $y'' < 0$, 所以曲线在 $(-\infty, 0)$ 内上升且为凸弧(以记号 ⌒ 表示)；在 $(0,1)$ 内, $y' < 0$, $y'' < 0$, 所以曲线在 $(0,1)$ 内下降且为凸弧(以记号 ⌐ 表示).

类似地,可以确定曲线在 $(1,2)$ 内下降且为凹弧(以记号 ⌡ 表示)；在 $(2, +\infty)$ 内上升且为凹弧(以记号 ⌣ 表示)

(4)没有渐近线.

(5)列表.

x	$(-\infty, 0)$	0	$(0,1)$	1	$(1,2)$	2	$(2, +\infty)$
$f'(x)$	+	0	−	−	−	0	+
$f''(x)$	−	−	−	0	+	+	+
$f(x)$	↗	极大值1	↘	−1	↘	极小值−3	↗
$y = f(x)$的图形	⌒		⌐	拐点$(1,-1)$	⌡		⌣

(6)再取两个点 $(-1, -3)$, $(3,1)$, 作图如图 4-18.

例5 描绘函数 $y = \dfrac{1-2x}{x^2} + 1$($x$ >0)的图形.

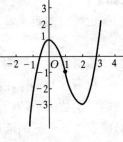

图 4-18

解 （1）所给函数的定义域为 $(0, +\infty)$.

(2) $y' = \dfrac{2(x-1)}{x^3}$, $y'' = \dfrac{2(3-2x)}{x^4}$.

令 $y' = 0$, 得 $x = 1$; $y'' = 0$, 得 $x = \dfrac{3}{2}$.

(3)在 $(0,1)$ 内, $y' < 0$, $y'' > 0$, 所以曲线在 $(0,1)$ 内 ↘; 在 $\left(1, \dfrac{3}{2}\right)$ 内, $y' > 0$, $y'' > 0$, 所以曲线在 $\left(1, \dfrac{3}{2}\right)$ 内 ↗, 同样曲线在 $\left(\dfrac{3}{2}, +\infty\right)$ 内 ↗.

(4)因为 $\lim\limits_{x \to +\infty}\left(\dfrac{1-2x}{x^2} + 1\right) = 1$, 所以图形有水平渐近线 $y = 1$.

(5)列表.

x	$(0,1)$	1	$\left(1, \dfrac{3}{2}\right)$	$\dfrac{3}{2}$	$\left(\dfrac{3}{2}, +\infty\right)$
y'	−	0	+	+	+
y''	+	+	+	0	−
$f(x)$	↘	极小值 0	↗	$\dfrac{1}{9}$	↗
$y=f(x)$的图形	↘		↗	拐点 $\left(\dfrac{3}{2}, \dfrac{1}{9}\right)$	↗

(6)作图如图 4-19.

例6 描绘函数 $f(x) = e^{-x^2}$ 的图形.

解 （1）定义域为 $(-\infty, +\infty)$.

由于 $f(-x) = e^{-(-x)^2} = e^{-x^2} = f(x)$, 所以 $f(x) = e^{-x^2}$ 是偶函数, 它的图形关于 y 轴对称. 因此只讨论这个函数在 $[0, +\infty)$ 上的图形.

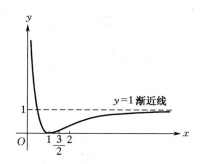

图 4-19

$(2) f'(x) = -2x\mathrm{e}^{-x^2}, f''(x) = 2(2x^2 - 1)\mathrm{e}^{-x^2}.$

令　$f'(x) = 0$，得 $x = 0; f''(x) = 0$，得 $x = \dfrac{1}{\sqrt{2}}.$

(3)列表.

x	0	$\left(0, \dfrac{1}{\sqrt{2}}\right)$	$\dfrac{1}{\sqrt{2}}$	$\left(\dfrac{1}{\sqrt{2}}, +\infty\right)$
$f'(x)$	0	$-$	$-$	$-$
$f''(x)$	$-$	$-$	0	$+$
$f(x)$	极大值 1	↘	$\mathrm{e}^{-\frac{1}{2}}$	↘
$y = f(x)$的图形		↘	拐点 $\left(\dfrac{1}{\sqrt{2}}, \mathrm{e}^{-\frac{1}{2}}\right)$	↘

(4)因为 $\lim\limits_{x \to \infty} \mathrm{e}^{-x^2} = 0$，所以图形有水平渐近线 $y = 0.$

作图如图 4-20.

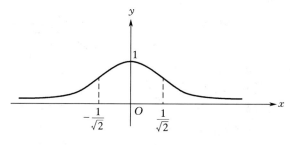

图 4-20

习题 4-8

1. 求下列曲线的水平和垂直渐近线.

(1) $y = \dfrac{x^2 + 1}{2x^2 - x + 3}$;　　　　　　(2) $y = \ln(e + \dfrac{1}{x})$;

(3) $y = \dfrac{\sin 2x}{x(x - 2)}$.

2. 描绘下列函数的图形.

(1) $y = x^3 - x^2 - x + 1$;　　　　　(2) $y = \dfrac{4(x + 1)}{x^2} - 2$;

(3) $y = \dfrac{x^2}{x + 1}$;　　　　　　　　(4) $y = 1 + \dfrac{36x}{(x + 3)^2}$;

(5) $y = \ln(x^2 + 1)$.

4.9* 曲　　率

4.9.1 弧长的微分

为了推导曲率的计算公式,首先介绍弧长的微分(即弧微分). 弧长的计算将在积分学中讨论.

设函数 $y = f(x)$ 在 (a, b) 内具有连续的一阶导数 $f'(x)$,即曲线 $y = f(x)$ 为一条光滑曲线. 如图 4-21,在曲线 $y = f(x)$ 上取固定点 M_0 (x_0, y_0) 作为度量弧长的起点,并规定依 x 增大的方向作为弧的正向,即沿 x 轴正方向量出的弧长为正数;沿 x 轴负方向量出的弧长为负数. 在曲线 $f(x)$ 上任取一点 $M(x, y)$,对应弧 $\overparen{M_0 M}$ 的长度 s 是有向弧段 $M_0 M$ 的值,并且 s 的绝对值等于这弧段 $\overparen{M_0 M}$ 的实际长,显然弧长 s 是 x 的函数 $s = s(x)$. 因为弧的正向与 x 增大的方向一致,所以 $s(x)$ 是 x 的单调增加函数. 下面求 $s(x)$ 的导数和微分.

设 $x, x + \Delta x$ 是 (a, b) 内两个邻近的点,它在曲线 $f(x)$ 上的

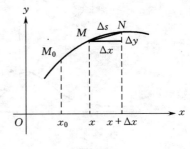

图 4-21

对应点是 M, N. 弧长的增量是 $\Delta s = \widehat{MN}$,相应弦长为 $\overline{MN}$. Δx 和 Δy 是相对应的 x 和 y 的增量(图 4-21),那么

$$\left(\frac{\Delta s}{\Delta x}\right)^2 = \left(\frac{\widehat{MN}}{\Delta x}\right)^2 = \left(\frac{\widehat{MN}}{\overline{MN}}\right)^2 \cdot \left(\frac{\overline{MN}}{\Delta x}\right)^2$$

$$= \left(\frac{\widehat{MN}}{\overline{MN}}\right)^2 \frac{(\Delta x)^2 + (\Delta y)^2}{(\Delta x)^2}$$

$$= \left(\frac{\widehat{MN}}{\overline{MN}}\right)^2 \left[1 + \left(\frac{\Delta y}{\Delta x}\right)\right]^2,$$

$$\frac{\Delta s}{\Delta x} = \pm \sqrt{\left(\frac{\widehat{MN}}{\overline{MN}}\right)^2 \left[1 + \left(\frac{\Delta y}{\Delta x}\right)^2\right]}.$$

因为 $s(x)$ 是单调增函数,当 $\Delta x > 0$ 时,$\Delta s > 0$,所以上式根号前只能取正号,不能取负号.

又因为,当 $\Delta x \to 0$ 时,$N \to M$,这时

$$\lim_{\Delta x \to 0} \left|\frac{\widehat{MN}}{\overline{MN}}\right| = 1, y' = \lim_{\Delta x \to 0} \frac{\Delta y}{\Delta x},$$

所以　　　$\dfrac{\mathrm{d}s}{\mathrm{d}x} = \lim\limits_{\Delta x \to 0} \dfrac{\Delta s}{\Delta x} = \sqrt{1 + y'^2}.$

即　　　$\mathrm{d}s = \sqrt{1 + y'^2}\,\mathrm{d}x.$　　　　　　　　　　(1)

式(1)就是直角坐标系下的弧微分公式.

通常写成比较对称的形式便是

$$\mathrm{d}s = \sqrt{\mathrm{d}x^2 + \mathrm{d}y^2}.$$

如果曲线用参数方程 $x = \varphi(t), y = \psi(t)$ 给出,则

$$\mathrm{d}s = \sqrt{[\varphi'(t)]^2 + [\psi'(t)]^2}\,\mathrm{d}t.　　　　(2)$$

4.9.2　曲率

4.9.2.1　曲率的定义

车床上的轴、厂房结构中的钢梁在外力的作用下都会发生弯曲,弯曲到一定程度就要断裂,所以在生产实践中经常要考虑"弯曲程度"的问题.曲率就是表示曲线弯曲程度的一个量.

如图 4-22,在直线上各点作切线
即直线本身,动点沿直线 L 从 A 移动
到 B 时,切线的方向没有变化,但动点
沿曲线 s 从 C 移动到 D 时,切线的倾
角随切点的移动而改变,假设该弧段的
长度为 $\Delta s = \overset{\frown}{CD}$,切线转过的角(简称
转角)为 $\Delta \alpha$,弧段 $\overset{\frown}{CD}$ 的弯曲程度用 Δs
和 $\Delta \alpha$ 这两个量来确定.

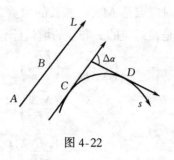

图 4-22

从图 4-23 可以看出,当两个弧段切线转角相同时,弧段长者弯曲
程度较小,两者成反比;当两个弧段长相同时,切线转角大者弯曲程度
较大,两者成正比.

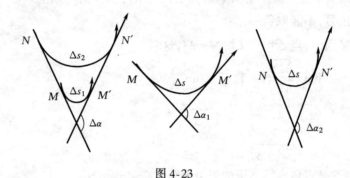

图 4-23

综合上面的分析,比值 $\dfrac{\Delta \alpha}{\Delta s}$ 即单位弧段上转角的大小刻画了相应弧
段的弯曲程度.下面给出曲线的曲率定义.

设曲线 C 具有连续转动的切线.在曲线 C 上选定一点 M_0 作为度
量弧长 s 的起点,点 M 对应于弧长 s,切线的倾角为 α,另一点 M' 对应
于弧长 $s + \Delta s$,切线的倾角为 $\alpha + \Delta \alpha$(图 4-24),那么,弧段 $\overset{\frown}{MM'}$ 的长度
为 $|\Delta s|$,动点从 M 移到 M' 的切线转角为 $|\Delta \alpha|$.

比值 $\left| \dfrac{\Delta \alpha}{\Delta s} \right|$ 叫做弧段 $\overset{\frown}{MM'}$ 的**平均曲率**,记为 $\bar{k}$,即

$$\bar{k} = \left| \frac{\Delta \alpha}{\Delta s} \right|.$$

定义 4.9.1　当 $\Delta s \to 0$(即 $M' \to M$)时,上述平均曲率的极限叫做曲线 C 在点 M 处的曲率,记为 k,即

$$k = \lim_{\Delta s \to 0} \left| \frac{\Delta \alpha}{\Delta s} \right|.$$

在 $\lim\limits_{\Delta s \to 0} \dfrac{\Delta \alpha}{\Delta s} = \dfrac{\mathrm{d}\alpha}{\mathrm{d}s}$ 存在的条件下,k 也可以表示为

$$k = \left| \frac{\mathrm{d}\alpha}{\mathrm{d}s} \right|.$$

例1　求直线上各点的曲率.

解　由于在直线上切线的转角 $\Delta \alpha = 0$,所以

$$k = \lim_{\Delta s \to 0} \left| \frac{\Delta \alpha}{\Delta s} \right| = 0.$$

即直线上各点的曲率都等于零.

例2　求半径为 R 的圆上任一点处的曲率.

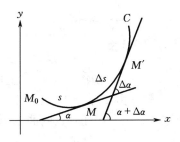

图 4-24

解　由图 4-25 可知,弧段 $\overset{\frown}{MM'}$ 的长 $\Delta s = R\Delta \alpha$.平均曲率

$$\overline{k} = \left| \frac{\Delta \alpha}{\Delta s} \right| = \left| \frac{\Delta \alpha}{R\Delta \alpha} \right| = \frac{1}{R}.$$

所以　　$k = \lim\limits_{\Delta s \to 0} \overline{k} = \dfrac{1}{R}.$

这说明圆周上各点处的曲率是同一常数 $\dfrac{1}{R}$,即圆周的弯曲是均匀的,半径愈小,弯曲愈显著.

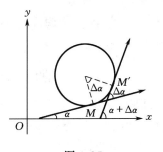

图 4-25

4.9.2.2　曲率公式

设曲线方程为 $y = f(x)$,且 $f(x)$ 具有二阶导数.

由定义 $k = \left| \dfrac{\mathrm{d}\alpha}{\mathrm{d}s} \right|.$

由于　　$y' = \tan \alpha$,两边对 x 求导数,得

$$\sec^2\alpha\,\frac{\mathrm{d}\alpha}{\mathrm{d}x}=y''.$$

即
$$\frac{\mathrm{d}\alpha}{\mathrm{d}x}=\frac{y''}{\sec^2\alpha}=\frac{y''}{1+\tan^2\alpha}=\frac{y''}{1+y'^2}.$$

又由弧微分公式 $\mathrm{d}s=\sqrt{1+y'^2}\,\mathrm{d}x$,得

$$\frac{\mathrm{d}\alpha}{\mathrm{d}s}=\frac{\dfrac{y''}{1+y'^2}\mathrm{d}x}{\sqrt{1+y'^2}\,\mathrm{d}x}=\frac{y''}{(1+y'^2)^{\frac{3}{2}}},$$

从而得到曲率公式

$$k=\frac{|y''|}{(1+y'^2)^{\frac{3}{2}}}.$$

例3　求抛物线 $y=x^2$ 上任一点处的曲率.

解　由于 $y'=2x,y''=2$.

所以,$y=x^2$ 在任一点的曲率为

$$k=\frac{|y''|}{(1+y'^2)^{\frac{3}{2}}}=\frac{2}{(1+4x^2)^{\frac{3}{2}}}.$$

由此可以看出,$y=x^2$ 在原点处的曲率最大.

4.9.3　曲率圆和曲率半径

设曲线 $y=f(x)$ 在点 $A(x,y)$ 处的曲率为 $k(k\neq0)$,过点 A 作切线 AT 及法线 AB.在曲线凹的一侧,在法线上取一点 D,使 $|DA|=\dfrac{1}{k}$ $=\rho$.以 D 为圆心,ρ 为半径作圆(图4-26).我们把这个圆叫做曲线 $y=f(x)$ 在点 A 处的曲率圆,把 D 叫做曲率中心,ρ 叫做曲率半径.

显然,曲线在点 A 处的曲率半径 ρ 和曲率 k 之间有如下关系:

$$k=\frac{1}{\rho},\qquad\rho=\frac{1}{k}.$$

曲率圆与曲线在点 A 处有相同的切线、相同的曲率且在点 A 的附近有

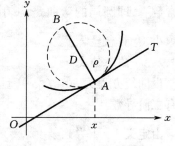

图4-26

相同的凹凸性.在实际问题中,经常用点 A 处的曲率圆近似代替该点附近的曲线弧,以便使讨论的问题得以简化.

习题 4-9

1.计算抛物线 $y = 4x + x^2$ 在它顶点处的曲率.

2.计算正弦曲线 $y = \sin x$ 在点 $(\frac{\pi}{2}, 1)$ 处的曲率和曲率半径.

练 习 题 (4)

填空题：

1.函数 $f(x) = x(x-4)$ 在 $[0,4]$ 上满足罗尔定理的 $\xi = $ _____.

2.设 $f(x) = x(x-1)(x-3)(x-7)(x-9)$,则 $f'(x) = 0$ 在 $(0,9)$ 内根的个数为_____.

3.函数 $f(x) = 2x^2 - x + 1$ 在区间 $[-1,2]$ 上满足拉格朗日中值定理的 $\xi = $ _____.

4.设 $f(x)$ 在 (a,b) 内可导,$x, x + \Delta x (\Delta x \neq 0)$ 为 (a,b) 内任意两点,则 $\Delta y = f(x + \Delta x) - f(x) = $ _____.

5.当 $x > 0$ 时,$\ln(1+x) - x$ _____ 填 $(> < =)$.

6.函数 $f(x) = x + \frac{1}{x}$ 的单调减区间为_____.

7.函数 $f(x) = x^2 - 2x$ 的极小值为_____.

8.函数 $y = xe^{-x}$ 在 $[-1,2]$ 上的最大值为 $y = $ _____.

9.设 $f(x)$ 与 $\varphi(x)$ 可导,且 $\lim\limits_{x \to x_0} f(x) = \lim\limits_{x \to x_0} \varphi(x) = 0$,$\lim\limits_{x \to x_0} \dfrac{f'(x)}{\varphi'(x)} = A$ 存在,则 $\lim\limits_{x \to x_0} \dfrac{f(x)}{\varphi(x)} = $ _____.

10.曲线 $y = x^3 - 2x + 3$ 的凸区间为_____.

11.曲线 $y = \dfrac{e^x}{x(x-1)}$ 的水平渐近线为 $y = $ _____.

12.若可导函数 $f(x)$ 在点 x_0 取得极值,则 $f'(x_0) = $ _____.

13.函数 $y = x^3 - \dfrac{3}{2}x^2 - 6x + 1$ 单调减少且图形为凹的区间是_____.

14.曲线 $y = \dfrac{e^x}{x^2 + x - 2}$ 的垂直与水平渐近线的总条数为_____.

15.若曲线 $y = x^3 - ax^2 + b$ 的一个拐点为 $(0,1)$,则 a,b 之值为_____.

16.当 $-1 \leqslant x \leqslant 1$ 时, $\arcsin x + \arccos x =$ _____.

单项选择题：

1.下列函数在给定区间上满足拉格朗日中值定理的是( )．

(A) $f(x) = |x-1|$, $[0,2]$ 　　　(B) $f(x) = \sqrt[3]{x}$, $[-1,1]$

(C) $f(x) = x + |x|$, $[-1,2]$ 　　(D) $f(x) = \ln(x-2)$, $[3,6]$

2.当 $x > 1$ 时,下列各式成立的是( )．

(A) $e^x > ex$ 　　(B) $e^x < ex$ 　　(C) $e^x < 1+x$ 　　(D) $e^x < x-1$

3.设 $f(x)$ 在 $[a,b]$ 上连续,在 (a,b) 内 $f'(x) < 0$,则在 $[a,b]$ 上, $f(x)$
( )．

(A) < 0 　　(B) $\leqslant 0$ 　　(C) $\neq 0$ 　　(D)单调减少

4.设在 (a,b) 内 $f(x)$ 可导,且 $f'(x) > 0$, $x_1 < x_2$, $x_1,x_2 \in (a,b)$,则 $f(x_1) -$
$f(x_2)($)．

(A) > 0 　　(B) $= 0$ 　　(C) < 0 　　(D)单调减少

5.设在 (a,b) 内, $f'(x) > 0$, $f''(x) < 0$, x_0 是 (a,b) 内任一点,当 $\Delta x > 0$ 时,
$\Delta y = f(x_0 + \Delta x) - f(x_0)$ 与 $dy = f'(x_0)\Delta x$ 的关系是( )．

(A) $\Delta y > dy$ 　　(B) $\Delta y < dy$ 　　(C) $\Delta y = dy$ 　　(D)大小不能确定

6.设 $f(x)$ 在 $[a,b]$ 上连续,在 (a,b) 内 $f'(x) < 0$,且 $f(b) > 0$,则对 $[a,b]$ 上
的任意 x ,有( )．

(A) $f(x) < 0$ 　　(B) $f(x) > 0$ 　　(C) $f(x) = 0$ 　　(D) $f(x)$ 有正有负

7.设 $f(x)$ 在 $[a,b]$ 上可导,且方程 $f(x) = 0$ 在 (a,b) 内有两个不同实根,则
在 (a,b) 内方程 $f'(x) = 0($)．

(A)至少有一个根　　　　　　(B)没有根

(C)只有一个根　　　　　　　(D)有两个根

8.设 $f(x) = x(x^2 - 1)$,则 $f'(x) = 0$ 有( )．

(A)四个根　　(B)三个根　　(C)一个根　　(D)两个根

9.设在 (a,b) 内, $f(x)$ 单调增加,且 $f'(x)$ 存在,则在 (a,b) 内 $f'(x)($)．

(A) $\geqslant 0$ 　　(B) > 0 　　(C) $\leqslant 0$ 　　(D) < 0

10. $f'(x_0) = 0$ 是可导函数在点 x_0 取得极值的( )．

(A)无关条件　　　　　　　　(B)充分条件

(C)必要条件　　　　　　　　(D)充分必要条件

11.如果 x_0 是 $f(x)$ 的一个极值点,则在点 $x_0($)．

(A)$f'(x_0)=0$

(B)$f'(x_0)=0$ 或 $f'(x_0)$ 不存在

(C)$f''(x_0)>0$

(D)$f''(x_0)<0$

12. 设 $f(x)$ 为可微函数, 且 $\lim\limits_{x\to 0}f'(x)=-1$, 则 $f(0)($　　$)$.

(A)必为 $f(x)$ 的极大值

(B)不是 $f(x)$ 的极值

(C)可能是 $f(x)$ 的极值

(D)必为 $f(x)$ 的极小值

13. 当 $x>0$ 时, 下列各式正确的是(　　).

(A)$\sin x>x$　　(B)$e^x<x$　　(C)$e^x>x+1$　　(D)$\ln(1+x)>x$

14. 下列各式能够运用洛必达法则的是(　　).

(A)$\lim\limits_{x\to\infty}\dfrac{\sin x^2}{x^2}$

(B)$\lim\limits_{x\to\infty}\dfrac{x-\sin x}{x+\sin x}$

(C)$\lim\limits_{x\to 0}\dfrac{2x^2+3x}{x^2+1}$

(D)$\lim\limits_{x\to 0}\dfrac{x-\sin x}{x^3}$

15. 函数 $y=xe^{-x}$ 在 $[-1,2]$ 上的(　　).

(A)最小值为 0

(B)最小值为 $2e^{-2}$

(C)最大值为 e^{-1}

(D)最大值为 e^{-2}

16. 设 $f(x)$ 在 $(-\infty,+\infty)$ 内二阶可导, 且 $f(-x)=-f(x)$, 如果当 $x>0$ 时, $f'(x)>0$ 且 $f''(x)>0$, 则当 $x<0$ 时, 曲线 $y=f(x)$ 沿 x 轴正向是(　　).

(A)单调增加、且图形是凸的

(B)单调增加、且图形是凹的

(C)单调减少、且图形是凸的

(D)单调减少、且图形是凹的

计算及证明题:

1. 求下列各极限.

(1)$\lim\limits_{x\to 0}\dfrac{x-\tan x}{x-\sin x}$;

(2)$\lim\limits_{x\to 0+0}\dfrac{1-e^{\frac{1}{x}}}{x+e^{\frac{1}{x}}}$;

(3)$\lim\limits_{x\to\frac{\pi}{2}}(\sec x-\tan x)$;

(4)$\lim\limits_{x\to 1}(1-x^2)\tan\dfrac{\pi}{2}x$;

(5)$\lim\limits_{x\to 0+0}(\sin x)^{\frac{1}{\ln x}}$;

(6)$\lim\limits_{x\to+\infty}\left(\dfrac{2}{\pi}\arctan x\right)^x$.

2. 求函数 $f(x)=\sqrt[3]{x}(1-x)^{\frac{2}{3}}$ 的单调区间和极值.

3. 求函数 $f(x)=(2x-5)\sqrt[3]{x^2}$ 在 $[-1,2]$ 上的最大值和最小值.

4. 判断曲线 $y=\ln(x^2+1)$ 的凹凸性, 并求其拐点.

5. 证明当 $x\neq 0$ 时, $e^x>1+x$.

6. 证明当 $0<x<\dfrac{\pi}{4}$ 时, $\tan x<\dfrac{4}{\pi}x$.

7.求曲线 $y = f(x) = \dfrac{\sin x}{x(x-2)}$ 的水平渐近线和垂直渐近线.

8.在位于第一象限中的圆弧 $x^2 + y^2 = 4$ 上找一点,使该点的切线与圆弧、两坐标轴所围成的图形的面积最小,并求此最小面积.

习题答案

习题 4-1

1. (1)不满足; (2)不满足; (3)满足,$\xi = 1$; (4)满足,$\xi = 0$.

2. 有三个根,分别位于区间 $(1,2)$,$(2,3)$,$(3,4)$.

3. $\xi = e - 1$.

4. 令 $f(x) = a_0 x^n + a_1 x^{n-1} + \cdots + a_{n-1} x$,由已知 $f(x_0) = a_0 x_0^n + a_1 x_0^{n-1} + \cdots + a_{n-1} x_0 = 0$,显然 $f(0) = 0$,又 $f(x)$ 在 $[0, x_0]$ 上连续,在 $(0, x_0)$ 内可导,故 $f(x)$ 在 $[0, x_0]$ 上满足罗尔定理的条件,由罗尔定理至少存在一点 $\xi \in (0, x_0)$ 使 $f'(\xi) = 0$.

因 $f'(x) = n a_0 x^{n-1} + (n-1) a_1 x^{n-2} + \cdots + a_{n-1}$,所以

$$na_0 \xi^{n-1} + (n-1) a_1 \xi^{n-2} + \cdots + a_{n-1} = 0.$$

即方程 $n a_0 x^{n-1} + (n-1) a_1 x^{n-2} + \cdots + a_{n-1} = 0$ 必存在小于 x_0 的正根.

6. (2)令 $f(t) = \ln(1+t)$,则 $f(t)$ 在 $[0, x]$ 上满足拉格朗日中值定理的条件,所以

$$\ln(1+x) - \ln 1 = \frac{1}{1+\xi} x, \quad 0 < \xi < x,$$

即　　　$\ln(1+x) = \dfrac{1}{1+\xi} x$.又 $\dfrac{1}{1+x} < \dfrac{1}{1+\xi} < 1$,所以 $\dfrac{x}{1+x} < \dfrac{1}{1+\xi} x < x$.

故　　　$\dfrac{x}{1+x} < \ln(1+x) < x$.

9*. 由于 $f(x)$ 在闭区间 $[a,b]$ 上连续,根据闭区间上连续函数的最大值和最小值定理,$f(x)$ 在闭区间 $[a,b]$ 上必有最大值 M 和最小值 m.这样仅有两种可能情况.

(1)$M = m$. 由 $m \leqslant f(x) \leqslant M$ 可知,$f(x)$ 在闭区间 $[a,b]$ 上为一常数,即 $f(x) = M$,所以 $f'(x)$ 在 (a,b) 内恒为零.这时可取 (a,b) 内任意一点作为 ξ 而有 $f'(\xi) = 0$.

(2)$M > m$. 由于 $f(a) = f(b)$,这时两数 M 与 m 中必至少有一个不等于 $f(a)$,不妨设 $M \neq f(a)$($m \neq f(a)$ 的情况证法完全类似).于是在 (a,b) 内至少有

一点 ξ, 使 $f(\xi) = M$, 下面证明 $f'(\xi) = 0$.

因为 ξ 是 (a,b) 内的点, 由条件 (2) 知 $f'(\xi)$ 存在, 即

$$\lim_{\Delta x \to 0} \frac{f(\xi + \Delta x) - f(\xi)}{\Delta x}$$

存在, 根据极限存在的充分必要条件是左、右极限存在且相等, 所以有

$$f'(\xi) = \lim_{\Delta x \to 0+0} \frac{f(\xi + \Delta x) - f(\xi)}{\Delta x} = \lim_{\Delta x \to 0-0} \frac{f(\xi + \Delta x) - f(\xi)}{\Delta x},$$

由于 $f(\xi) = M$ 是 $f(x)$ 在 $[a,b]$ 上的最大值, 因此不论 $\Delta x > 0$ 还是 $\Delta x < 0$, 只要 $\xi + \Delta x$ 在 $[a,b]$ 上, 总有

$$f(\xi + \Delta x) \leqslant f(\xi),$$

即　　　$f(\xi + \Delta x) - f(\xi) \leqslant 0.$

当 $\Delta x > 0$ 时, $\dfrac{f(\xi + \Delta x) - f(\xi)}{\Delta x} \leqslant 0,$

根据函数与极限的同号性定理, 得到

$$\lim_{\Delta x \to 0+0} \frac{f(\xi + \Delta x) - f(\xi)}{\Delta x} \leqslant 0.$$

同理, 当 $\Delta x < 0$ 时, $\displaystyle\lim_{\Delta x \to 0-0} \frac{f(\xi + \Delta x) - f(\xi)}{\Delta x} \geqslant 0.$

故　　　$f'(\xi) = 0$　　　　　　　　　　　　　　　　　　证毕.

10*. 由假设可知, $F(b) - F(a) \neq 0$,

事实上, 由于 $F(b) - F(a) = F'(\eta)(b-a), a < \eta < b.$

而 $F'(\eta) \neq 0, b - a \neq 0$, 故 $F(b) - F(a) \neq 0.$

引进辅助函数

$$\varphi(x) = f(x) - \frac{f(b) - f(a)}{F(b) - F(a)} F(x),$$

则　$\varphi(x)$ 在 $[a,b]$ 上连续, 在 (a,b) 内可导

$$\varphi'(x) = f'(x) - \frac{f(b) - f(a)}{F(b) - F(a)} F'(x),$$

且　　　$\varphi(a) = \dfrac{f(a)F(b) - f(b)F(a)}{F(b) - F(a)} = \varphi(b),$

即　$\varphi(x)$ 满足罗尔定理的三个条件, 因此在 (a,b) 内至少存在一点 ξ, 使

$$\varphi'(\xi) = f'(\xi) - \frac{f(b) - f(a)}{F(b) - F(a)} F'(\xi) = 0,$$

即　　　$\dfrac{f(b) - f(a)}{F(b) - F(a)} = \dfrac{f'(\xi)}{F'(\xi)}.$

习题 4-2

1. (1) $\dfrac{5}{3}$; (2) $-\dfrac{1}{8}$; (3) $\dfrac{1}{2}$; (4) -1; (5)2; (6)2; (7)1; (8)3; (9)0;

(10) $+\infty$; (11) $-\dfrac{1}{2}$; (12) $\dfrac{1}{2}$; (13) -1; (14)3; (15) $+\infty$; (16)1;

(17)1; (18) $\mathrm{e}^{-\frac{1}{2}}$; (19) $\mathrm{e}^{-\frac{1}{6}}$; (20)1.

习题 4-3

1. $\cos x = 1 - \dfrac{x^2}{2!} + \dfrac{x^4}{4!} - \cdots + (-1)^n \dfrac{x^{2n}}{(2n)!} + \dfrac{\cos(\xi + \dfrac{2n+1}{2}\pi)}{(2n+1)!} x^{2n+1}$，其中 ξ

在 0 与 x 之间，

$$|R_{2n+1}| \leqslant \dfrac{1}{(2n+1)!} |x|^{2n+1}.$$

2. $1 - 9x + 30x^2 - 45x^3 + 30x^4 - 9x^5 + x^6$.

3. $8 - 5(x+1) + (x+1)^3$.

4. $x + \dfrac{1 + 2\sin^2 \xi}{3\cos^4 \xi} x^3$，($\xi$ 在 0 与 x 之间).

5. $x + x^2 + \dfrac{x^3}{2!} + \dfrac{x^4}{3!} + \dfrac{x^5}{4!} + \dfrac{x^6}{5!} + \dfrac{(7+\xi)}{7!} \mathrm{e}^\xi x^7$(其中 ξ 在 0 与 x 之间).

6. $1 + \alpha x + \dfrac{\alpha(\alpha-1)}{2!} x^2 + \cdots + \dfrac{\alpha(\alpha-1)\cdots(\alpha-n+1)}{n!} x^n$

$+ \dfrac{\alpha(\alpha-1)\cdots(\alpha-n)}{(n+1)!} (1+\xi)^{\alpha-n-1} x^{n+1}$，其中 ξ 在 0 与 x 之间.

7. $-[1 + (x+1) + (x+1)^2 + \cdots + (x+1)^n] + \dfrac{(-1)^{n+1}}{\xi^{n+2}} (x+1)^{n+1}$，其中 ξ

在 0 与 x 之间.

8. $\mathrm{e}^{-2}[1 - (x-2) + \dfrac{1}{2!}(x-2)^2 - \cdots + \dfrac{(-1)^n}{n!}(x-2)^n]$

$+ \dfrac{(-1)^{n+1}}{(n+1)!} \mathrm{e}^{-\xi}(x-2)^{n+1}$(其中 ξ 在 x 与 2 之间).

9. 令 $f(x) = \sqrt{1+x}$，则

$$f'(x) = \dfrac{1}{2\sqrt{1+x}}, f''(x) = \dfrac{1}{2} \cdot (-\dfrac{1}{2})(1+x)^{-\frac{3}{2}} = -\dfrac{1}{4}(1+x)^{-\frac{3}{2}}, f'''(x)$$

$$= \dfrac{1}{2}(-\dfrac{1}{2})(-\dfrac{3}{2})(1+x)^{-\frac{5}{2}} = \dfrac{3}{8}(1+x)^{-\frac{5}{2}},$$

所以　　$f(0) = 1, f'(0) = \dfrac{1}{2}, f''(0) = -\dfrac{1}{4}$，代入公式(5)得

$$\sqrt{1+x}=1+\frac{x}{2}-\frac{x^2}{8}+\frac{1}{16(1+\xi)^{\frac{5}{2}}}x^3，其中 \xi 在 0 与 x 之间.$$

当　$x>0$ 时,$0<\xi<x$,

$$0<\frac{\xi}{x}<1 \quad 令 \frac{\xi}{x}=\theta，则 \xi=\theta x，0<\theta<1.$$

同理当 $-1<x<0$ 时,仍然有 $\xi=\theta x，0<\theta<1.$

故　　　$$\sqrt{1+x}=1+\frac{x}{2}-\frac{x^2}{8}+\frac{1}{16(1+\theta x)^{\frac{5}{2}}}x^3.$$

习题 4-4

1. 单调增加.

2. 单调减少.

3. (1)在 $(-\infty,-1]$ 上单调减少,在 $[-1,+\infty)$ 上单调增加;

(2)在 $(-\infty,-1]$,$[1,+\infty)$ 上单调增加,在 $[-1,1]$ 上单调减少;

(3)在 $[0,\dfrac{3a}{4}]$ 上单调增加,在 $[\dfrac{3a}{4},a]$ 上单调减少;

(4)$(-\infty,1)$,$(1,2]$ 上单调增加,在 $[2,3)$,$(3,+\infty)$ 上单调减少;

(5)在 $(-\infty,\dfrac{1}{2}]$ 上单调减少,在 $[\dfrac{1}{2},+\infty)$ 上单调增加;

(6)在 $(0,\dfrac{1}{2}]$ 上单调减少,在 $[\dfrac{1}{2},+\infty)$ 上单调增加.

5. $f'(x)=\dfrac{x\cos x-\sin x}{x^2}$. 令 $g(x)=x\cos x-\sin x$,则 $g(x)$ 在 $[0,\dfrac{\pi}{2}]$ 上连续且 $g(0)=0,g'(x)=\cos x-x\sin x-\cos x=-x\sin x<0$.

所以　$g(x)$ 为单调减函数,故当 $0<x<\dfrac{\pi}{2}$ 时,$g(x)<g(0)=0$,从而 $f'(x)<0$,所以 $f(x)$ 为单调减函数.

6. 令 $f(x)=x-\sin x$,显然 $f(0)=0$,即 $x=0$ 是方程 $\sin x=x$ 的一个根.

又 $f'(x)=1-\cos x\geqslant0$,故 $f(x)$ 在 $(-\infty,+\infty)$ 内为单调增函数,故当 $x>0$ 时,$f(x)>f(0)=0$;且当 $x<0$ 时,$f(x)<0$,从而在 $(-\infty,0)$ 和 $(0,+\infty)$ 内再没有 $f(x)$ 的零点,即方程 $\sin x=x$ 只有一个实根 $x=0$.

7. 只需证 $\sin x>x-\dfrac{x^3}{6}$ 及 $\sin x<x$.

先证 $\sin x<x$.

令 $f(x)=x-\sin x$,则 $f(x)$ 在 $[0,+\infty)$ 内连续且 $f(0)=0,f'(x)=1-\cos x$

$\geqslant 0$，所以 $f(x)$ 是单调增函数. 故当 $x>0$ 时 $f(x)>f(0)=0$，即 $\sin x<x$.

下面再证 $\sin x>x-\dfrac{x^3}{6}$.

令 $g(x)=\sin x-x+\dfrac{x^3}{6}$，则 $g(x)$ 在 $[0,+\infty)$ 内连续，且 $g(0)=0$. 又 $g'(x)$

$=\cos x-1+\dfrac{x^2}{2}$，显然 $g'(x)$ 在 $[0,+\infty)$ 内连续，且 $g'(0)=0$，$g''(x)=-\sin x+$

$x>0(x>0$ 时)，故 $g'(x)$ 在 $[0,+\infty)$ 内是单调增函数，故当 $x>0$ 时，$g'(x)>$

$g'(0)=0$，从而 $g(x)$ 是单调增函数，且当 $x>0$ 时，$g(x)>g(0)=0$，即 $\sin x>x$

$-\dfrac{x^3}{6}$.

8. 只证单调增加的情形.

在 (a,b) 内任取两点 $x,x+\Delta x$，由假设知

$$f'(x)=\lim_{\Delta x\to 0}\frac{f(x+\Delta x)-f(x)}{\Delta x}$$

存在，且当 $\Delta x>0$ 时，$f(x+\Delta x)>f(x)$，即 $f(x+\Delta x)-f(x)>0$；

当 $\Delta x<0$ 时，$f(x+\Delta x)<f(x)$，即 $f(x+\Delta x)-f(x)<0$. 因此不论 $\Delta x>0$

还是 $\Delta x<0$，总有 $\dfrac{f(x+\Delta x)-f(x)}{\Delta x}>0$，根据函数与极限的同号性定理，得

$$\lim_{\Delta x\to 0}\frac{f(x+\Delta x)-f(x)}{\Delta x}\geqslant 0,\ 即\ f'(x)\geqslant 0.$$

习题 4-5

1. (1) 极小值 $y(-1)=-2$；(2) 极大值 $y(0)=-1$；(3) 极小值 $y(0)=1$；

(4) 极小值 $y\left(\dfrac{3}{2}\right)=-\dfrac{27}{16}$；(5) 极大值 $y(3)=108$，极小值 $y(5)=0$；

(6) 极大值 $y(0)=0$，极小值 $y\left(\dfrac{2}{5}\right)=-\dfrac{3}{25}\sqrt[3]{20}$.

2. 没有极值.

3. $a=2$，$f\left(\dfrac{\pi}{3}\right)=\sqrt{3}$ 为极大值.

4. $a=-\dfrac{2}{3}$，$b=-\dfrac{1}{6}$，在 x_1 处 $f(x)$ 取得极小值，在 x_2 处取得极大值.

5. 令 $f(x)=\ln x-ax$，$f'(x)=\dfrac{1}{x}-a$，令 $f'(x)=0$，得 $x=\dfrac{1}{a}$，$f''\left(\dfrac{1}{a}\right)=$

$-a^2<0$. 所以 $f\left(\dfrac{1}{a}\right)=\ln\dfrac{1}{a}-1$ 为 $f(x)$ 的极大值. 当 $f\left(\dfrac{1}{a}\right)<0$ 即 $a>\dfrac{1}{\mathrm{e}}$ 时，

$f(x)$ 没有实根;当 $f\left(\dfrac{1}{a}\right)>0$ 即 $0<a<\dfrac{1}{e}$ 时,$f(x)$ 有两个实根;当 $f\left(\dfrac{1}{a}\right)=0$ 即 $a=\dfrac{1}{e}$ 时,只有一个实根 $x=e$.

6*.证明　由导数定义,$f'(x_0)=0$ 及 $f''(x_0)>0$ 得

$$f''(x_0)=\lim_{x\to x_0}\frac{f'(x)-f'(x_0)}{x-x_0}=\lim_{x\to x_0}\frac{f'(x)}{x-x_0}>0.$$

于是根据极限性质,存在 x_0 的某一邻域,在此领域内恒有

$$\frac{f'(x)}{x-x_0}>0\quad(x\neq x_0).$$

因此,当 $x<x_0$ 时,$f'(x)<0$;当 $x>x_0$ 时,$f'(x)>0$.由定理 4.5.2,便知 $f(x_0)$ 是 $f(x)$ 的一个极小值.

同理可证,若 $f'(x_0)=0,f''(x_0)<0$,则 $f(x_0)$ 是 $f(x)$ 的一个极大值.

习题 4-6

1.(1)最大值为 $y(2)=0$,最小值为 $y\left(\dfrac{3}{2}\right)=-\dfrac{27}{16}$;

　　(2)最大值为 $f(-1)=10$;最小值为 $f(-4)=-71$;

　　(3)最大值为 $f\left(\dfrac{3}{4}\right)=\dfrac{5}{4}$,最小值为 $f(-5)=-5+\sqrt{6}$.

2.当 $x=0$ 时,y 的值最小,最小值为 0.

3.$p=-2,q=4$.

4.当 $x=1$ 时,y 值最大,且最大值为 $\dfrac{1}{2}$.

5.宽 5 m,长 10 m.

设小屋的长为 y,宽为 x,面积为 S,则 $S=xy$,且 $2x+y=20$,所以 $S=x(20-2x)$.

　　　令 $S'=20-4x=0$,解得 $x=5$.$S''=-4<0$.

　　　故当 $x=5$ 时,S 取最大值 $y|_{x=5}=(20-2x)|_{x=5}=10$.

所以当小屋的长为 10 m,宽为 5 m 时,面积最大.

6.设锅炉高为 h,底半径为 r,表面积为 S,则

$$S=2\pi r^2+2\pi rh,\ \text{又}\ \pi r^2h=50,\text{解得}\ h=\frac{50}{\pi r^2},$$

得　$S=2\pi r^2+\dfrac{100}{r}$.令 $S'=4\pi r-\dfrac{100}{r^2}=0$,解得 $r=\sqrt[3]{\dfrac{25}{\pi}}$.

又 $S'' = 4\pi + \dfrac{200}{r^3} > 0$,故当 $r = \sqrt[3]{\dfrac{25}{\pi}}$ 时,S 取最小值.且

$$h\big|_{r=\sqrt[3]{\frac{25}{\pi}}} = 2\sqrt[3]{\dfrac{25}{\pi}}.$$

故当底半径 $r = \sqrt[3]{\dfrac{25}{\pi}}$ m,高为 $2\sqrt[3]{\dfrac{25}{\pi}}$ m 时用料最省.

7. 设梁的抗弯强度为 ω;则 $\omega = kxy^2$,$k > 0$.

由 $x^2 + y^2 = d^2$,得 $y^2 = d^2 - x^2$,故　$\omega = kx(d^2 - x^2)$.

令 $\omega' = kd^2 - 3kx^2 = 0$,解得 $x = \dfrac{d}{\sqrt{3}} = \dfrac{1}{3}\sqrt{3}d$.

$\omega'' = -6kx < 0$.故当 $x = \dfrac{\sqrt{3}}{3}d$ 时,ω 取最大值 $y\big|_{x=\frac{\sqrt{3}}{3}d} = \dfrac{\sqrt{6}}{3}d$.

故当梁的宽为 $\dfrac{\sqrt{3}}{3}d$,高为 $\dfrac{\sqrt{6}}{3}d$ 时,抗弯强度最大.

8. 设在时刻 t,两船的距离为 d,则

$$d^2 = (75 - 12t)^2 + (6t)^2.$$

令　$(d^2)' = -24(75 - 12t) + 72t = 0$,解得 $t = 5$.

$(d^2)'' = 288 + 72 > 0$.

故当 $t = 5$ 时,即经过 5 h,两船相距最近.

9. 如图,设矩形周长为 L,则

$$L = 4x + 2y = 4x + 2\sqrt{R^2 - x^2}.$$

令 $L' = 4 - \dfrac{2x}{\sqrt{R^2 - x^2}} = 0$,解得 $x = \dfrac{2}{5}\sqrt{5}R$.

$$y\big|_{x=\frac{2}{5}\sqrt{5}R} = \dfrac{1}{5}\sqrt{5}R.$$

由问题的实际意义知,符合条件的周长最大
的矩形的边长为 $\dfrac{4\sqrt{5}}{5}R$,$\dfrac{\sqrt{5}}{5}R$.

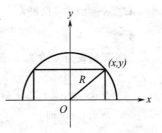

习题 4-7

1. (1)是凸的;(2)是凹的.

2. (1)凸区间是 $\left(-\infty, \dfrac{1}{3}\right]$,凹区间是 $\left[\dfrac{1}{3}, +\infty\right)$,拐点为 $\left(\dfrac{1}{3}, \dfrac{16}{27}\right)$;

(2)凸区间是 $(-\infty, -3)$,$(-3, 6]$,凹区间是 $[6, +\infty)$,拐点为 $\left(6, \dfrac{11}{3}\right)$;

(3)凸区间是$[-1,1]$,凹区间是$(-\infty,-1]$,$[1,+\infty)$,拐点为$(-1,e^{-\frac{1}{2}})$,$(1,e^{-\frac{1}{2}})$;

(4)凸区间是$(-\infty,-1)$,$(1,+\infty)$,没有拐点.

3. 由 $y'|_{x=-2}=0,y''|_{x=1}=0,y|_{x=1}=-10,y|_{x=-2}=44.$

得 $a=1,b=-3,c=-24,d=16.$

习题 4-8

1.(1)水平渐近线 $y=\frac{1}{2}$,垂直渐近线 $x=-1,x=\frac{3}{2}$;

(2)水平渐近线 $y=1$, 垂直渐近线 $x=-e^{-1},x=0$;

(3)水平渐近线 $y=0$, 垂直渐近线 $x=2$.

2.(1)在$(-\infty,-\frac{1}{3})$,$(1,+\infty)$内单调增加,在$(-\frac{1}{3},1)$内单调减少;在$(-\infty,\frac{1}{3})$内是凸的,在$\left(\frac{1}{3},+\infty\right)$内是凹的;极大值$f(-\frac{1}{3})=\frac{32}{27}$,极小值 $f(1)=0$,拐点$\left(\frac{1}{3},\frac{16}{27}\right)$.

(2)在$(-\infty,-2)$,$(0,+\infty)$内单调减少;在$(-2,0)$内单调增加;在$(-\infty,-3)$内是凸的;在$(-3,0)$,$(0,+\infty)$内是凹的;拐点$(-3,-\frac{26}{9})$,极小值 $f(-2)=-3$.

(3)在$(-\infty,-2)$及$(0,+\infty)$内单调增加,在$(-2,-1)$及$(-1,0)$内单调减少;在$(-\infty,-1)$内是凸的,在$(-1,+\infty)$内是凹的;极大值 $f(-2)=-4$,极小值 $f(0)=0$.

(4)在$(-\infty,-3)$,$(3,+\infty)$内单调减少,在$(-3,3)$内单调增加;在$(-\infty,-3)$,$(-3,6)$内是凸的,在$(6,+\infty)$内是凹的;极大值 $f(3)=4$,拐点$(6,\frac{11}{3})$.

(5)对称于 y 轴;在$(-\infty,0)$内单调减少,在$(0,+\infty)$内单调增加;在$(-\infty,-1)$、$(1,+\infty)$内是凸的,在$(-1,1)$内是凹的;极小值 $f(0)=0$,拐点$(-1,\ln 2)$、$(1,\ln 2)$.

习题 4-9

1. $k=2.$

2. $k=1,\rho=1.$

练习题(4)

填空题:

1. 2 **2.** 4 **3.** $\dfrac{1}{2}$ **4.** $f'(\xi)\Delta x$, ξ 介于 x 与 $x+\Delta x$ 之间 **5.** <0 **6.** $(-1,$

$0),(0,1)$ **7.** -1 **8.** e^{-1} **9.** A **10.** $(-\infty,0]$ **11.** 0 **12.** 0 **13.** $[\dfrac{1}{2},2]$ **14.** 3

15. $a=0,b=1$ **16.** $\dfrac{\pi}{2}$

单项选择题:

1. (D) **2.** (A) **3.** (D) **4.** (C)

5. (B). 由拉格朗日公式 $\Delta y=f'(\xi)\Delta x$, $x_0<\xi<x_0+\Delta x$, 又 $f''(x)<0$, 故 $f'(x)$ 单调减少, 即有 $f'(\xi)<f'(x_0)$, $f'(\xi)\Delta x<f'(x_0)\Delta x$, 从而 $\Delta y<\mathrm{d}y$.

6. (B). 因 $f'(x)<0$, 故 $f(x)$ 在 $[a,b]$ 单调减少, 因此当 $a\leqslant x\leqslant b$ 时 $f(x)\geqslant f(b)>0$.

7. (A). 由罗尔定理可知.

8. (D). 由罗尔定理及极值可得.

9. (A) **10.** (C) **11.** (B)

12. (B). 由 $\lim\limits_{x\to 0}f'(x)=-1$, 知存在 $x=0$ 的一邻域($x=0$ 可除外) $f'(x)<0$, 即在 $x=0$ 两侧 $f'(x)$ 不变号, 故 $f(0)$ 不是极值.

13. (C) **14.** (D) **15.** (C)

16. (A). 由 $f(x)=-f(-x)$, 得 $f'(x)=f'(-x)$, $f''(x)=-f''(-x)$, 从而当 $x<0$ 时, $f'(x)>0$, $f''(x)<0$, 故沿 x 轴正向曲线 $y=f(x)$ 单调增加且向下凹.

计算及证明题:

1. (1) $\lim\limits_{x\to 0}\dfrac{x-\tan x}{x-\sin x}=\lim\limits_{x\to 0}\dfrac{1-\sec^2 x}{1-\cos x}=\lim\limits_{x\to 0}\dfrac{-\tan^2 x}{1-\cos x}$

$$=\lim_{x\to 0}\dfrac{-2\tan x\sec^2 x}{\sin x}=-2;$$

(2) $\lim\limits_{x\to 0+0}\dfrac{1-\mathrm{e}^{\frac{1}{x}}}{x+\mathrm{e}^{\frac{1}{x}}}=\lim\limits_{x\to 0+0}\dfrac{\mathrm{e}^{-\frac{1}{x}}-1}{x\mathrm{e}^{-\frac{1}{x}}+1}=-1$(不用洛必达法则);

(3) $\lim\limits_{x\to\frac{\pi}{2}}(\sec x-\tan x)=\lim\limits_{x\to\frac{\pi}{2}}\left(\dfrac{1}{\cos x}-\dfrac{\sin x}{\cos x}\right)$

$$=\lim_{x\to\frac{\pi}{2}}\dfrac{1-\sin x}{\cos x}=\lim_{x\to\frac{\pi}{2}}\dfrac{-\cos x}{-\sin x}=0;$$

$(4)\lim\limits_{x\to 1}(1-x^2)\tan\dfrac{\pi}{2}x=\lim\limits_{x\to 1}\dfrac{1-x^2}{\cot\dfrac{\pi}{2}x}=\lim\limits_{x\to 1}\dfrac{-2x}{\left[-\csc^2\dfrac{\pi}{2}x\right]\cdot\dfrac{\pi}{2}}$

$\qquad\qquad\qquad\quad=\lim\limits_{x\to 1}\dfrac{4}{\pi}x\sin^2\dfrac{\pi}{2}x=\dfrac{4}{\pi}$;

$(5)\ \lim\limits_{x\to 0+0}(\sin x)^{\frac{1}{\ln x}}=\lim\limits_{x\to 0+0}e^{\frac{\ln\sin x}{\ln x}}=e^{\lim\limits_{x\to 0+0}\frac{\frac{\cos x}{\sin x}}{\frac{1}{x}}}=e^{\lim\limits_{x\to 0+0}\frac{x}{\tan x}}=e$;

$(6)\ \lim\limits_{x\to+\infty}\left(\dfrac{2}{\pi}\arctan x\right)^x=e^{\lim\limits_{x\to+\infty}x\ln(\frac{2}{\pi}\arctan x)}=e^{\lim\limits_{x\to+\infty}\frac{\ln\frac{2}{\pi}+\ln\arctan x}{\frac{1}{x}}}=$

$e^{\lim\limits_{x\to+\infty}\frac{-\frac{1}{x^2}\cdot\frac{1}{\arctan x}\cdot\frac{1}{1+x^2}}{}}=e^{\lim\limits_{x\to+\infty}\frac{-x^2}{1+x^2}\cdot\frac{1}{\arctan x}}=e^{-\frac{2}{\pi}}$.

2.$f(x)=\sqrt[3]{x(1-x)^2}$,令 $\varphi(x)=x(1-x)^2$,显然 $f(x)$ 与 $\varphi(x)$ 具有相同的单调性,且 $\varphi(x)$ 的极值点就是 $f(x)$ 的极值点,故只需求 $\varphi(x)$ 的单调区间和极值,$\varphi'(x)=(1-x)^2-2x(1-x)=(1-x)(1-3x)$,令 $\varphi'(x)=0$,得 $x=1,x=\dfrac{1}{3}$.$\varphi'(x)$ 的符号如下表所示.

x	$(-\infty,\dfrac{1}{3})$	$\dfrac{1}{3}$	$\left(\dfrac{1}{3},1\right)$	1	$(1,+\infty)$
$\varphi'(x)$	+	0	−	0	+
$\varphi(x)$	↗	极大值 $\dfrac{4}{27}$	↘	极小值 0	↗

所以 $f(x)$ 的单调增加区间为 $(-\infty,\dfrac{1}{3})$ 、$(1,+\infty)$,单调减少区间为 $\left(\dfrac{1}{3},1\right)$;极大值 $f\left(\dfrac{1}{3}\right)=\dfrac{1}{3}\sqrt[3]{4}$,极小值 $f(1)=0$.

3.$f'(x)=2\sqrt[3]{x^2}+\dfrac{2}{3}(2x-5)\dfrac{1}{\sqrt[3]{x}}=\dfrac{2}{3\sqrt[3]{x}}(5x-5)$.令 $f'(x)=0$,得 $x=1$;当 $x=0$ 时,$f'(x)$ 不存在.比较 $f(-1)=-7,f(0)=0,f(1)=-3,f(2)=-\sqrt[3]{4}$,知 $f(x)$ 在 $[-1,2]$ 上的最大值为 0,最小值为 -7 .

4.函数定义域为 $(-\infty,+\infty)$.$y'=\dfrac{2x}{x^2+1},y''=\dfrac{2(x^2+1)-4x^2}{(x^2+1)^2}=\dfrac{2(1-x^2)}{(x^2+1)^2}$.令 $f''(x)=0$,得 $x=\pm 1$;当 $x>1$ 时,$y''<0$,当 $-1<x<1$ 时,$y''>0$,当 $x<-1$ 时 $y''<0$,故曲线在 $(-\infty,-1)$ 和 $(1,+\infty)$ 内是凸的,在 $(-1,1)$ 内是凹的.拐点为 $(-1,\ln 2)$ 和 $(1,\ln 2)$.

5. 〈证法 1〉利用拉格朗日中值定理.

令 $f(t)=e^t$,它在 $(-\infty,+\infty)$ 内连续且可导,因而在 $[x,0]$,$[0,x]$ 上满足拉格朗日中值定理的条件,于是

$$e^x-e^0=e^\xi(x-0),\xi \text{ 介于 } 0,x \text{ 之间},$$

即　　　　$e^x-1=e^\xi x,$

当 $x>0$ 时,$\xi>0$,$e^\xi>e^0=1$,$e^\xi x>x$,即 $e^x-1>x$;

当 $x<0$ 时,$\xi<0$,$e^\xi<e^0=1$,$e^\xi x>x$,即 $e^x-1>x$,故当 $x\neq 0$ 时,$e^x>1+x$.

〈证法 2〉用单调性.

令 $f(x)=e^x-1-x$,$f'(x)=e^x-1$,则 $f(x)$ 在 $(-\infty,+\infty)$ 内连续,且 $f(0)=0$.当 $x<0$ 时,$f'(x)<0$,$f(x)$ 为减函数,从而 $f(x)>f(0)=0$,即 $e^x-1-x>0$;当 $x>0$ 时,$f'(x)>0$,$f(x)$ 为增函数,从而 $f(x)>f(0)=0$,即 $e^x-1-x>0$,故当 $x\neq 0$ 时 $e^x>1+x$.

6. 令 $f(x)=\dfrac{\tan x}{x}-\dfrac{4}{\pi}$,则 $f(x)$ 在 $\left(0,\dfrac{\pi}{4}\right]$ 上连续,且 $f\left(\dfrac{\pi}{4}\right)=0$,$f'(x)=$

$\dfrac{x\sec^2 x-\tan x}{x^2}$.令 $\varphi(x)=x\sec^2 x-\tan x$,则在 $\left(0,\dfrac{\pi}{4}\right)$ 内 $\varphi'(x)=\sec^2 x+$

$2x\sec^2 x\tan x-\sec^2 x=2x\sec^2 x\tan x>0$,$\varphi(x)$ 在 $\left[0,\dfrac{\pi}{4}\right]$ 上连续,且 $\varphi(0)=0$,故

$\varphi(x)$ 在 $\left[0,\dfrac{\pi}{4}\right]$ 单调增加,于是当 $0<x<\dfrac{\pi}{4}$ 时,$\varphi(x)>\varphi(0)=0$,从而 $f'(x)>0$,

得 $f(x)$ 在 $\left[0,\dfrac{\pi}{4}\right]$ 单增.故当 $0<x<\dfrac{\pi}{4}$ 时 $f(x)<f\left(\dfrac{\pi}{4}\right)=0$,$\dfrac{\tan x}{x}-\dfrac{4}{\pi}<0$,

$\dfrac{\tan x}{x}<\dfrac{4}{\pi}$,即 $\tan x<\dfrac{4}{\pi}x$.

7. 因为 $\lim\limits_{x\to\infty}f(x)=0$,$\lim\limits_{x\to 2}f(x)=\infty$,$\lim\limits_{x\to 0}f(x)=-\dfrac{1}{2}$,故 $y=0$ 是曲线 $y=f(x)$ 的水平渐近线,垂直渐近线为 $x=2$.

8. 设所求面积为 S,$M(x,y)$ 为圆弧上任一点,则该点切线斜率为 $-\dfrac{x}{y}$,切线

方程为 $Y-y=-\dfrac{x}{y}(X-x)$.令 $X=0$,得此切线在 y 轴上的截距为 $Y=\dfrac{x^2+y^2}{y}$

$=\dfrac{4}{y}$,令 $Y=0$,得此切线在 x 轴上的截距为 $X=\dfrac{x^2+y^2}{x}=\dfrac{4}{x}$,故 $S=\dfrac{8}{xy}-\pi=$

$\dfrac{8}{x\sqrt{4-x^2}}-\pi$,$S'=-\dfrac{16(2-x^2)}{x^2(4-x^2)^{\frac{3}{2}}}$.

令 $S'=0$,得 $x=\sqrt{2}$.当 $0<x<\sqrt{2}$ 时,$S'<0$,当 $\sqrt{2}<x<2$ 时,$S'>0$,故 $x=\sqrt{2}$ 是

$S(x)$惟一的极小值点,因此也是$S(x)$的最小值点,$y\big|_{x=\sqrt{2}}=\sqrt{2}$,故所求点为$(\sqrt{2},\sqrt{2})$.最小面积为

$$S= =\frac{8}{\sqrt{2}\cdot\sqrt{2}}-\pi=4-\pi.$$

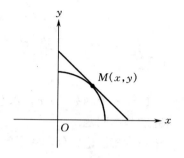

图 4-27

第 5 章　不定积分

已知一个函数 $F(x)$,求它的导数 $F'(x) = f(x)$,这是微分学所研究的基本问题.

本章将讨论微分学的逆问题,已知一函数的导数 $f(x)$,求原来的函数 $F(x)$.

5.1　不定积分的概念与性质

5.1.1　原函数

定义 5.1.1　如果在某一区间上,函数 $F(x)$ 与 $f(x)$ 满足

$$F'(x) = f(x) \text{ 或 } \mathrm{d}F(x) = f(x)\mathrm{d}x,$$

则称在该区间上,函数 $F(x)$ 是 $f(x)$ 的一个原函数.

凡说到原函数,都是指在某个区间上而言,对此以后不再声明.

例如,因为 $(\sin x)' = \cos x$,所以 $\sin x$ 是 $\cos x$ 的一个原函数.

因为 $\left(\dfrac{1}{3}x^3\right)' = x^2$,所以 $\dfrac{1}{3}x^3$ 是 x^2 的一个原函数,显然 $\dfrac{1}{3}x^3 + 1$,

$\dfrac{1}{3}x^3 + \sqrt{5}$,$\dfrac{1}{3}x^3 + C$($C$ 为任意常数)也都是 x^2 的原函数.

可见,一个函数的原函数如果存在,则必有无穷多个,为此需要解决以下两个问题:

(1)一个函数 $f(x)$ 满足什么条件才有原函数?

(2)如果函数 $f(x)$ 有原函数,它的无穷多个原函数之间有怎样的关系?

关于第一个问题将在下一章讨论,在这里先给出结论:如果函数 $f(x)$ 在某区间上连续,则在该区间上 $f(x)$ 必有原函数.

关于第二个问题,有如下结论.

定理 5.1.1　如果函数 $f(x)$ 有一个原函数 $F(x)$,则 $F(x) + C$(C 为任意常数)也是 $f(x)$ 的原函数,且 $f(x)$ 的任一个原函数与

$F(x)$相差一个常数.

证　由原函数定义,定理的前一个结论是显然的,现证后一个结论.

设 $G(x)$ 是 $f(x)$ 的任一个原函数,对于函数

$$\Phi(x) = G(x) - F(x),$$

得到 $\Phi'(x) = [G(x) - F(x)]' = G'(x) - F'(x) = f(x) - f(x) = 0$,
由拉格朗日中值定理的推论可知

$$\Phi(x) = G(x) - F(x) = C,$$

所以　　$G(x) = F(x) + C$,

这表明 $G(x)$ 与 $F(x)$ 相差一个常数. 即 $f(x)$ 的任意一个原函数都可以写成 $F(x) + C$ 的形式.

因此,只要求得 $f(x)$ 的一个原函数 $F(x)$,则 $F(x) + C$ 就是 $f(x)$ 的全体原函数.

5.1.2　不定积分定义

定义 5.1.2　函数 $f(x)$ 的全体原函数称为 $f(x)$ 的不定积分,记为

$$\int f(x)\mathrm{d}x,$$

其中"$\int$"称为积分号,$f(x)$ 称为被积函数,$f(x)\mathrm{d}x$ 称为被积表达式,x 称为积分变量.

如上所述,若函数 $F(x)$ 是 $f(x)$ 的一个原函数,则 $f(x)$ 的全体原函数可表示为 $F(x) + C$,即 $\int f(x)\mathrm{d}x = F(x) + C$,其中 C 称为积分常数.

由不定积分定义可知,求 $f(x)$ 的不定积分 $\int f(x)\mathrm{d}x$ 时,只需求出它的一个原函数,然后再加上任意常数 C 就行了.

例 1　求 $\int 3x^2\mathrm{d}x$.

解　因为 $(x^3)' = 3x^2$,所以 x^3 是 $3x^2$ 的一个原函数,因此

$$\int 3x^2\mathrm{d}x = x^3 + C.$$

例 2　求 $\displaystyle\int \frac{\mathrm{d}x}{1+x^2}$.

解　因为 $(\arctan x)' = \dfrac{1}{1+x^2}$,所以 $\arctan x$ 是 $\dfrac{1}{1+x^2}$ 的一个原函

数.因此 $\displaystyle\int \frac{\mathrm{d}x}{1+x^2} = \arctan x + C$.

　　求已知函数 $f(x)$ 的一个原函数 $F(x)$,在几何上就是要找出一条曲线 $y=F(x)$,使曲线上横坐标为 x 的点的切线斜率恰好等于 $f(x)$,即满足 $F'(x)=f(x)$,这条曲线称为 $f(x)$ 的积分曲线.由于 $f(x)$ 的不定积分是 $f(x)$ 的全体原函数 $F(x)+C$,所以在几何上,$y=F(x)+C$ 是一族曲线,称为 $f(x)$ 的积分曲线族.这族积分曲

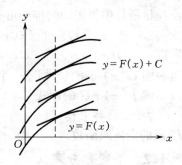

图 5-1

线具有这样的特点,在横坐标 x 相同的点处,曲线的切线是平行的,切线的斜率都等于 $f(x)$,由于它们的纵坐标只相差一个常数,因此,它们都可以由曲线 $y=F(x)$ 沿 y 轴方向平行移动而得到,如图 5-1.

　　在一些具体问题中,需要求一个满足特定条件的原函数,这时可先求不定积分,然后由已知的特定条件确定常数 C,从而得到所求的那个原函数.

　　例 3　设曲线通过点 $(2,3)$,且在曲线上任意点 (x,y) 处切线的斜率为 $2x$,求此曲线的方程.

　　解　设所求曲线方程为 $y=F(x)$.由题设,
$$F'(x)=2x,$$
即 $F(x)$ 是 $2x$ 的一个原函数.$2x$ 的全体原函数为
$$\int 2x\,\mathrm{d}x = x^2 + C,$$
而所求曲线是曲线族 $y=x^2+C$ 中的一条.由所求曲线过点 $(2,3)$ 知,$3 = 2^2 + C$,得 $C=-1$,因此所求曲线为 $y=x^2-1$.

5.1.3 不定积分的性质

根据不定积分的定义直接推出性质 1.

性质 1 $\left(\int f(x)\mathrm{d}x\right)' = f(x)$ 或 $\mathrm{d}\left(\int f(x)\mathrm{d}x\right) = f(x)\mathrm{d}x$，

及 $\int f'(x)\mathrm{d}x = f(x) + C$ 或 $\int \mathrm{d}f(x) = f(x) + C$.

这就是说，如果先积分后微分，那么二者的作用互相抵消；反之如果先微分后积分，那么二者的作用抵消后差一常数项.

由性质 1 可以推出下面的两个性质.

性质 2 有限个函数的和的不定积分等于各个函数的不定积分的和，即

$$\int [f_1(x) + f_2(x) + \cdots + f_n(x)]\mathrm{d}x$$

$$= \int f_1(x)\mathrm{d}x + \int f_2(x)\mathrm{d}x + \cdots + \int f_n(x)\mathrm{d}x.$$

证 对上式右端求导，得

$$\left[\int f_1(x)\mathrm{d}x + \int f_2(x)\mathrm{d}x + \cdots + \int f_n(x)\mathrm{d}x\right]'$$

$$= \left[\int f_1(x)\mathrm{d}x\right]' + \left[\int f_2(x)\mathrm{d}x\right]' + \cdots + \left[\int f_n(x)\mathrm{d}x\right]'$$

$$= f_1(x) + f_2(x) + \cdots + f_n(x).$$

这说明上式右端是 $f_1(x) + f_2(x) + \cdots + f_n(x)$ 的原函数，又右端的积分号表示含有任意常数，因此上式右端是 $f_1(x) + f_2(x) + \cdots + f_n(x)$ 的不定积分.

类似地，可以证明下面的性质.

性质 3 被积函数中不为零的常数因子可以提到积分号外面来，即

$$\int kf(x)\mathrm{d}x = k\int f(x)\mathrm{d}x \quad (k \text{ 为常数，且 } k \neq 0).$$

注意 当 $k = 0$ 时，$\int kf(x)\mathrm{d}x = \int 0\mathrm{d}x = C$,

而 $k\int f(x)\mathrm{d}x = 0$，两者是不相等的.

例 4　求 $\int (3x^2 + \cos x)\,\mathrm{d}x$.

解　$\int (3x^2 + \cos x)\,\mathrm{d}x = \int 3x^2\,\mathrm{d}x + \int \cos x\,\mathrm{d}x$

$= x^3 + \sin x + C$.

分项积分后的每个不定积分都应加上一个任意常数,但由于有限个任意常数的和仍是任意常数,因此在结果中加上一个任意常数就可以了.

5.1.4　基本积分表

求不定积分的运算称为积分运算或积分法,由前面讨论可知积分法与微分法互为逆运算,因此由一个导数基本公式就可以得到一个相应的积分公式.

例如,由 $(\tan x)' = \dfrac{1}{\cos^2 x}$,得到

$$\int \frac{\mathrm{d}x}{\cos^2 x} = \tan x + C.$$

因此可以写出下面的基本积分公式,这些公式也叫做基本积分表,其中 C 是积分常数.

(1) $\int k\,\mathrm{d}x = kx + C$　（k 是常数）.

(2) $\int x^\alpha\,\mathrm{d}x = \dfrac{x^{\alpha+1}}{\alpha+1} + C$　（$\alpha \neq -1$）.

(3) $\int \dfrac{1}{x}\,\mathrm{d}x = \ln|x| + C$.

(4) $\int \mathrm{e}^x\,\mathrm{d}x = \mathrm{e}^x + C$.

(5) $\int a^x\,\mathrm{d}x = \dfrac{a^x}{\ln a} + C$　（$a > 0, a \neq 1$）.

(6) $\int \sin x\,\mathrm{d}x = -\cos x + C$.

(7) $\int \cos x\,\mathrm{d}x = \sin x + C$.

$(8)\displaystyle\int\frac{1}{\cos^2 x}\mathrm{d}x=\int\sec^2 x\,\mathrm{d}x=\tan x+C.$

$(9)\displaystyle\int\frac{1}{\sin^2 x}\mathrm{d}x=\int\csc^2 x\,\mathrm{d}x=-\cot x+C.$

$(10)\displaystyle\int\sec x\tan x\,\mathrm{d}x=\sec x+C.$

$(11)\displaystyle\int\csc x\cot x\,\mathrm{d}x=-\csc x+C.$

$(12)\displaystyle\int\frac{1}{\sqrt{1-x^2}}\mathrm{d}x=\arcsin x+C.$

$(13)\displaystyle\int\frac{1}{1+x^2}\mathrm{d}x=\arctan x+C.$

基本积分表是求不定积分的基础,必须熟记.下面举几个应用基本积分表和不定积分性质求不定积分的例子.

例 5　求 $\displaystyle\int\frac{x^2+1}{x\sqrt{x}}\mathrm{d}x.$

解　$\displaystyle\int\frac{x^2+1}{x\sqrt{x}}\mathrm{d}x=\int(x^{\frac{1}{2}}+x^{-\frac{3}{2}})\mathrm{d}x=\int x^{\frac{1}{2}}\mathrm{d}x+\int x^{-\frac{3}{2}}\mathrm{d}x$

$$=\frac{x^{\frac{1}{2}+1}}{\frac{1}{2}+1}+\frac{x^{-\frac{3}{2}+1}}{-\frac{3}{2}+1}+C=\frac{2}{3}x^{\frac{3}{2}}-2x^{-\frac{1}{2}}+C.$$

例 6　求 $\displaystyle\int\frac{(x-\sqrt{x})(1+\sqrt{x})}{\sqrt[3]{x}}\mathrm{d}x.$

解　$\displaystyle\int\frac{(x-\sqrt{x})(1+\sqrt{x})}{\sqrt[3]{x}}\mathrm{d}x=\int\frac{x\sqrt{x}-\sqrt{x}}{\sqrt[3]{x}}\mathrm{d}x=\int x^{\frac{7}{6}}\mathrm{d}x-\int x^{\frac{1}{6}}\mathrm{d}x$

$$=\frac{x^{\frac{7}{6}+1}}{\frac{7}{6}+1}-\frac{x^{\frac{1}{6}+1}}{\frac{1}{6}+1}+C=\frac{6}{13}x^{\frac{13}{6}}-\frac{6}{7}x^{\frac{7}{6}}+C.$$

从上面两例可以看出,当被积函数是根式的四则运算时,应将它化简成 x^a 的形式,然后再用幂函数的积分公式求不定积分.

例 7　求 $\displaystyle\int\left(\sin x+\frac{2}{\sqrt{1-x^2}}+\pi\right)\mathrm{d}x.$

解 $\displaystyle\int\left(\sin x + \frac{2}{\sqrt{1-x^2}} + \pi\right)\mathrm{d}x = \int\sin x\,\mathrm{d}x + 2\int\frac{\mathrm{d}x}{\sqrt{1-x^2}} + \pi\int\mathrm{d}x$

$\qquad\qquad = -\cos x + 2\arcsin x + \pi x + C.$

检验积分计算是否正确,只需对积分结果求导,看它是否等于被积函数.如果相等,积分结果是正确的,否则就是错误的.

例 8　求 $\displaystyle\int 2^x \mathrm{e}^x\,\mathrm{d}x$.

解 $\displaystyle\int 2^x \mathrm{e}^x\,\mathrm{d}x = \int (2\mathrm{e})^x\,\mathrm{d}x = \int (2\mathrm{e})^x\,\mathrm{d}x\,(\text{把 }2\mathrm{e}\text{ 看作 }a)$

$\qquad\quad = \dfrac{(2\mathrm{e})^x}{\ln(2\mathrm{e})} + C = \dfrac{2^x \mathrm{e}^x}{\ln 2 + 1} + C.$

例 9　求 $\displaystyle\int \left(\frac{x-1}{x}\right)^3 \mathrm{d}x$.

解 $\displaystyle\int \left(\frac{x-1}{x}\right)^3 \mathrm{d}x = \int \left(1 - \frac{1}{x}\right)^3 \mathrm{d}x = \int \left(1 - \frac{3}{x} + \frac{3}{x^2} - \frac{1}{x^3}\right)\mathrm{d}x$

$\qquad\quad = \displaystyle\int \mathrm{d}x - 3\int \frac{1}{x}\mathrm{d}x + 3\int x^{-2}\mathrm{d}x - \int x^{-3}\mathrm{d}x$

$\qquad\quad = x - 3\ln|x| - \dfrac{3}{x} + \dfrac{1}{2x^2} + C.$

有些不定积分,需要将被积函数进行简单的代数或三角恒等变形,化为基本积分表的形式,然后再求不定积分.

例 10　求 $\displaystyle\int \frac{1-x^2}{1+x^2}\mathrm{d}x$.

解　先把被积函数进行恒等变形,化为基本积分表的形式再积分.

$\displaystyle\int \frac{1-x^2}{1+x^2}\mathrm{d}x = \int \frac{2-1-x^2}{1+x^2}\mathrm{d}x = \int \frac{2-(1+x^2)}{1+x^2}\mathrm{d}x$

$\qquad\quad = 2\displaystyle\int \frac{1}{1+x^2}\mathrm{d}x - \int \mathrm{d}x = 2\arctan x - x + C.$

例 11　求 $\displaystyle\int \frac{1+x^2-x^4}{x^2(1+x^2)}\mathrm{d}x$.

解 $\displaystyle\int \frac{1+x^2-x^4}{x^2(1+x^2)}\mathrm{d}x = \int \frac{1+x^2}{x^2(1+x^2)}\mathrm{d}x - \int \frac{x^4}{x^2(1+x^2)}\mathrm{d}x$

$$= \int \frac{1}{x^2} \mathrm{d}x - \int \frac{x^2}{1+x^2} \mathrm{d}x = \int x^{-2} \mathrm{d}x - \int \frac{1+x^2-1}{1+x^2} \mathrm{d}x$$

$$= -\frac{1}{x} - \int \mathrm{d}x + \int \frac{1}{1+x^2} \mathrm{d}x = -\frac{1}{x} - x + \arctan x + C.$$

例 12　$\int \tan^2 x \mathrm{d}x.$

解　基本积分表中没有这种类型的积分, 先利用三角恒等式, $\tan^2 x = \sec^2 x - 1$, 将被积函数变形后, 再分项积分:

$$\int \tan^2 x \mathrm{d}x = \int (\sec^2 x - 1) \mathrm{d}x = \int \sec^2 x \mathrm{d}x - \int \mathrm{d}x$$
$$= \tan x - x + C.$$

例 13　求 $\int \sin^2 \frac{x}{2} \mathrm{d}x.$

解　$\int \sin^2 \frac{x}{2} \mathrm{d}x = \int \frac{1-\cos x}{2} \mathrm{d}x$

$$= \frac{1}{2} \int \mathrm{d}x - \frac{1}{2} \int \cos x \mathrm{d}x = \frac{1}{2} x - \frac{1}{2} \sin x + C.$$

例 14　求 $\int (2\sec x - \tan x) \tan x \mathrm{d}x.$

解　$\int (2\sec x - \tan x) \tan x \mathrm{d}x$

$$= 2 \int \sec x \tan x \mathrm{d}x - \int \tan^2 x \mathrm{d}x = 2\sec x - \int (\sec^2 x - 1) \mathrm{d}x$$

$$= 2\sec x - \int \sec^2 x \mathrm{d}x + \int \mathrm{d}x = 2\sec x - \tan x + x + C.$$

例 15　求 $\int \frac{\mathrm{d}x}{1 - \cos 2x}.$

解　$\int \frac{\mathrm{d}x}{1 - \cos 2x} = \int \frac{\mathrm{d}x}{2\sin^2 x} = -\frac{1}{2} \cot x + C.$

例 16　求 $\int \dfrac{\mathrm{d}x}{\sin^2 \dfrac{x}{2} \cos^2 \dfrac{x}{2}}.$

解　$\int \dfrac{\mathrm{d}x}{\sin^2 \dfrac{x}{2} \cos^2 \dfrac{x}{2}} = \int \dfrac{4\mathrm{d}x}{\left(2\sin \dfrac{x}{2} \cos \dfrac{x}{2}\right)^2}$

$$= \int \frac{4\mathrm{d}x}{\sin^2 x} = -4\cot x + C.$$

习题 5-1

1. 求下列不定积分.

(1) $\int x^3 \sqrt[3]{x}\,\mathrm{d}x$；

(2) $\int (x^4 + 3x + 2)\,\mathrm{d}x$；

(3) $\int (1 + \sqrt{x})^2\,\mathrm{d}x$；

(4) $\int \dfrac{1 - x}{x\sqrt{x}}\,\mathrm{d}x$；

(5) $\int \left(2^x + \dfrac{3}{\sqrt{1 - x^2}}\right)\mathrm{d}x$；

(6) $\int (\sqrt{x} + 1)(x^2 - 1)\,\mathrm{d}x$；

(7) $\int \dfrac{3 \cdot 4^x - 3^x}{4^x}\,\mathrm{d}x$；

(8) $\int \sec x(\sec x + \tan x)\,\mathrm{d}x$；

(9) $\int \dfrac{2 + x^2 + x^4}{1 + x^2}\,\mathrm{d}x$；

(10) $\int \dfrac{\mathrm{d}x}{1 + \cos 2x}$；

(11) $\int \dfrac{2 - \sin^2 x}{\cos^2 x}\,\mathrm{d}x$；

(12) $\int \dfrac{\cos 2x}{\cos x - \sin x}\,\mathrm{d}x$；

(13) $\int 3^{-x}\left(1 - \dfrac{3^x}{\sqrt{x}}\right)\mathrm{d}x$；

(14) $\int \mathrm{e}^{x-4}\,\mathrm{d}x$；

(15) $\int 2\cos^2 \dfrac{x}{2}\,\mathrm{d}x$；

(16) $\int \dfrac{1}{\cos^2 x \sin^2 x}\,\mathrm{d}x$.

2. 一曲线过点 $(0,1)$，且在曲线上任意点处的切线斜率为 $3x$，求该曲线的方程.

5.2　换元积分法

利用不定积分的性质与基本积分表,我们只能计算简单函数的不定积分,因此还需要进一步研究求不定积分的方法.最常用的基本积分法是换元积分法与分部积分法.

本节先介绍换元积分法,简称换元法.换元法通常分为两类,即第一类换元法和第二类换元法,下面先介绍第一类换元法.

5.2.1　第一类换元法

在微分法中,复合函数微分法是一种重要的方法.积分法作为微分法的逆运算,也有相应的方法,这就是换元积分法.换元法的基本思想,就是把要计算的积分通过变量代换,化成基本积分表中已有的基本公式的形式.算出原函数后,再换回原来的变量.

定理 5.2.1　设函数 $f(u)$ 具有原函数 $F(u)$,$u = \varphi(x)$ 具有连续的导数,则 $F[\varphi(x)]$ 是 $f[\varphi(x)]\varphi'(x)$ 的原函数,即

$$\int f[\varphi(x)]\varphi'(x)\mathrm{d}x = F[\varphi(x)] + C.$$

证　设 $\Phi(x) = F[\varphi(x)]$,则根据复合函数的求导法则得到

$$\Phi'(x) = \frac{\mathrm{d}F}{\mathrm{d}u} \cdot \frac{\mathrm{d}u}{\mathrm{d}x} = f(u)\varphi'(x) = f[\varphi(x)]\varphi'(x).$$

即 $\Phi(x)$ 是 $f[\varphi(x)]\varphi'(x)$ 的原函数,所以有

$$\int f[\varphi(x)]\varphi'(x)\mathrm{d}x = \Phi(x) + C = F[\varphi(x)] + C.$$

这个定理告诉我们,在求不定积分时,如果被积表达式可以整理成 $f[\varphi(x)]\varphi'(x)\mathrm{d}x = f[\varphi(x)]\mathrm{d}\varphi(x)$,并且 $f(u)$ 具有原函数 $F(u)$,那么可设 $u = \varphi(x)$,这时

$$\int f[\varphi(x)]\varphi'(x)\mathrm{d}x = \int f[\varphi(x)]\mathrm{d}\varphi(x)$$

$$\xlongequal{\text{换元 } u = \varphi(x)} \int f(u)\mathrm{d}u = F(u) + C$$

$$\xlongequal{\text{以 } u = \varphi(x)\text{代回}} F[\varphi(x)] + C.$$

通常把这种换元方法叫做第一类换元法.由于积分过程中出现凑微分 $\varphi'(x)\mathrm{d}x = \mathrm{d}\varphi(x) = \mathrm{d}u$,所以第一类换元法又称为凑微分法.

例 1　求 $\int \sin 5x \, \mathrm{d}x$.

解　不定积分 $\int \sin 5x \, \mathrm{d}x$ 显然不等于 $-\cos 5x + C$.这是因为

$$(-\cos 5x + C)' = 5\sin 5x,$$

不等于原来的被积函数.但被积表达式可以整理成

$$\sin 5x \, \mathrm{d}x = \frac{1}{5} \sin 5x (5x)' \mathrm{d}x = \frac{1}{5} \sin 5x \, \mathrm{d}(5x),$$

且　　　　$\int \sin u \, \mathrm{d}u = -\cos u + C,$

因此,设 $u = 5x$,从而得

$$\int \sin 5x \, dx = \frac{1}{5} \int \sin u \, du = -\frac{1}{5} \cos u + C$$

$$= -\frac{1}{5} \cos 5x + C.$$

例 2　求 $\int (2x+1)^8 \, dx$.

解　由于 $\int (2x+1)^8 \, dx = \int \frac{1}{2} (2x+1)^8 (2x+1)' \, dx$

$$= \frac{1}{2} \int (2x+1)^8 \, d(2x+1),$$

因此,设 $u = 2x+1$,从而得

$$\int (2x+1)^8 \, dx = \frac{1}{2} \int u^8 \, du = \frac{1}{2} \cdot \frac{1}{9} u^9 + C$$

$$= \frac{1}{18} (2x+1)^9 + C.$$

例 3　求 $\int \dfrac{dx}{\sqrt{a^2 - x^2}}$　$(a > 0)$.

解　由于

$$\int \frac{dx}{\sqrt{a^2 - x^2}} = \int \frac{dx}{a\sqrt{1 - \left(\dfrac{x}{a}\right)^2}} = \int \frac{\dfrac{1}{a} dx}{\sqrt{1 - \left(\dfrac{x}{a}\right)^2}}$$

$$= \int \frac{\left(\dfrac{x}{a}\right)' dx}{\sqrt{1 - \left(\dfrac{x}{a}\right)^2}} = \int \frac{d\left(\dfrac{x}{a}\right)}{\sqrt{1 - \left(\dfrac{x}{a}\right)^2}},$$

因此,令 $u = \dfrac{x}{a}$,从而得

$$\int \frac{dx}{\sqrt{a^2 - x^2}} = \int \frac{du}{\sqrt{1 - u^2}} = \arcsin u + C = \arcsin \frac{x}{a} + C.$$

例 4　求 $\int \tan x \, dx$.

解　由于
$$\int \tan x \, \mathrm{d}x = \int \frac{\sin x}{\cos x} \mathrm{d}x = -\int \frac{(\cos x)'}{\cos x} \mathrm{d}x = -\int \frac{\mathrm{d}(\cos x)}{\cos x},$$
因此，设 $u = \cos x$，从而得
$$\int \tan x \, \mathrm{d}x = -\int \frac{\mathrm{d}u}{u} = -\ln|u| + C = -\ln|\cos x| + C.$$
类似地
$$\int \cot x \, \mathrm{d}x = \ln|\sin x| + C.$$

例 5　求 $\displaystyle\int x \sqrt{1-x^2} \, \mathrm{d}x$.

解　由于 $\displaystyle\int x \sqrt{1-x^2} \, \mathrm{d}x = -\frac{1}{2} \int \sqrt{1-x^2} \, (1-x^2)' \, \mathrm{d}x$
$$= -\frac{1}{2} \int \sqrt{1-x^2} \, \mathrm{d}(1-x^2),$$
因此，设 $u = 1-x^2$，从而得
$$\int x \sqrt{1-x^2} \, \mathrm{d}x = -\frac{1}{2} \int \sqrt{u} \, \mathrm{d}u = -\frac{1}{2} \cdot \frac{2}{3} u^{\frac{3}{2}} + C$$
$$= -\frac{1}{3} (1-x^2)^{\frac{3}{2}} + C.$$

对变量代换比较熟练以后，就不必把 u 写出来.

例 6　求 $\displaystyle\int \frac{\ln^3 x}{x} \mathrm{d}x$.

解　$\displaystyle\int \frac{\ln^3 x}{x} \mathrm{d}x = \int \ln^3 x \, (\ln x)' \, \mathrm{d}x$
$$= \int \ln^3 x \, \mathrm{d}(\ln x) = \frac{1}{4} \ln^4 x + C.$$

在这一例中，实际上已经用了变量代换 $u = \ln x$，只是没有把 u 写出来.

例 7　求 $\displaystyle\int \frac{1}{x^2} \sin \frac{1}{x} \mathrm{d}x$.

解　$\displaystyle\int \frac{1}{x^2} \sin \frac{1}{x} \mathrm{d}x = -\int \sin \frac{1}{x} \cdot \left(\frac{1}{x}\right)' \mathrm{d}x$

$$= -\int \sin \frac{1}{x} \mathrm{d}\left(\frac{1}{x}\right) = \cos \frac{1}{x} + C.$$

例 8　求 $\int \dfrac{\mathrm{d}x}{a^2 + x^2}$.

解　$\displaystyle\int \frac{\mathrm{d}x}{a^2 + x^2} = \frac{1}{a^2}\int \frac{\mathrm{d}x}{1 + \left(\dfrac{x}{a}\right)^2} = \frac{1}{a}\int \frac{\mathrm{d}\left(\dfrac{x}{a}\right)}{1 + \left(\dfrac{x}{a}\right)^2} = \frac{1}{a}\arctan \frac{x}{a} + C.$

例 9　求 $\int \dfrac{1}{\sqrt{x}}\mathrm{e}^{\sqrt{x}}\mathrm{d}x$.

解　$\displaystyle\int \frac{1}{\sqrt{x}}\mathrm{e}^{\sqrt{x}}\mathrm{d}x = 2\int \mathrm{e}^{\sqrt{x}}\mathrm{d}(\sqrt{x}) = 2\mathrm{e}^{\sqrt{x}} + C.$

　　换元积分法常常要用到一些技巧,如何适当地选择变量代换 $u = \varphi(x)$ 没有一定规律可循,因此必须多做练习.在做题过程中应善于归纳总结.如在上述各例中,例 1、例 2、例 3、例 8 同属于如下形式的积分:

$$\int f(ax + b)\mathrm{d}x = \frac{1}{a}\int f(ax + b)\mathrm{d}(ax + b).$$

例 5 属于如下形式的积分:

$$\int f(ax^2 + b)x\mathrm{d}x = \frac{1}{2a}\int f(ax^2 + b)\mathrm{d}(ax^2 + b).$$

例 6 属于如下形式的积分:

$$\int f(\ln x)\frac{1}{x}\mathrm{d}x = \int f(\ln x)\mathrm{d}(\ln x).$$

例 7 属于 $\displaystyle\int f\left(\frac{1}{x}\right)\frac{1}{x^2}\mathrm{d}x = -\int f\left(\frac{1}{x}\right)\mathrm{d}\left(\frac{1}{x}\right)$ 形式的积分.

例 9 属于 $\displaystyle\int f(\sqrt{x})\frac{1}{\sqrt{x}}\mathrm{d}x = 2\int f(\sqrt{x})\mathrm{d}(\sqrt{x})$ 形式的积分.

例 10　求 $\int \dfrac{\mathrm{d}x}{\sqrt{x}(1 + x)}$.

解　$\displaystyle\int \frac{\mathrm{d}x}{\sqrt{x}(1 + x)} = \int \frac{1}{1 + (\sqrt{x})^2}\cdot\frac{1}{\sqrt{x}}\mathrm{d}x = \int \frac{2}{1 + (\sqrt{x})^2}\mathrm{d}(\sqrt{x})$

$$= 2\arctan\sqrt{x} + C.$$

有时需要对被积函数先做必要的代数、三角恒等变形,再使用换元积分法.

例 11　求 $\displaystyle\int \frac{1}{a^2 - x^2}\mathrm{d}x$ 　$(a > 0)$.

解　因为 $\displaystyle\frac{1}{a^2 - x^2} = \frac{1}{(a+x)(a-x)} = \frac{1}{2a}\cdot\frac{(a+x)+(a-x)}{(a+x)(a-x)}$

$$= \frac{1}{2a}\left(\frac{1}{a-x} + \frac{1}{a+x}\right),$$

所以　$\displaystyle\int \frac{\mathrm{d}x}{a^2 - x^2} = \frac{1}{2a}\int\left(\frac{1}{a-x} + \frac{1}{a+x}\right)\mathrm{d}x = \frac{1}{2a}\int\frac{\mathrm{d}x}{a-x} + \frac{1}{2a}\int\frac{\mathrm{d}x}{a+x}$

$$= -\frac{1}{2a}\int\frac{\mathrm{d}(a-x)}{a-x} + \frac{1}{2a}\int\frac{\mathrm{d}(a+x)}{a+x}$$

$$= -\frac{1}{2a}\ln|a-x| + \frac{1}{2a}\ln|a+x| + C$$

$$= \frac{1}{2a}\ln\left|\frac{a+x}{a-x}\right| + C.$$

类似地可得

$$\int \frac{\mathrm{d}x}{x^2 - a^2} = \frac{1}{2a}\ln\left|\frac{x-a}{x+a}\right| + C \quad (a > 0).$$

例 12　求 $\displaystyle\int \frac{\mathrm{d}x}{x(1-x^2)}$.

解　由于

$$\frac{1}{x(1-x^2)} = \frac{(1-x^2)+x^2}{x(1-x^2)} = \frac{1}{x} + \frac{x}{1-x^2}.$$

所以　$\displaystyle\int \frac{\mathrm{d}x}{x(1-x^2)} = \int\left(\frac{1}{x} + \frac{x}{1-x^2}\right)\mathrm{d}x = \int\frac{\mathrm{d}x}{x} + \int\frac{x}{1-x^2}\mathrm{d}x$

$$= \ln|x| - \frac{1}{2}\int\frac{\mathrm{d}(1-x^2)}{1-x^2} = \ln|x| - \frac{1}{2}\ln|1-x^2| + C.$$

例 13　求 $\displaystyle\int \csc x\,\mathrm{d}x$.

解　$\displaystyle\int \csc x\,\mathrm{d}x = \int\frac{\mathrm{d}x}{\sin x} = \int\frac{\mathrm{d}x}{2\sin\dfrac{x}{2}\cos\dfrac{x}{2}} = \int\frac{\mathrm{d}x}{2\tan\dfrac{x}{2}\cos^2\dfrac{x}{2}}$

$$= \int \frac{d\left(\dfrac{x}{2}\right)}{\tan\dfrac{x}{2}\cos^2\dfrac{x}{2}} = \int \frac{d\left(\tan\dfrac{x}{2}\right)}{\tan\dfrac{x}{2}} = \ln\left|\tan\dfrac{x}{2}\right| + C.$$

又因为　　$\tan\dfrac{x}{2} = \dfrac{\sin\dfrac{x}{2}}{\cos\dfrac{x}{2}} = \dfrac{2\sin^2\dfrac{x}{2}}{2\sin\dfrac{x}{2}\cos\dfrac{x}{2}} = \dfrac{1-\cos x}{\sin x} = \csc x - \cot x,$

所以　　　$\displaystyle\int \frac{\mathrm{d}x}{\sin x} = \ln|\csc x - \cot x| + C.$

例 14　求 $\displaystyle\int \sec x\,\mathrm{d}x$.

解　$\displaystyle\int \sec x\,\mathrm{d}x = \int \frac{\mathrm{d}x}{\cos x} = \int \frac{d\left(x+\dfrac{\pi}{2}\right)}{\sin\left(x+\dfrac{\pi}{2}\right)}$

$$= \ln\left|\csc\left(x+\frac{\pi}{2}\right) - \cot\left(x+\frac{\pi}{2}\right)\right| + C$$

$$= \ln|\sec x + \tan x| + C.$$

例 15　求 $\displaystyle\int \sin^3 x\,\mathrm{d}x$.

解　$\displaystyle\int \sin^3 x\,\mathrm{d}x = \int \sin^2 x\sin x\,\mathrm{d}x = -\int(1-\cos^2 x)\mathrm{d}(\cos x)$

$$= -\int \mathrm{d}(\cos x) + \int \cos^2 x\,\mathrm{d}(\cos x) = -\cos x + \frac{1}{3}\cos^3 x + C.$$

例 16　求 $\displaystyle\int \sin^4 x\cos^3 x\,\mathrm{d}x$.

解　$\displaystyle\int \sin^4 x\cos^3 x\,\mathrm{d}x = \int \sin^4 x\cos^2 x\cos x\,\mathrm{d}x$

$$= \int \sin^4 x(1-\sin^2 x)\mathrm{d}(\sin x) = \int(\sin^4 x - \sin^6 x)\mathrm{d}(\sin x)$$

$$= \frac{1}{5}\sin^5 x - \frac{1}{7}\sin^7 x + C.$$

例 17　求 $\displaystyle\int \cos^2 x\,\mathrm{d}x$.

解　$\displaystyle\int\cos^2 x\,\mathrm{d}x = \frac{1}{2}\int(1+\cos 2x)\,\mathrm{d}x = \frac{1}{2}\int\mathrm{d}x + \frac{1}{4}\int\cos 2x\,\mathrm{d}(2x)$

$\displaystyle\qquad\qquad\quad = \frac{1}{2}x + \frac{1}{4}\sin 2x + C.$

类似地,可得

$$\int\sin^2 x\,\mathrm{d}x = \frac{1}{2}x - \frac{1}{4}\sin 2x + C.$$

例 18　求 $\displaystyle\int\sin^2 x\cos^2 x\,\mathrm{d}x.$

解　因为 $\displaystyle\sin^2 x\cos^2 x = \left(\frac{1}{2}\sin 2x\right)^2 = \frac{1}{4}\sin^2 2x = \frac{1}{8}(1-\cos 4x),$

所以　$\displaystyle\int\sin^2 x\cos^2 x\,\mathrm{d}x = \frac{1}{8}\int(1-\cos 4x)\,\mathrm{d}x$

$\displaystyle\qquad = \frac{1}{8}\int\mathrm{d}x - \frac{1}{32}\int\cos 4x\,\mathrm{d}(4x) = \frac{1}{8}x - \frac{1}{32}\sin 4x + C.$

从以上几例可以看出,在计算形如

$$\int\sin^n x\cos^m x\,\mathrm{d}x \quad (m,n\ \text{为非负整数})$$

的积分时,若 n,m 中至少有一个奇数,如 n 为奇数,可将 $\sin x\,\mathrm{d}x$ 凑成微分 $\mathrm{d}(-\cos x)$,从而转化为幂函数的积分.若 n 与 m 均为偶数,一般可用倍角公式降低被积函数的方次,然后再进行积分.

由于同一个不定积分可以用不同的方法计算,有时积分结果的表达形式可能不一样.

例如,求 $\displaystyle\int\sin x\cos x\,\mathrm{d}x.$

解法一　$\displaystyle\int\sin x\cos x\,\mathrm{d}x = \int\sin x\,\mathrm{d}(\sin x) = \frac{1}{2}\sin^2 x + C.$

解法二　$\displaystyle\int\sin x\cos x\,\mathrm{d}x = -\int\cos x\,\mathrm{d}(\cos x) = -\frac{1}{2}\cos^2 x + C.$

解法三　$\displaystyle\int\sin x\cos x\,\mathrm{d}x = \frac{1}{2}\int\sin 2x\,\mathrm{d}x = \frac{1}{4}\int\sin 2x\,\mathrm{d}(2x)$

$\displaystyle\qquad\qquad\qquad = -\frac{1}{4}\cos 2x + C.$

5.2.2　第二类换元法

第一类换元法是通过变量代换：$u = \varphi(x)$，将积分 $\int f[\varphi(x)]\varphi'(x)\mathrm{d}x$ 化为 $\int f(u)\mathrm{d}u$. 我们也常常遇到与第一类换元法相反的情形，即对于 $\int f(x)\mathrm{d}x$ 不易求出，但适当选择变量代换 $x = \psi(t)$，得

$$\int f(x)\mathrm{d}x = \int f[\psi(t)]\psi'(t)\mathrm{d}t.$$

而新的被积函数 $f[\psi(t)]\psi'(t)$ 的原函数容易求出，设

$$\int f[\psi(t)]\psi'(t)\mathrm{d}t = F(t) + C,$$

如果 $x = \psi(t)$ 有反函数 $t = \overline{\psi}(x)$ 存在，则有

$$\int f(x)\mathrm{d}x = F[\overline{\psi}(x)] + C.$$

这就是第二类换元法. 下面给出定理 5.2.2.

定理 5.2.2　设 $x = \psi(t)$ 具有连续导数 $\psi'(t)$，且 $\psi'(t) \neq 0$，又设 $f[\psi(t)]\psi'(t)$ 具有原函数 $F(t)$，$t = \overline{\psi}(x)$ 是 $x = \psi(t)$ 的反函数，则 $F[\overline{\psi}(x)]$ 是 $f(x)$ 的原函数，即

$$\int f(x)\mathrm{d}x = \int f[\psi(t)]\psi'(t)\mathrm{d}t = F[\overline{\psi}(x)] + C.$$

证　设 $\Phi(x) = F[\overline{\psi}(x)]$，利用复合函数及反函数的求导法则，得到

$$\Phi'(x) = \frac{\mathrm{d}F}{\mathrm{d}t} \cdot \frac{\mathrm{d}t}{\mathrm{d}x} = f[\psi(t)]\psi'(t) \cdot \frac{1}{\psi'(t)} = f[\psi(t)]$$
$$= f(x).$$

因此，$\Phi(x)$ 是 $f(x)$ 的原函数，即

$$\int f(x)\mathrm{d}x = \Phi(x) + C = F[\overline{\psi}(x)] + C.$$

这个定理告诉我们，对于 $\int f(x)\mathrm{d}x$ 不易积分时，先进行变量代换 $x = \psi(t)$，将 $\int f(x)\mathrm{d}x$ 化成 $\int f[\psi(t)]\psi'(t)\mathrm{d}t$. 如果后一积分可求，则

积分后用 $x = \psi(t)$ 的反函数 $t = \overline{\psi}(x)$ 代换 t，就可得到所要求的不定积分.

例 19　求 $\displaystyle\int \sqrt{a^2 - x^2}\,\mathrm{d}x$　$(a > 0)$.

解　求这个积分可考虑用第二类换元积分法，通过换元将被积函数中的根号去掉，然后再求不定积分. 由恒等式 $\sin^2 x + \cos^2 x = 1$ 可作如下换元.

设　$x = a\sin t$，则

$$\sqrt{a^2 - x^2} = \sqrt{a^2 - a^2\sin^2 t} = \sqrt{a^2(1 - \sin^2 t)}$$
$$= a\sqrt{\cos^2 t} = a\cos t,$$
$$\mathrm{d}x = a\cos t\,\mathrm{d}t.$$

所以　$\displaystyle\int \sqrt{a^2 - x^2}\,\mathrm{d}x = \int a^2\cos^2 t\,\mathrm{d}t = \frac{a^2}{2}\int (1 + \cos 2t)\,\mathrm{d}t$

$$= \frac{a^2}{2}\int \mathrm{d}t + \frac{a^2}{4}\int \cos 2t\,\mathrm{d}(2t) = \frac{a^2}{2}t + \frac{a^2}{4}\sin 2t + C,$$

由于　$x = a\sin t$，所以 $t = \arcsin\dfrac{x}{a}$，

$$\cos t = \sqrt{1 - \sin^2 t} = \sqrt{1 - \left(\frac{x}{a}\right)^2} = \frac{\sqrt{a^2 - x^2}}{a},$$

$$\sin 2t = 2\sin t\cos t = 2\cdot\frac{x}{a}\cdot\frac{\sqrt{a^2 - x^2}}{a} = \frac{2x}{a^2}\sqrt{a^2 - x^2},$$

因此，所求积分为

$$\int \sqrt{a^2 - x^2}\,\mathrm{d}x = \frac{a^2}{2}\arcsin\frac{x}{a} + \frac{x}{2}\sqrt{a^2 - x^2} + C.$$

由 $x = a\sin t$ 求 $\cos t$，常采用下面的办法，即根据 $x = a\sin t$ 作一直角三角形，如图 5-2，使它的一个锐角为 t，斜边为 a，角 t 的对边为 x，由勾股定理知，另一直角边为 $\sqrt{a^2 - x^2}$，所以 $\cos t = \dfrac{\sqrt{a^2 - x^2}}{a}$.

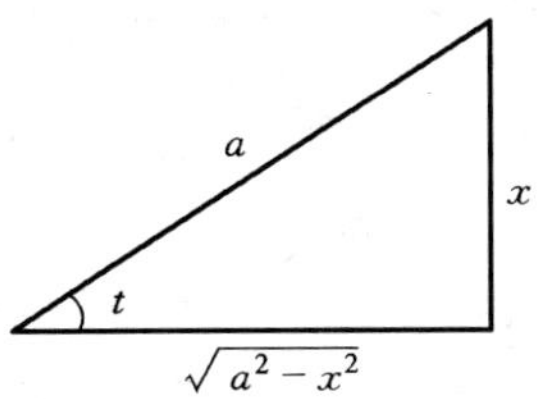

图 5-2

例 20　求 $\int \dfrac{\mathrm{d}x}{\sqrt{x^2 + a^2}}$　$(a > 0)$.

解　与上题类似,设 $x = a\tan t$,

则　　　$\sqrt{x^2 + a^2} = \sqrt{a^2 \tan^2 t + a^2}$

　　　　　$= a\sqrt{\tan^2 t + 1} = a\sec t$,

　　　　$\mathrm{d}x = \mathrm{d}(a\tan t) = a\sec^2 t\,\mathrm{d}t$,

所以　　$\int \dfrac{\mathrm{d}x}{\sqrt{x^2 + a^2}} = \int \dfrac{a\sec^2 t}{a\sec t}\mathrm{d}t$

　　　　　$= \int \sec t\,\mathrm{d}t = \ln|\sec t + \tan t| + C$.

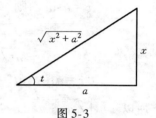

图 5-3

根据 $x = a\tan t$ 作直角三角形(图 5-3),得到

　　　　　$\sec t = \dfrac{\sqrt{x^2 + a^2}}{a}$,

因此　　$\int \dfrac{\mathrm{d}x}{\sqrt{x^2 + a^2}} = \ln\left| \dfrac{\sqrt{x^2 + a^2}}{a} + \dfrac{x}{a} \right| + C_1$

　　　$= \ln(x + \sqrt{x^2 + a^2}) + C$(其中 $C = C_1 - \ln a$).

因为 $x + \sqrt{x^2 + a^2}$ 恒大于零,所以不必写绝对值符号.

例 21　求 $\int \dfrac{\mathrm{d}x}{\sqrt{x^2 - a^2}}$　$(a > 0)$.

解　设 $x = a\sec t$,那么

　　　$\sqrt{x^2 - a^2} = \sqrt{a^2 \sec^2 t - a^2} = a\tan t$, $\mathrm{d}x = a\tan t\sec t\,\mathrm{d}t$,

于是　　$\int \dfrac{\mathrm{d}x}{\sqrt{x^2 - a^2}} = \int \dfrac{a\tan t\sec t}{a\tan t}\mathrm{d}t = \int \sec t\,\mathrm{d}t$

　　　　　　　$= \ln|\sec t + \tan t| + C_1$.

根据 $x = a\sec t$ 作直角三角形(图 5-4),得到

　　　　　$\tan t = \dfrac{\sqrt{x^2 - a^2}}{a}$,

因此

$$\int \frac{\mathrm{d}x}{\sqrt{x^2 - a^2}}$$

$$= \ln \left| \frac{x}{a} + \frac{\sqrt{x^2 - a^2}}{a} \right| + C_1$$

$$= \ln | x + \sqrt{x^2 - a^2} | + C（其中$$

$C = C_1 - \ln a$）.

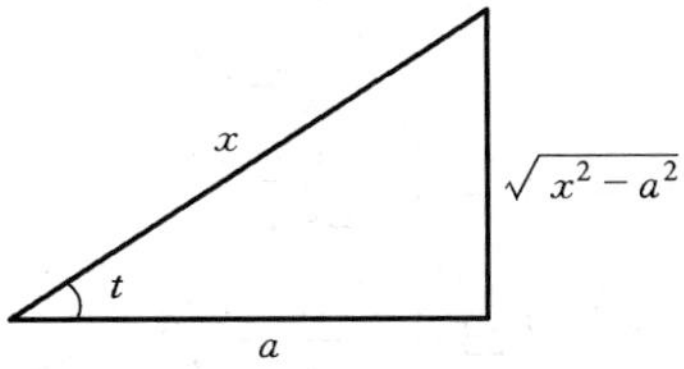

图 5-4

从上面三个例子可以看出：

如果被积函数含有 $\sqrt{a^2 - x^2}$，可作变量代换 $x = a\sin t$ 化去根号；

如果被积函数含有 $\sqrt{x^2 + a^2}$，可作变量代换 $x = a\tan t$ 化去根号；

如果被积函数含有 $\sqrt{x^2 - a^2}$，可作变量代换 $x = a\sec t$ 化去根号.

但具体解题时要分析被积函数的情况，有时可以选取更为简捷的代换（如本节例 3、例 5）.

在本节的例题中，有几个积分是以后经常遇到的，为了减少重复计算，我们把这些积分结果当做公式，继前面的基本积分表之后，再添加下面几个公式：

(14) $\displaystyle\int \tan x\,\mathrm{d}x = -\ln|\cos x| + C$.

(15) $\displaystyle\int \cot x\,\mathrm{d}x = \ln|\sin x| + C$.

(16) $\displaystyle\int \sec x\,\mathrm{d}x = \ln|\sec x + \tan x| + C$.

(17) $\displaystyle\int \csc x\,\mathrm{d}x = \ln|\csc x - \cot x| + C$.

(18) $\displaystyle\int \frac{\mathrm{d}x}{x^2 + a^2} = \frac{1}{a}\arctan \frac{x}{a} + C$.

(19) $\displaystyle\int \frac{\mathrm{d}x}{x^2 - a^2} = \frac{1}{2a}\ln \left| \frac{x - a}{x + a} \right| + C$.

(20) $\displaystyle\int \frac{\mathrm{d}x}{a^2 - x^2} = \frac{1}{2a}\ln \left| \frac{a + x}{a - x} \right| + C$.

$(21) \int \dfrac{\mathrm{d}x}{\sqrt{a^2 - x^2}} = \arcsin \dfrac{x}{a} + C.$

$(22) \int \dfrac{\mathrm{d}x}{\sqrt{x^2 + a^2}} = \ln(x + \sqrt{x^2 + a^2}) + C.$

$(23) \int \dfrac{\mathrm{d}x}{\sqrt{x^2 - a^2}} = \ln|x + \sqrt{x^2 - a^2}| + C.$

当被积函数的分母含有 $ax^2 + bx + c$ 因式时,一般可用配方法把积分化成积分表中已有的积分形式.

例 22　求 $\displaystyle\int \dfrac{\mathrm{d}x}{x^2 - 4x + 8}.$

解　$\displaystyle\int \dfrac{\mathrm{d}x}{x^2 - 4x + 8} = \int \dfrac{\mathrm{d}(x - 2)}{(x - 2)^2 + 2^2},$

利用积分公式(18),得

$$\int \dfrac{\mathrm{d}x}{x^2 - 4x + 8} = \dfrac{1}{2}\arctan \dfrac{x - 2}{2} + C.$$

例 23　求 $\displaystyle\int \dfrac{\mathrm{d}x}{\sqrt{3 - 2x - x^2}}.$

解　$\displaystyle\int \dfrac{\mathrm{d}x}{\sqrt{3 - 2x - x^2}} = \int \dfrac{\mathrm{d}(x + 1)}{\sqrt{2^2 - (x + 1)^2}}$

利用公式(21),得

$$\int \dfrac{\mathrm{d}x}{\sqrt{3 - 2x - x^2}} = \arcsin \dfrac{x + 1}{2} + C.$$

例 24　求 $\displaystyle\int \dfrac{\mathrm{d}x}{\sqrt{9x^2 + 25}}.$

解　$\displaystyle\int \dfrac{\mathrm{d}x}{\sqrt{9x^2 + 25}} = \int \dfrac{\mathrm{d}x}{\sqrt{(3x)^2 + 5^2}} = \dfrac{1}{3}\int \dfrac{\mathrm{d}(3x)}{\sqrt{(3x)^2 + 5^2}},$

利用公式(22),得

$$\int \dfrac{\mathrm{d}x}{\sqrt{9x^2 + 25}} = \dfrac{1}{3}\ln(3x + \sqrt{9x^2 + 25}) + C.$$

习题 5-2

1.在下列各式等号右端的空白处填入适当的系数,使等式成立

$\left(例如: \mathrm{d}x = \dfrac{1}{3}\mathrm{d}(3x-1)\right)$.

(1) $x\,\mathrm{d}x = $ ＿＿ $\mathrm{d}(x^2+1)$;　　　(2) $\mathrm{d}x = $ ＿＿ $\mathrm{d}\left(\dfrac{x}{4}+3\right)$;

(3) $x^2\,\mathrm{d}x = $ ＿＿ $\mathrm{d}(1-x^3)$;　　(4) $\mathrm{e}^{-\frac{1}{2}x}\,\mathrm{d}x = $ ＿＿ $\mathrm{d}(\mathrm{e}^{-\frac{1}{2}x})$;

(5) $x\mathrm{e}^{x^2}\,\mathrm{d}x = $ ＿＿ $\mathrm{d}(\mathrm{e}^{x^2}+2)$;　(6) $\dfrac{1}{x}\,\mathrm{d}x = $ ＿＿ $\mathrm{d}(-\ln x)$;

(7) $\cos 2x\,\mathrm{d}x = $ ＿＿ $\mathrm{d}(-\sin 2x)$;

(8) $\sin x\,\mathrm{d}x = $ ＿＿ $\mathrm{d}(2+\cos x)$;

(9) $3^{-x}\,\mathrm{d}x = $ ＿＿ $\mathrm{d}(1+3^{-x})$;

(10) $\sec^2(2x)\,\mathrm{d}x = $ ＿＿ $\mathrm{d}[\tan(2x)]$;

(11) $\dfrac{1}{1-2x}\,\mathrm{d}x = $ ＿＿ $\mathrm{d}[\ln(1-2x)]$;

(12) $\dfrac{1}{(x-1)^2}\,\mathrm{d}x = $ ＿＿ $\mathrm{d}\left(\dfrac{1}{x-1}\right)$;

(13) $\dfrac{1}{\sqrt{1-4x^2}}\,\mathrm{d}x = $ ＿＿ $\mathrm{d}(\arcsin 2x)$;

(14) $\dfrac{x}{9+x^2}\,\mathrm{d}x = $ ＿＿ $\mathrm{d}[\ln(9+x^2)]$.

2. 求下列不定积分.

(1) $\displaystyle\int \mathrm{e}^{2x}\,\mathrm{d}x$;　　　　　　(2) $\displaystyle\int \sqrt{1-2x}\,\mathrm{d}x$;

(3) $\displaystyle\int \sin(3x+2)\,\mathrm{d}x$;　　　(4) $\displaystyle\int x(1+x^2)^5\,\mathrm{d}x$;

(5) $\displaystyle\int \dfrac{2-x}{\sqrt{1-x^2}}\,\mathrm{d}x$;　　　(6) $\displaystyle\int \dfrac{2x+3}{1+x^2}\,\mathrm{d}x$;

(7) $\displaystyle\int x\cos(2x^2-1)\,\mathrm{d}x$;　　(8) $\displaystyle\int \dfrac{\sin\sqrt{x}}{\sqrt{x}}\,\mathrm{d}x$;

(9) $\displaystyle\int \sin^3 x\cos x\,\mathrm{d}x$;　　　(10) $\displaystyle\int \cos^2 2x\,\mathrm{d}x$;

(11) $\displaystyle\int \sec^3 x\tan x\,\mathrm{d}x$;　　(12) $\displaystyle\int (1-\sec x)\tan x\,\mathrm{d}x$;

(13) $\displaystyle\int \dfrac{1+\ln x}{x}\,\mathrm{d}x$;　　　(14) $\displaystyle\int \sec^4 x\tan^2 x\,\mathrm{d}x$;

(15) $\displaystyle\int (3^{-x}-\pi)\,\mathrm{d}x$;　　　(16) $\displaystyle\int \dfrac{x^3-x}{1+x^4}\,\mathrm{d}x$;

(17) $\int \dfrac{\sin x \cos x}{\sqrt{1-\sin^4 x}} \mathrm{d}x$;

(18) $\int \dfrac{x^4}{1+x^2} \mathrm{d}x$;

(19) $\int \dfrac{\mathrm{d}x}{x(x+1)}$;

(20) $\int \dfrac{\mathrm{d}x}{\sqrt{x(1-x)}}$;

(21) $\int \dfrac{1-x}{\sqrt{9-4x^2}} \mathrm{d}x$;

(22) $\int \dfrac{1}{x(4-\ln^2 x)} \mathrm{d}x$;

(23) $\int x(x+2)^{10} \mathrm{d}x$;

(24) $\int \dfrac{1}{\mathrm{e}^x + \mathrm{e}^{-x}} \mathrm{d}x$;

(25) $\int \dfrac{\sin x \cos x}{1+\cos^4 x} \mathrm{d}x$.

3. 求下列不定积分.

(1) $\int \sqrt{1-x^2}\, \mathrm{d}x$;

(2) $\int \dfrac{\mathrm{d}x}{x^2+2x+3}$;

(3) $\int \dfrac{\sqrt{x^2-9}}{x} \mathrm{d}x$;

(4) $\int x\sqrt{x^2+1}\, \mathrm{d}x$;

(5) $\int \dfrac{\sqrt{a^2+x^2}}{x^2} \mathrm{d}x\, (a>0)$;

(6) $\int \dfrac{1}{x\sqrt{x^2-4}} \mathrm{d}x$;

(7) $\int \dfrac{1}{x\sqrt{x^2+1}} \mathrm{d}x$;

(8) $\int \sqrt{1-\mathrm{e}^{2x}}\, \mathrm{d}x$ (提示: 令 $\sqrt{1-\mathrm{e}^{2x}}=t$).

5.3　分部积分法

相应于两个函数乘积的微分法, 可以推出另一种基本积分法——分部积分法.

设 $u=u(x)$ 及 $v=v(x)$ 具有连续导数, 则由两个函数乘积的微分公式

$$\mathrm{d}(uv) = v\mathrm{d}u + u\mathrm{d}v,$$

移项　　$u\mathrm{d}v = \mathrm{d}(uv) - v\mathrm{d}u.$

两端求不定积分, 得到

$$\int u\mathrm{d}v = uv - \int v\mathrm{d}u. \tag{1}$$

公式(1)叫做分部积分公式. 当积分 $\int u\mathrm{d}v$ 不易计算, 而积分 $\int v\mathrm{d}u$

比较容易计算时,就可以使用这个公式.

例 1　求 $\int x\cos x\,\mathrm{d}x$.

解　使用公式(1),首先遇到的问题是如何选择 u 和 $\mathrm{d}v$.

如果设 $u=\cos x$, $\mathrm{d}v=x\,\mathrm{d}x$,则 $\mathrm{d}u=-\sin x\,\mathrm{d}x$, $v=\dfrac{x^2}{2}$.

代入公式(1),得

$$\int x\cos x\,\mathrm{d}x=\frac{x^2}{2}\cos x+\frac{1}{2}\int x^2\sin x\,\mathrm{d}x.$$

这时右端的积分比原积分更不易求出,从而说明了上述 u 和 $\mathrm{d}v$ 的选择是不恰当的.

如果设 $u=x$, $\mathrm{d}v=\cos x\,\mathrm{d}x$,则　$\mathrm{d}u=\mathrm{d}x$, $v=\sin x$,

代入公式(1),得

$$\int x\cos x\,\mathrm{d}x=x\sin x-\int\sin x\,\mathrm{d}x=x\sin x+\cos x+C.$$

由此可见,正确地选取 u 和 $\mathrm{d}v$ 是应用分部积分法的关键.选取 u 和 $\mathrm{d}v$ 必须考虑到 v 容易求得及 $\int v\,\mathrm{d}u$ 容易求出.

例 2　求 $\int x\mathrm{e}^x\,\mathrm{d}x$.

解　设 $u=x$, $\mathrm{d}v=\mathrm{e}^x\,\mathrm{d}x$,则　$\mathrm{d}u=\mathrm{d}x$, $v=\mathrm{e}^x$.

代入公式(1),得

$$\int x\mathrm{e}^x\,\mathrm{d}x=x\mathrm{e}^x-\int\mathrm{e}^x\,\mathrm{d}x=x\mathrm{e}^x-\mathrm{e}^x+C.$$

例 3　求 $\int x\ln x\,\mathrm{d}x$.

解　设 $u=\ln x$, $\mathrm{d}v=x\,\mathrm{d}x$,则　$\mathrm{d}u=\dfrac{1}{x}\,\mathrm{d}x$, $v=\dfrac{1}{2}x^2$.

于是　　　$\displaystyle\int x\ln x\,\mathrm{d}x=\frac{1}{2}x^2\ln x-\frac{1}{2}\int x\,\mathrm{d}x=\frac{1}{2}x^2\ln x-\frac{1}{4}x^2+C.$

例 4　求 $\int x\arctan x\,\mathrm{d}x$.

解　设 $u=\arctan x$, $\mathrm{d}v=x\,\mathrm{d}x$,则 $\mathrm{d}u=\dfrac{1}{1+x^2}\,\mathrm{d}x$, $v=\dfrac{1}{2}x^2$.

于是　　$\displaystyle\int x\arctan x\,\mathrm{d}x = \frac{1}{2}x^2\arctan x - \frac{1}{2}\int \frac{x^2}{1+x^2}\mathrm{d}x$

$\displaystyle = \frac{1}{2}x^2\arctan x - \frac{1}{2}\int \frac{(1+x^2)-1}{1+x^2}\mathrm{d}x$

$\displaystyle = \frac{1}{2}x^2\arctan x - \frac{1}{2}\int \mathrm{d}x + \frac{1}{2}\int \frac{1}{1+x^2}\mathrm{d}x$

$\displaystyle = \frac{1}{2}x^2\arctan x - \frac{1}{2}x + \frac{1}{2}\arctan x + C.$

由以上几例可以看出,如果被积函数是幂函数和三角函数或指数函数的乘积时,应设 u 为幂函数;如果被积函数是幂函数和对数函数或反三角函数的乘积时,应设 u 为对数函数或反三角函数.

有些不定积分,需要几次分部积分,才能得出结果,如下例.

例 5　求 $\displaystyle\int x^2\sin x\,\mathrm{d}x$.

解　设 $u=x^2, \mathrm{d}v=\sin x\,\mathrm{d}x$,则　$\mathrm{d}u=2x\,\mathrm{d}x, v=-\cos x$.

于是　　$\displaystyle\int x^2\sin x\,\mathrm{d}x = -x^2\cos x + 2\int x\cos x\,\mathrm{d}x.$

对 $\displaystyle\int x\cos x\,\mathrm{d}x$ 再应用公式(1).

设　$u=x, \mathrm{d}v=\cos x\,\mathrm{d}x$ 则　$\mathrm{d}u=\mathrm{d}x, v=\sin x$.

$\displaystyle\int x^2\sin x\,\mathrm{d}x = -x^2\cos x + 2\left(x\sin x - \int\sin x\,\mathrm{d}x\right)$

$\displaystyle\qquad\qquad = -x^2\cos x + 2x\sin x + 2\cos x + C.$

当运算比较熟练以后,可以不写出 u 和 $\mathrm{d}v$,而直接应用分部积分公式.

例 6　求 $\displaystyle\int\left(\frac{\ln x}{x}\right)^2\mathrm{d}x$.

解　$\displaystyle\int\left(\frac{\ln x}{x}\right)^2\mathrm{d}x = \int\ln^2 x\,\mathrm{d}\left(-\frac{1}{x}\right) = -\frac{1}{x}\ln^2 x + \int\frac{1}{x}\mathrm{d}(\ln^2 x)$

$\displaystyle = -\frac{1}{x}\ln^2 x + 2\int\frac{\ln x}{x^2}\mathrm{d}x = -\frac{1}{x}\ln^2 x + 2\int\ln x\,\mathrm{d}\left(-\frac{1}{x}\right)$

$\displaystyle = -\frac{1}{x}\ln^2 x - \frac{2}{x}\ln x + 2\int\frac{1}{x}\mathrm{d}(\ln x)$

$$= -\frac{1}{x}\ln^2 x - \frac{2}{x}\ln x + 2\int\frac{1}{x^2}\mathrm{d}x = -\frac{1}{x}\ln^2 x - \frac{2}{x}\ln x - \frac{2}{x} + C.$$

例 7　求 $\displaystyle\int x\sec^4 x\tan x\,\mathrm{d}x$.

解　$\displaystyle\int x\sec^4 x\tan x\,\mathrm{d}x = \int x\mathrm{d}\left(\frac{\sec^4 x}{4}\right) = \frac{x}{4}\sec^4 x - \int\frac{1}{4}\sec^4 x\,\mathrm{d}x$

$$= \frac{x}{4}\sec^4 x - \frac{1}{4}\int\sec^2 x\mathrm{d}(\tan x)$$

$$= \frac{x}{4}\sec^4 x - \frac{1}{4}\int(\tan^2 x + 1)\mathrm{d}(\tan x)$$

$$= \frac{x}{4}\sec^4 x - \frac{1}{4}\int\tan^2 x\mathrm{d}(\tan x) - \frac{1}{4}\int\mathrm{d}(\tan x)$$

$$= \frac{x}{4}\sec^4 x - \frac{1}{12}\tan^3 x - \frac{1}{4}\tan x + C.$$

　　有些不定积分,经过分部积分后,虽未直接求出,但是可以从等式中像解方程那样,解出所求的积分来,如下例.

例 8　求 $\displaystyle\int \mathrm{e}^x\sin x\,\mathrm{d}x$.

解　$\displaystyle\int \mathrm{e}^x\sin x\,\mathrm{d}x = \int\sin x\mathrm{d}(\mathrm{e}^x) = \mathrm{e}^x\sin x - \int \mathrm{e}^x\cos x\,\mathrm{d}x$

$$= \mathrm{e}^x\sin x - \int\cos x\mathrm{d}(\mathrm{e}^x) = \mathrm{e}^x\sin x - \left[\mathrm{e}^x\cos x - \int \mathrm{e}^x\mathrm{d}(\cos x)\right]$$

$$= \mathrm{e}^x\sin x - \mathrm{e}^x\cos x - \int \mathrm{e}^x\sin x\,\mathrm{d}x.$$

移项解得　$\displaystyle\int \mathrm{e}^x\sin x\,\mathrm{d}x = \frac{1}{2}\mathrm{e}^x(\sin x - \cos x) + C.$

　　由于移项后,上式右端不再含有未求出的不定积分,因此结果必须加上任意常数 C.

　　用同样的方法可求得

$$\int \mathrm{e}^x\cos x\,\mathrm{d}x = \frac{1}{2}\mathrm{e}^x(\sin x + \cos x) + C.$$

例 9　求 $\displaystyle\int\sec^3 x\,\mathrm{d}x$.

解　$\displaystyle\int\sec^3 x\,\mathrm{d}x = \int\sec x\sec^2 x\,\mathrm{d}x = \int\sec x\mathrm{d}(\tan x) = \sec x\tan x -$

$$\int \tan x \mathrm{d}(\sec x)$$

$$= \sec x \tan x - \int \tan^2 x \sec x \mathrm{d}x$$

$$= \sec x \tan x - \int (\sec^2 x - 1) \sec x \mathrm{d}x$$

$$= \sec x \tan x - \int \sec^3 x \mathrm{d}x + \int \sec x \mathrm{d}x$$

$$= \sec x \tan x - \int \sec^3 x \mathrm{d}x + \ln|\sec x + \tan x|.$$

移项解得

$$\int \sec^3 x \mathrm{d}x = \frac{1}{2}(\sec x \tan x + \ln|\sec x + \tan x|) + C.$$

类似地,设 $u = \tan x$, $\mathrm{d}v = \tan x \sec x \mathrm{d}x$,则可求得

$$\int \tan^2 x \sec x \mathrm{d}x = \frac{1}{2}(\tan x \sec x - \ln|\sec x + \tan x|) + C.$$

例 10　求 $\displaystyle\int \sin\sqrt{x} \mathrm{d}x$.

解　设 $\sqrt{x} = t$,则 $x = t^2$, $\mathrm{d}x = 2t\mathrm{d}t$,于是

$$\int \sin\sqrt{x} \mathrm{d}x = \int 2t \sin t \mathrm{d}t = 2\int t \mathrm{d}(-\cos t)$$

$$= 2(-t\cos t + \int \cos t \mathrm{d}t) = 2(-t\cos t + \sin t + C_1)$$

$$= -2t\cos t + 2\sin t + 2C_1 = -2\sqrt{x}\cos\sqrt{x} + 2\sin\sqrt{x} + C.$$

有些不定积分可以用换元法也可以用分部积分法,有时还需兼用这两种方法.

例 11　求 $\displaystyle\int \frac{x^2}{\sqrt{(1-x^2)^3}} \mathrm{d}x$.

解法一　分部积分法

$$\int \frac{x^2 \mathrm{d}x}{\sqrt{(1-x^2)^3}} = \int x \mathrm{d}\left(\frac{1}{\sqrt{1-x^2}}\right) = \frac{x}{\sqrt{1-x^2}} - \int \frac{\mathrm{d}x}{\sqrt{1-x^2}}$$

$$= \frac{x}{\sqrt{1-x^2}} - \arcsin x + C.$$

解法二　换元法

设 $x = \sin t$,则 $\sqrt{1 - x^2} = \sqrt{1 - \sin^2 t} = \cos t$, $\mathrm{d}x = \cos t \mathrm{d}t$.

于是　　$\displaystyle\int \frac{x^2 \mathrm{d}x}{\sqrt{(1 - x^2)^3}} = \int \frac{\sin^2 t}{\cos^3 t} \cdot \cos t \mathrm{d}t = \int \tan^2 t \mathrm{d}t$

$$= \int (\sec^2 t - 1)\mathrm{d}t = \int \sec^2 t \mathrm{d}t - \int \mathrm{d}t = \tan t - t + C.$$

根据 $x = \sin t$ 作直角三角形(图 5-5),得到 $\tan t = \dfrac{x}{\sqrt{1 - x^2}}$.

因此　　$\displaystyle\int \frac{x^2 \mathrm{d}x}{\sqrt{(1 - x^2)^3}} = \frac{x}{\sqrt{1 - x^2}} - \arcsin x + C.$

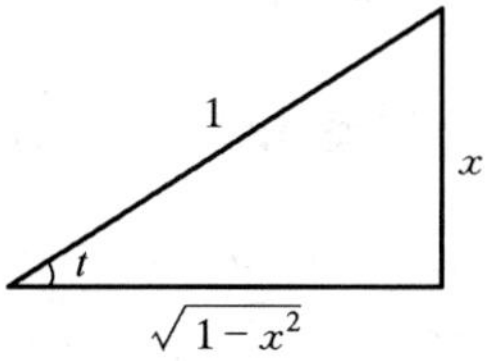

习题 5-3

求下列不定积分.

1. $\displaystyle\int x\mathrm{e}^{-x}\mathrm{d}x$;

2. $\displaystyle\int x\sin x\mathrm{d}x$;

图 5-5

3. $\displaystyle\int (x - 1)\ln x\mathrm{d}x$;

4. $\displaystyle\int \log_3 (x + 1)\mathrm{d}x$;

5. $\displaystyle\int \arctan x\mathrm{d}x$;

6. $\displaystyle\int x\sec^2 x\mathrm{d}x$;

7. $\displaystyle\int x \cdot 3^x \mathrm{d}x$;

8. $\displaystyle\int x\cos 2x\mathrm{d}x$;

9. $\displaystyle\int \ln^2 x\mathrm{d}x$;

10. $\displaystyle\int \ln(x^2 + 1)\mathrm{d}x$;

11. $\displaystyle\int (x^2 + 1)\mathrm{e}^x\mathrm{d}x$;

12. $\displaystyle\int \frac{\arctan x}{x^2}\mathrm{d}x$;

13. $\displaystyle\int \arctan \sqrt{x}\mathrm{d}x$;

14. $\displaystyle\int \frac{\ln\cos x}{\cos^2 x}\mathrm{d}x$;

15. $\displaystyle\int \frac{x\operatorname{arccot} x}{\sqrt{1 + x^2}}\mathrm{d}x$ (提示:令 $u = \operatorname{arccot} x$);

16. $\displaystyle\int x\cot^2 x\mathrm{d}x$ (提示: $\cot^2 x = \csc^2 x - 1$).

5.4　几种特殊类型函数的积分举例

5.4.1　有理函数的积分

有理函数是指由两个多项式的商所表示的函数,即

$$\frac{P(x)}{Q(x)} = \frac{a_0 x^m + a_1 x^{m-1} + \cdots + a_{m-1}x + a_m}{b_0 x^n + b_1 x^{n-1} + \cdots + b_{n-1}x + b_n}, \tag{1}$$

其中 m 与 n 都是正整数,且 $a_0 \neq 0, b_0 \neq 0$.

假定多项式 $P(x)$ 与 $Q(x)$ 之间没有公因式.当 $m < n$ 时,称式 (1)是真分式;当 $m \geq n$ 时,称式(1)是假分式.

利用多项式的除法可以把一个假分式化为一个多项式与一个真分式的和,多项式的积分已经会求,因此,只需要讨论真分式的积分.

5.4.1.1　化有理真分式为部分分式

设式(1)是真分式.由代数学可知,下述结论成立.

定理 5.4.1　设有理真分式 $\dfrac{P(x)}{Q(x)}$ 的分母 $Q(x)$ 可以分解为

$$Q(x) = b_0 (x-a)^\alpha \cdots (x-b)^\beta (x^2 + px + q)^\mu \cdots (x^2 + rx + s)^\lambda,$$

其中 $a, \cdots, b, p, q, \cdots, r, s$ 为实数,$p^2 - 4q < 0, \cdots, r^2 - 4s < 0, \alpha, \cdots,$ $\beta, \mu, \cdots, \lambda$ 为正整数,则

$$\begin{aligned}
\frac{P(x)}{Q(x)} = {} & \frac{A_1}{x-a} + \frac{A_2}{(x-a)^2} + \cdots + \frac{A_\alpha}{(x-a)^\alpha} + \\
& \cdots + \frac{B_1}{x-b} + \frac{B_2}{(x-b)^2} + \cdots + \frac{B_\beta}{(x-b)^\beta} + \\
& + \frac{M_1 x + N_1}{x^2 + px + q} + \frac{M_2 x + N_2}{(x^2 + px + q)^2} + \cdots + \frac{M_\mu x + N_\mu}{(x^2 + px + q)^\mu} \\
& + \cdots + \frac{K_1 x + L_1}{x^2 + rx + s} + \frac{K_2 x + L_2}{(x^2 + rx + s)^2} + \cdots + \frac{K_\lambda x + L_\lambda}{(x^2 + rx + s)^\lambda},
\end{aligned} \tag{2}$$

其中诸 $A_i, \cdots, B_i, M_i, N_i, \cdots, K_i, L_i$ 都是常数.

式(2)右端那些简单分式叫做 $\dfrac{P(x)}{Q(x)}$ 的部分分式.

注意

这个定理告诉我们:

①分母 $Q(x)$ 中如果有因式 $(x-a)^\alpha$,则分解后有下列 α 个部分分式之和:

$$\frac{A_1}{x-a} + \frac{A_2}{(x-a)^2} + \cdots + \frac{A_a}{(x-a)^a},$$

其中 $A_1, A_2, \cdots, A_a$ 为待定常数.

②分母 $Q(x)$ 中如果有因式 $(x^2 + px + q)^\mu$,其中 $p^2 - 4q < 0$,则分解后有下列 μ 个部分分式之和:

$$\frac{M_1 x + N_1}{x^2 + px + q} + \frac{M_2 x + N_2}{(x^2 + px + q)^2} + \cdots + \frac{M_\mu x + N_\mu}{(x^2 + px + q)^\mu},$$

其中 $M_i, N_i (i = 1, 2, \cdots, \mu)$ 为待定常数.

将真分式分解为部分分式,在分母的多项式分解为因式乘积后,主要是做两件事:一是正确写出全部的部分分式的形式,二是确定每个部分分式中的常数,确定这些常数可用比较系数法或赋值法.下面通过例子给以说明.

例 1　将真分式 $\dfrac{x+5}{x^2 - 2x - 3}$ 分解成部分分式.

解　由于
$$x^2 - 2x - 3 = (x-3)(x+1),$$

所以　　$\dfrac{x+5}{x^2 - 2x - 3} = \dfrac{A}{x-3} + \dfrac{B}{x+1}.$

下面确定常数 A, B 的值.

方法 I　右端通分,得
$$x + 5 = A(x+1) + B(x-3), \tag{1}$$
即　　$x + 5 = (A+B)x + (A - 3B). \tag{2}$

根据恒等式两端同类项的系数相等的性质,得
$$\begin{cases} A + B = 1 \\ A - 3B = 5, \end{cases}$$
从而解出 $A = 2, B = -1$.

方法 II　在恒等式(1)中代入特殊的 x 值,从而求出待定的常数 A 与 B.

在式(1)中,令 $x = 3$,得 $A = 2$;令 $x = -1$,得 $B = -1$.
与方法 I 结果一样.因此

$$\frac{x+5}{x^2-2x-3} = \frac{2}{x-3} - \frac{1}{x+1}.$$

例 2　将真分式 $\dfrac{4}{x^3+4x}$ 分解成部分分式.

解　由于

$$x^3 + 4x = x(x^2+4),$$

所以　　$\dfrac{4}{x^3+4x} = \dfrac{A}{x} + \dfrac{Bx+C}{x^2+4}.$

右端通分,得

$$4 = A(x^2+4) + (Bx+C)x = (A+B)x^2 + Cx + 4A. \qquad (1)$$

比较式(1)两端同类项的系数,得

$$A+B=0, C=0, A=1.$$

可求出　$A=1, B=-1, C=0.$

因此　　$\dfrac{4}{x^3+4x} = \dfrac{1}{x} - \dfrac{x}{x^2+4}.$

例 3　将真分式 $\dfrac{2}{x(x^2-1)}$ 分解成部分分式.

解　该分式可以分解成

$$\frac{2}{x(x^2-1)} = \frac{2}{x(x+1)(x-1)} = \frac{A}{x} + \frac{B}{x+1} + \frac{C}{x-1}.$$

右端通分,得

$$2 = A(x+1)(x-1) + Bx(x-1) + Cx(x+1).$$

令　$x=0$,得 $A=-2$;$x=-1, B=1$;$x=1, C=1.$

因此　　$\dfrac{2}{x(x^2-1)} = -\dfrac{2}{x} + \dfrac{1}{x+1} + \dfrac{1}{x-1}.$

5.4.1.2　有理真分式的积分

由上面的讨论可知,求有理真分式的积分就是求部分分式的积分,而简单的部分分式的不定积分已经会求.

例 4　求 $\displaystyle\int \frac{x+5}{x^2-2x-3}\mathrm{d}x.$

解　由例 1 知 $\dfrac{x+5}{x^2-2x-3} = \dfrac{2}{x-3} - \dfrac{1}{x+1},$

所以　$\displaystyle\int\frac{x+5}{x^2-2x-3}\mathrm{d}x=2\int\frac{\mathrm{d}x}{x-3}-\int\frac{\mathrm{d}x}{x+1}$

$$=2\ln|x-3|-\ln|x+1|+C=\ln\frac{(x-3)^2}{|x+1|}+C.$$

例 5　求 $\displaystyle\int\frac{4\mathrm{d}x}{x^3+4x}$.

解　由例 2 知 $\dfrac{4}{x^3+4x}=\dfrac{1}{x}-\dfrac{x}{x^2+4}$,

所以　$\displaystyle\int\frac{4\mathrm{d}x}{x^3+4x}=\int\frac{\mathrm{d}x}{x}-\int\frac{x\mathrm{d}x}{x^2+4}=\ln|x|-\frac{1}{2}\int\frac{\mathrm{d}(x^2+4)}{x^2+4}$

$$=\ln|x|-\frac{1}{2}\ln(x^2+4)+C=\ln\frac{|x|}{\sqrt{x^2+4}}+C.$$

前面所讨论的方法适用于任何一个有理函数,但有些真分式的积分采用其他方法运算可能更简便些.

例 6　求 $\displaystyle\int\frac{x^2+3x+2}{x^3+2x^2+2x}\mathrm{d}x$.

解　$\displaystyle\int\frac{x^2+3x+2}{x^3+2x^2+2x}\mathrm{d}x=\int\frac{(x^2+2x+2)+x}{x(x^2+2x+2)}\mathrm{d}x$

$$=\int\frac{\mathrm{d}x}{x}+\int\frac{\mathrm{d}x}{x^2+2x+2}=\ln|x|+\int\frac{\mathrm{d}(x+1)}{1+(x+1)^2}$$

$$=\ln|x|+\arctan(x+1)+C.$$

5.4.2　三角函数有理式的积分

三角函数有理式是指由三角函数和常数经过有限次的四则运算所得到的式子.三角函数有理式的积分可用代换 $u=\tan\dfrac{x}{2}$ 化为 u 的有理函数的积分.

事实上,由于 $\tan\dfrac{x}{2}=u$,则 $x=2\arctan u$,$\mathrm{d}x=\dfrac{2}{1+u^2}\mathrm{d}u$.

$$\sin x=2\sin\frac{x}{2}\cos\frac{x}{2}=\frac{2\tan\dfrac{x}{2}}{\sec^2\dfrac{x}{2}}=\frac{2\tan\dfrac{x}{2}}{1+\tan^2\dfrac{x}{2}}=\frac{2u}{1+u^2},$$

$$\cos x = \cos^2 \frac{x}{2} - \sin^2 \frac{x}{2} = \frac{1 - \tan^2 \frac{x}{2}}{\sec^2 \frac{x}{2}} = \frac{1 - \tan^2 \frac{x}{2}}{1 + \tan^2 \frac{x}{2}} = \frac{1 - u^2}{1 + u^2}.$$

于是三角有理函数的积分就化为新变量 u 的有理函数积分.

例 7　求 $\displaystyle\int \frac{\mathrm{d}x}{5 + 4\cos x}$.

解　设 $u = \tan \frac{x}{2}$,则

$$\int \frac{\mathrm{d}x}{5 + 4\cos x} = \int \frac{\frac{2}{1 + u^2}\mathrm{d}u}{5 + 4 \cdot \frac{1 - u^2}{1 + u^2}} = \int \frac{2}{9 + u^2}\mathrm{d}u$$

$$= \frac{2}{3}\arctan \frac{u}{3} + C = \frac{2}{3}\arctan\left(\frac{1}{3}\tan \frac{x}{2}\right) + C.$$

代换 $u = \tan \frac{x}{2}$ 适用于三角函数有理式的积分.但对某些特殊的三角函数有理式,这种代换不一定是最简捷的代换.

例 8　求 $\displaystyle\int \frac{\tan x}{1 + \cos x}\mathrm{d}x$.

解　$\displaystyle\int \frac{\tan x}{1 + \cos x}\mathrm{d}x = \int \frac{\sin x\,\mathrm{d}x}{\cos x(1 + \cos x)} = \int \frac{-\mathrm{d}(\cos x)}{\cos x(1 + \cos x)}$

$$= \int \frac{\cos x - (1 + \cos x)}{\cos x(1 + \cos x)}\mathrm{d}(\cos x) = \int \frac{\mathrm{d}(1 + \cos x)}{1 + \cos x} - \int \frac{\mathrm{d}(\cos x)}{\cos x}$$

$$= \ln|1 + \cos x| - \ln|\cos x| + C = \ln|1 + \sec x| + C.$$

5.4.3　简单无理函数的积分

只举两个被积函数含有根式 $\sqrt[n]{ax + b}$ 的积分例子.

例 9　求 $\displaystyle\int \frac{\mathrm{d}x}{1 + \sqrt{x + 1}}$.

解法一　为了去掉根号,设 $t = 1 + \sqrt{x + 1}$,
则　$x = (t - 1)^2 - 1, \quad \mathrm{d}x = 2(t - 1)\mathrm{d}t.$
于是　$\displaystyle\int \frac{\mathrm{d}x}{1 + \sqrt{x + 1}} = \int \frac{2(t - 1)}{t}\mathrm{d}t = \int 2\left(1 - \frac{1}{t}\right)\mathrm{d}t$

$$= 2t - 2\ln|t| + C = 2(1 + \sqrt{x+1}) - 2\ln(1 + \sqrt{x+1}) + C.$$

解法二 设 $t = \sqrt{x+1}$，则 $x = t^2 - 1, \mathrm{d}x = 2t\,\mathrm{d}t$.

于是
$$\int \frac{\mathrm{d}x}{1 + \sqrt{x+1}} = \int \frac{2t}{1+t}\mathrm{d}t = \int \frac{2(1+t)-2}{1+t}\mathrm{d}t$$

$$= 2\int \mathrm{d}t - 2\int \frac{\mathrm{d}t}{1+t} = 2t - 2\ln|1+t| + C$$

$$= 2\sqrt{x+1} - 2\ln(1 + \sqrt{x+1}) + C.$$

例 10 求 $\int \dfrac{\mathrm{d}x}{\sqrt{x}(1 + \sqrt[3]{x})}$.

解 为了同时消去根式 $\sqrt{x}$ 与 $\sqrt[3]{x}$，设 $t = \sqrt[6]{x}$，则 $x = t^6$，$\mathrm{d}x = 6t^5\mathrm{d}t$.

于是
$$\int \frac{\mathrm{d}x}{\sqrt{x}(1+\sqrt[3]{x})} = \int \frac{6t^5\mathrm{d}t}{t^3(1+t^2)} = \int \frac{6t^2}{1+t^2}\mathrm{d}t$$

$$= \int \frac{6(1+t^2)-6}{1+t^2}\mathrm{d}t = \int 6\mathrm{d}t - 6\int \frac{1}{1+t^2}\mathrm{d}t$$

$$= 6t - 6\arctan t + C = 6\sqrt[6]{x} - 6\arctan\sqrt[6]{x} + C.$$

习题 5-4

1.求下列不定积分.

(1) $\int \dfrac{2x-1}{x^2 - 5x + 6}\mathrm{d}x$；

(2) $\int \dfrac{x-2}{x^2 + 2x + 3}\mathrm{d}x$；

(3) $\int \dfrac{x^2+1}{x(x-1)^2}\mathrm{d}x$；

(4) $\int \dfrac{4\mathrm{d}x}{x^3 - x^2 + x - 1}$.

2.利用已学过的方法求下列不定积分.

(1) $\int \dfrac{\sin^2 x}{\cos^4 x}\mathrm{d}x$；

(2) $\int \dfrac{\ln x}{x^2}\mathrm{d}x$；

(3) $\int \ln(x + \sqrt{1+x^2})\mathrm{d}x$；

(4) $\int \dfrac{\mathrm{d}x}{1 + \sqrt{x}}$；

(5) $\int \dfrac{\sqrt{x-1}}{x}\mathrm{d}x$；

(6) $\int \dfrac{\mathrm{d}x}{1 + \mathrm{e}^{-x}}$；

(7) $\int \dfrac{\arctan\sqrt{x}}{\sqrt{x}}\mathrm{d}x$；

(8) $\int \dfrac{\mathrm{d}x}{\sin x\cos^3 x}$；

(9) $\displaystyle\int \frac{2x^3 - x}{\sqrt{1-x^4}} \mathrm{d}x$;

(10) $\displaystyle\int x\ln(1+x^2)\mathrm{d}x$;

(11) $\displaystyle\int \sin\sqrt{x}\,\mathrm{d}x$;

(12) $\displaystyle\int \frac{x^3+1}{x^3+x}\mathrm{d}x$;

(13) $\displaystyle\int \frac{x^2}{\sqrt{4-x^2}}\mathrm{d}x$;

(14) $\displaystyle\int \frac{2x+5}{x^2-4x+5}\mathrm{d}x$;

(15) $\displaystyle\int x \cdot \frac{\sin x}{\cos^2 x}\mathrm{d}x$;

(16) $\displaystyle\int \frac{x^3\,\mathrm{d}x}{(1+x^2)^5}$ (提示:令 $x = \tan t$);

(17) $\displaystyle\int \frac{1}{x(x^6+2)}\mathrm{d}x$ $\left(\text{提示}: \int \frac{1}{x(x^6+2)}\mathrm{d}x = \frac{1}{2}\int \frac{(x^6+2)-x^6}{x(x^6+2)}\mathrm{d}x\right)$;

(18) $\displaystyle\int \frac{x^2}{x^6+2}\mathrm{d}x$;

(19) $\displaystyle\int \frac{\cos x - \sin x}{\cos x + \sin x}\mathrm{d}x$;

(20) $\displaystyle\int \tan^3 x\,\mathrm{d}x$ (提示: $\int \tan^3 x\,\mathrm{d}x = \int \tan x(\sec^2 x - 1)\mathrm{d}x$);

(21) $\displaystyle\int \frac{x}{1+\cos x}\mathrm{d}x$ $\left(\text{提示}: \int \frac{x}{1+\cos x}\mathrm{d}x = \int \frac{x}{2\cos^2 \frac{x}{2}}\mathrm{d}x\right)$;

(22) $\displaystyle\int \frac{2-x}{\sqrt{4-x^2}}\mathrm{d}x$;

(23) $\displaystyle\int x^3\sqrt{1+x^2}\,\mathrm{d}x$;

(24) $\displaystyle\int x^5 \mathrm{e}^{x^3}\mathrm{d}x$ (提示:令 $x^3 = t$);

(25) $\displaystyle\int xf''(x)\mathrm{d}x$.

练习题(5)

填空题:

1. $\mathrm{d}\displaystyle\int \mathrm{d}F(x) = $ _____ .

2. $\displaystyle\int f'(x)\mathrm{d}x = $ _____ .

3. 如果 $\dfrac{\sin x}{x}$ 是 $f(x)$ 的一原函数,则 $\displaystyle\int f'(x)\mathrm{d}x = $ _____ .

4. 设 $f(x)$ 在 $(-\infty, +\infty)$ 内连续且为奇函数,$F(x)$ 是它的一个原函数,则 $F(-x) = $ _____ .

5. 设 $F'(x) = f(x)$,则 $\displaystyle\int xf'(x)\mathrm{d}x = $ _____ .

6. $\displaystyle\int f(x)f'(x)\mathrm{d}x = $ _____ .

7.设 $F(x)$ 是 $f(x)$ 的一原函数,则 $\int xf(x^2)\mathrm{d}x =$ _____.

8.若 $\int f(x)\mathrm{d}x = \cos^2 x + C$,则 $f(x) =$ _____.

9.设 $\sin x$ 是 $f(x)$ 的一原函数,则 $\int xf(x)\mathrm{d}x =$ _____.

10.若 $f'(x^2) = \dfrac{1}{x}(x>0)$,则 $\int f'(x)\mathrm{d}x =$ _____.

11.$\int \dfrac{2^x - 5^x}{3^x}\mathrm{d}x =$ _____.

12.$\int xf''(x)\mathrm{d}x =$ _____.

单项选择题:

1.设 $f(x) = 2^x$,$\varphi(x) = \dfrac{2^x}{\ln 2}$,则 $\varphi(x)$ 是 $f(x)$ 的(　　).

(A)导数　　(B)原函数　　(C)不定积分　　(D)微分

2.如果函数 $f(x)$ 有原函数,则原函数有(　　).

(A)一个　　(B)两个　　(C)无穷多个　　(D)有限($\geqslant 3$)个

3.若 $f(x)$ 的某个原函数为 0,则 $f(x)$ 的(　　).

(A)原函数恒为 0　　　　　　(B)不定积分等于 0

(C)原函数不为 0　　　　　　(D)原函数不恒为 0,但 $f(x) = 0$

4.设 $f(x) = \mathrm{e}^{-2x}$,则 $\int \dfrac{f'(\ln x)}{x}\mathrm{d}x = ($　　$)$.

(A)$\ln x + C$　　　　　　　　(B)$-\ln x + C$

(C)$\dfrac{1}{x^2} + C$　　　　　　　　(D)$-\dfrac{1}{x^2} + C$

5.$\int f'(2x)\mathrm{d}x = ($　　$)$.

(A)$\dfrac{1}{2}f(2x) + C$　　　　　　(B)$f(2x) + C$

(C)$2f(2x) + C$　　　　　　　(D)$f^2(2x) + C$

6.设 $a \neq 0$,则 $\int (ax + b)^{10}\mathrm{d}x = ($　　$)$.

(A)$\dfrac{1}{11}(ax + b)^{11} + C$　　　　　　(B)$\dfrac{1}{11a}(ax + b)^{11} + C$

(C)$10a(ax + b)^9 + C$　　　　　　(D)$\dfrac{1}{11a}(ax + b)^{11}$

7.设 $\int f(x)\mathrm{d}x = 2\cos\dfrac{x}{2} + C$,则 $f(x) = ($　　$)$.

(A) $-\sin\dfrac{x}{2}$　　　(B) $\sin\dfrac{x}{2}$　　　(C) $2\sin\dfrac{x}{2}$　　　(D) $-2\sin\dfrac{x}{2}$

8.下列等式中,正确的是(　　).

(A) $\int f'(x)\mathrm{d}x = f(x)$　　　　　　　(B) $\dfrac{\mathrm{d}}{\mathrm{d}x}\int f(x)\mathrm{d}x = f(x) + C$

(C) $\int \mathrm{d}f(x) = f(x)$　　　　　　　(D) $\mathrm{d}\int f(x)\mathrm{d}x = f(x)\mathrm{d}x$

9.设 $f(x)$ 和 $\varphi(x)$ 都具有连续的导数,且 $\int \mathrm{d}f(x) = \int \mathrm{d}\varphi(x)$,则下列各式不成立的是(　　).

(A) $\mathrm{d}f(x) = \mathrm{d}\varphi(x)$　　　　　　　(B) $f'(x) = \varphi'(x)$

(C) $f(x) = \varphi(x)$　　　　　　　(D) $\int f'(x)\mathrm{d}x = \int \varphi'(x)\mathrm{d}x$

10.设 $f(x)$ 在闭区间 $[a,b]$ 上连续,则在开区间 (a,b) 内 $f(x)$ 必有(　　).

(A)导函数　　　(B)最大值　　　(C)原函数　　　(D)极值

11.设在 (a,b) 内,$f'(x) = \varphi'(x)$,则必有(　　).

(A) $f(x) = \varphi(x)$　　　　　　　(B) $f(x) = \varphi(x) + C$

(C) $\int f(x)\mathrm{d}x = \int \varphi(x)\mathrm{d}x$　　　　　　　(D) $\left(\int f(x)\mathrm{d}x\right)' = \left(\int \varphi(x)\mathrm{d}x\right)'$

12. $\int \dfrac{f'(x)}{1 + [f(x)]^2}\mathrm{d}x = ($　　$)$.

(A) $\arctan f(x) + C$　　　　　　　(B) $\tan f(x) + C$

(C) $\dfrac{1}{2}\arctan f(x) + C$　　　　　　　(D) $\ln[1 + f(x)] + C$

13. $1 - \dfrac{1}{x}$ 的全部原函数为(　　).

(A) $\dfrac{1}{x^2} + C$　　　　　　　(B) $x - \ln x$

(C) $x + \dfrac{1}{x^2} + C$　　　　　　　(D) $x - \ln|x| + C$

14.设 $\dfrac{\ln x}{x}$ 是 $f(x)$ 的原函数,则 $\int xf(x)\mathrm{d}x = ($　　$)$.

(A) $\ln x - \dfrac{1}{2}\ln^2 x + C$　　　　　　　(B) $x\ln x - x + C$

(C) $\ln x + C$　　　　　　　(D) $\ln x - x + C$

15. 设 $f(x)$ 在 $(-\infty, +\infty)$ 内连续, $F(x)$ 是它的一原函数, 则 $\int f(x)\mathrm{d}x =$ (　　).

(A) $F'(x) + C$ 　　　　　　　(B) $F'(x)$

(C) $F(x) + C$ 　　　　　　　(D) $F(x)$

16. 设 $\int f(x)\mathrm{d}x = F(x) + C$, 且 $x = at + b$, 则 $\int f(t)\mathrm{d}t =$ (　　).

(A) $F(x) + C$ 　　　　　　　(B) $F(t) + C$

(C) $F(at + b) + C$ 　　　　　(D) $\dfrac{1}{a}F(at + b) + C$

计算与证明题:

1. 求 $\displaystyle\int \dfrac{1 + x^2 - 2\sqrt{x}}{x\sqrt{x}}\mathrm{d}x$.　　　　2. 求 $\displaystyle\int x(2x-1)^9\mathrm{d}x$.

3. 求 $\displaystyle\int \dfrac{\mathrm{d}x}{\mathrm{e}^x - \mathrm{e}^{-x}}$.　　　　4. 求 $\displaystyle\int \dfrac{\sqrt{1 + 2\ln x}}{x}\mathrm{d}x$.

5. 求 $\displaystyle\int \dfrac{\ln\tan\dfrac{x}{2}}{\sin x}\mathrm{d}x$.　　　　6. 求 $\displaystyle\int \dfrac{\mathrm{d}x}{1 + \mathrm{e}^x}$.

7. 求 $\displaystyle\int \dfrac{\mathrm{d}x}{\sin^4 x\cos^2 x}$.　　　　8. 求 $\displaystyle\int \dfrac{\sin x(\cos x + 1)}{1 + \cos^2 x}\mathrm{d}x$.

9. 求 $\displaystyle\int \dfrac{x^3}{(1 - x^2)^5}\mathrm{d}x$.　　　　10. 求 $\displaystyle\int \dfrac{1}{x\sqrt{1 - 2x^2}}\mathrm{d}x$.

11. 求 $\displaystyle\int \dfrac{\arcsin\sqrt{x}}{\sqrt{1 - x}}\mathrm{d}x$.　　　　12. 求 $\displaystyle\int \dfrac{1}{\sqrt{2x - 3} + 1}\mathrm{d}x$.

13. 求 $\displaystyle\int \dfrac{\ln x}{\sqrt{x}}\mathrm{d}x$.　　　　14. 求 $\displaystyle\int x\dfrac{\sin^2 x}{\cos^4 x}\mathrm{d}x$.

习题答案

习题 5-1

1. (1) $\dfrac{3}{13}x^4\sqrt[3]{x} + C$;　　　　(2) $\dfrac{1}{5}x^5 + \dfrac{3}{2}x^2 + 2x + C$;

(3) $x + \dfrac{4}{3}x\sqrt{x} + \dfrac{x^2}{2} + C$;　　(4) $-\dfrac{2}{\sqrt{x}} - 2\sqrt{x} + C$;

(5) $\dfrac{2^x}{\ln 2} + 3\arcsin x + C$;

(6)$\frac{2}{7}x^3\sqrt{x}+\frac{1}{3}x^3-\frac{2}{3}x\sqrt{x}-x+C$；

(7)$3x-\dfrac{3^x}{4^x\ln\frac{3}{4}}+C$；　　　(8)$\tan x+\sec x+C$；

(9)$2\arctan x+\frac{1}{3}x^3+C$；

(10)$\frac{1}{2}\tan x+C$（**提示**：$1+\cos 2x=2\cos^2 x$）；

(11)$\tan x+x+C$（**提示**：$1-\sin^2 x=\cos^2 x$）；

(12)$\sin x-\cos x+C$（**提示**：$\cos 2x=\cos^2 x-\sin^2 x$）；

(13)$-\dfrac{1}{3^x\ln 3}-2\sqrt{x}+C$；　　(14)$e^{x-4}+C$；

(15)$x+\sin x+C$（**提示**：$2\cos^2\frac{x}{2}=1+\cos x$）；

(16)$\tan x-\cot x+C$（**提示**：$\sin^2 x+\cos^2 x=1$）．

2.$y=\frac{3}{2}x^2+1$．

习题 5-2

1.(1)$\frac{1}{2}$　　(2)4　　(3)$-\frac{1}{3}$　　(4)-2

(5)$\frac{1}{2}$　　(6)-1　　(7)$-\frac{1}{2}$　　(8)-1

(9)$-\dfrac{1}{\ln 3}$　　(10)$\frac{1}{2}$　　(11)$-\frac{1}{2}$　　(12)-1

(13)$\frac{1}{2}$　　(14)$\frac{1}{2}$

2.(1)$\frac{1}{2}e^{2x}+C$；　　　　　　(2)$-\frac{1}{3}(1-2x)\sqrt{1-2x}+C$；

(3)$-\frac{1}{3}\cos(3x+2)+C$；　　(4)$\frac{1}{12}(1+x^2)^6+C$；

(5)$2\arcsin x+\sqrt{1-x^2}+C$；　(6)$\ln(1+x^2)+3\arctan x+C$；

(7)$\frac{1}{4}\sin(2x^2-1)+C$；　　(8)$-2\cos\sqrt{x}+C$；

(9)$\frac{1}{4}\sin^4 x+C$；　　　　　(10)$\frac{1}{2}x+\frac{1}{8}\sin 4x+C$；

(11)$\frac{1}{3}\sec^3 x+C$；　　　　　(12)$-\ln|\cos x|-\sec x+C$；

$(13)\dfrac{1}{2}(1+\ln x)^2+C;$　　　　$(14)\dfrac{1}{5}\tan^5 x+\dfrac{1}{3}\tan^3 x+C;$

$(15)-\dfrac{3^{-x}}{\ln 3}-\pi x+C;$　　　　$(16)\dfrac{1}{4}\ln(1+x^4)-\dfrac{1}{2}\arctan x^2+C;$

$(17)\dfrac{1}{2}\arcsin(\sin^2 x)+C;$　　　　$(18)\dfrac{1}{3}x^3-x+\arctan x+C;$

$(19)\ln\left|\dfrac{x}{x+1}\right|+C;$　　　　$(20)2\arcsin\sqrt{x}+C;$

$(21)\dfrac{1}{2}\arcsin\dfrac{2x}{3}+\dfrac{1}{4}\sqrt{9-4x^2}+C;$　　$(22)\dfrac{1}{4}\ln\left|\dfrac{2+\ln x}{2-\ln x}\right|+C;$

$(23)\dfrac{1}{12}(x+2)^{12}-\dfrac{2}{11}(x+2)^{11}+C;$　　$(24)\arctan \mathrm{e}^x+C;$

$(25)-\dfrac{1}{2}\arctan(\cos^2 x)+C.$

3. $(1)\dfrac{1}{2}\arcsin x+\dfrac{1}{2}x\sqrt{1-x^2}+C;$

$(2)\dfrac{\sqrt{2}}{2}\arctan\dfrac{\sqrt{2}(x+1)}{2}+C;$　$(3)\sqrt{x^2-9}-3\arccos\dfrac{3}{x}+C;$

$(4)\dfrac{1}{3}(1+x^2)\sqrt{1+x^2}+C;$　$(5)\ln|x+\sqrt{x^2+a^2}|-\dfrac{\sqrt{x^2+a^2}}{x}+C;$

$(6)-\dfrac{1}{2}\arcsin\dfrac{2}{x}+C;$　　　$(7)-\ln\left|\dfrac{1+\sqrt{x^2+1}}{x}\right|+C;$

(8)令$\sqrt{1-\mathrm{e}^{2x}}=t,\ x=\dfrac{1}{2}\ln(1-t^2),\ \mathrm{d}x=-\dfrac{t}{1-t^2}\mathrm{d}t,$

$$\int\sqrt{1-\mathrm{e}^{2x}}\,\mathrm{d}x=\int\dfrac{-t^2}{1-t^2}\mathrm{d}t=\int\left(1-\dfrac{1}{1-t^2}\right)\mathrm{d}t$$

$$=t-\dfrac{1}{2}\ln\left|\dfrac{1+t}{1-t}\right|+C$$

$$=\sqrt{1-\mathrm{e}^{2x}}-\dfrac{1}{2}\ln\left|\dfrac{1+\sqrt{1-\mathrm{e}^{2x}}}{1-\sqrt{1-\mathrm{e}^{2x}}}\right|+C.$$

习题 5-3

1. $-x\mathrm{e}^{-x}-\mathrm{e}^{-x}+C.$　　　　**2.** $-x\cos x+\sin x+C.$

3. $\dfrac{1}{2}(x-1)^2\ln x-\dfrac{1}{4}x^2+x-\dfrac{1}{2}\ln x+C.$

4. $x\log_3(x+1)-\dfrac{x}{\ln 3}+\dfrac{\ln(x+1)}{\ln 3}+C.$

5. $x\arctan x - \dfrac{1}{2}\ln(1+x^2) + C$.　　6. $x\tan x + \ln|\cos x| + C$.

7. $\dfrac{x}{\ln 3}\cdot 3^x - \dfrac{1}{\ln^2 3}\cdot 3^x + C$.　　8. $\dfrac{x}{2}\sin 2x + \dfrac{1}{4}\cos 2x + C$.

9. $x\ln^2 x - 2x\ln x + 2x + C$.　　10. $x\ln(x^2+1) - 2x + 2\arctan x + C$.

11. $(x^2 - 2x + 3)e^x + C$.　　12. $-\dfrac{1}{x}\arctan x + \ln|x| - \dfrac{1}{2}\ln(1+x^2) + C$.

13. $(x+1)\arctan\sqrt{x} - \sqrt{x} + C$.

14. $\displaystyle\int\dfrac{\ln\cos x}{\cos^2 x}\mathrm{d}x = \int\ln\cos x\,\mathrm{d}(\tan x) = \tan x\ln\cos x + \int\tan^2 x\,\mathrm{d}x$

$\qquad = \tan x\ln\cos x + \int(\sec^2 x - 1)\mathrm{d}x = \tan x\ln\cos x + \tan x - x + C$.

15. $\displaystyle\int\dfrac{x\,\mathrm{arccot}\,x}{\sqrt{1+x^2}}\mathrm{d}x = \int\mathrm{arccot}\,x\,\mathrm{d}(\sqrt{1+x^2}) = \sqrt{1+x^2}\,\mathrm{arccot}\,x + \int\dfrac{1}{\sqrt{1+x^2}}\mathrm{d}x$

$\qquad = \sqrt{1+x^2}\,\mathrm{arccot}\,x + \ln(x + \sqrt{1+x^2}) + C$.

16. $\displaystyle\int x\cot^2 x\,\mathrm{d}x = \int x(\csc^2 x - 1)\mathrm{d}x$

$\qquad = \displaystyle\int x\,\mathrm{d}(-\cot x) - \dfrac{x^2}{2} = -x\cot x + \int\cot x\,\mathrm{d}x - \dfrac{x^2}{2}$

$\qquad = -x\cot x + \ln|\sin x| - \dfrac{x^2}{2} + C$.

习题 5-4

1. (1) $5\ln|x-3| - 3\ln|x-2| + C$；

　(2) $\dfrac{1}{2}\ln(x^2+2x+3) - \dfrac{3}{2}\sqrt{2}\arctan\dfrac{x+1}{\sqrt{2}} + C$；

　(3) $\ln|x| - \dfrac{2}{x-1} + C$；　　(4) $\ln\dfrac{(1-x)^2}{1+x^2} - 2\arctan x + C$.

2. (1) $\dfrac{1}{3}\tan^3 x + C$；　　　　　(2) $-\dfrac{1}{x}\ln x - \dfrac{1}{x} + C$；

　(3) $x\ln(x+\sqrt{1+x^2}) - \sqrt{1+x^2} + C$；　(4) $2\sqrt{x} - 2\ln(1+\sqrt{x}) + C$；

　(5) $2\sqrt{x-1} - 2\arctan\sqrt{x-1} + C$；　(6) $\ln(e^x+1) + C$；

　(7) $2\sqrt{x}\arctan\sqrt{x} - \ln|1+x| + C$；　(8) $\dfrac{1}{2}\tan^2 x + \ln|\tan x| + C$；

　(9) $-\sqrt{1-x^4} - \dfrac{1}{2}\arcsin x^2 + C$；　(10) $\dfrac{1+x^2}{2}\ln(1+x^2) - \dfrac{x^2}{2} + C$；

　(11) $-2\sqrt{x}\cos\sqrt{x} + 2\sin\sqrt{x} + C$；

(12)$x + \ln|x| - \arctan x - \dfrac{1}{2}\ln(1 + x^2) + C$;

(13)$2\arcsin\dfrac{x}{2} - \dfrac{1}{2}x\sqrt{4 - x^2} + C$;

(14)$\ln(x^2 - 4x + 5) + 9\arctan(x - 2) + C$;

(15)$x\sec x - \ln|\sec x + \tan x| + C$;　(16)$\dfrac{1}{8(1 + x^2)^4} - \dfrac{1}{6(1 + x^2)^3} + C$;

$$
(17)\int\frac{1}{x(x^6 + 2)}\mathrm{d}x = \frac{1}{2}\int\frac{(x^6 + 2) - x^6}{x(x^6 + 2)}\mathrm{d}x = \frac{1}{2}\int\frac{1}{x}\mathrm{d}x - \frac{1}{2}\int\frac{x^5}{x^6 + 2}\mathrm{d}x
$$

$$
= \frac{1}{2}\ln|x| - \frac{1}{12}\ln(x^6 + 2) + C;
$$

(18)$\dfrac{\sqrt{2}}{6}\arctan\dfrac{x^3}{\sqrt{2}} + C$;　　　　　　　(19)$\ln|\cos x + \sin x| + C$;

(20)$\dfrac{1}{2}\tan^2 x + \ln|\cos x| + C$;

$$
(21)\int\frac{x}{1 + \cos x}\mathrm{d}x = \int\frac{x}{2\cos^2\dfrac{x}{2}}\mathrm{d}x = \int x\mathrm{d}\left(\tan\frac{x}{2}\right) = x\tan\frac{x}{2} - \int\tan\frac{x}{2}\mathrm{d}x
$$

$$
= x\tan\frac{x}{2} + 2\ln\left|\cos\frac{x}{2}\right| + C;
$$

(22)$2\arcsin\dfrac{x}{2} + \sqrt{4 - x^2} + C$;　　(23)$\dfrac{1}{5}(1 + x^2)^{\frac{5}{2}} - \dfrac{1}{3}(1 + x^2)^{\frac{3}{2}} + C$;

(24)$\dfrac{1}{3}(x^3 - 1)\mathrm{e}^{x^3} + C$;　　　　　(25)$xf'(x) - f(x) + C$.

练习题(5)

填空题:

1. $F'(x)\mathrm{d}x$　　**2.** $f(x) + C$　　　**3.** $\dfrac{x\cos x - \sin x}{x^2} + C$

4. 因 $\displaystyle\int f(x)\mathrm{d}x = -\int f(-x)\mathrm{d}x = \int f(-x)\mathrm{d}(-x) = F(-x) + C$,故 $F(-x)$
也是 $f(x)$ 的原函数,故 $F(-x) = F(x) + C$.

5. $\displaystyle\int xf'(x)\mathrm{d}x = \int x\mathrm{d}f(x) = xf(x) - \int f(x)\mathrm{d}x = xF'(x) - F(x) + C$.

6. $\displaystyle\int f(x)f'(x)\mathrm{d}x = \int f(x)\mathrm{d}f(x) = \frac{1}{2}f^2(x) + C$.

7. $\displaystyle\int xf(x^2)\mathrm{d}x = \frac{1}{2}\int f(x^2)\mathrm{d}(x^2) = \frac{1}{2}F(x^2) + C$.

8. $f(x) = (\cos^2 x + C)' = 2\cos x(-\sin x) = -\sin 2x.$

9. $\displaystyle\int xf(x)\mathrm{d}x = \int x\cos x\mathrm{d}x = \int x\mathrm{d}(\sin x) = x\sin x - \int \sin x\mathrm{d}x$

$\qquad = x\sin x + \cos x + C.$

10. $f'(x^2) = \dfrac{1}{\sqrt{x^2}}, f'(x) = \dfrac{1}{\sqrt{x}}, \displaystyle\int f'(x)\mathrm{d}x = \int \dfrac{1}{\sqrt{x}}\mathrm{d}x = 2\sqrt{x} + C.$

11. $\dfrac{2^x}{3^x(\ln^2 - \ln^3)} - \dfrac{5^x}{3^x(\ln^5 - \ln^3)} + C.$

12. $\displaystyle\int xf''(x) = \int x\mathrm{d}f'(x) = xf'(x) - \int f'(x)\mathrm{d}x = xf'(x) - f(x) + C.$

单项选择题:

1.(B)　　**2.**(C)　　**3.**(D)

4.(C)

$\displaystyle\int \dfrac{f'(\ln x)}{x}\mathrm{d}x = \int f'(\ln x)\mathrm{d}\ln x = f(\ln x) + C = \mathrm{e}^{-2\ln x} + C$

$\qquad = \mathrm{e}^{\ln x^{-2}} + C = \dfrac{1}{x^2} + C.$

5.(A)　　**6.**(B)　　**7.**(A)　　**8.**(D)　　**9.**(C)　　**10.**(C)

11.(B)　　**12.**(A)　　**13.**(D)　　**14.**(A)　　**15.**(C)

16.(B)

$F'(t) = f(t), \displaystyle\int f(t)\mathrm{d}t = F(t) + C.$

计算与证明题:

1. $\displaystyle\int \dfrac{1 + x^2 - 2\sqrt{x}}{x\sqrt{x}}\mathrm{d}x = \int x^{-\frac{3}{2}}\mathrm{d}x + \int x^{\frac{1}{2}}\mathrm{d}x - 2\int \dfrac{1}{x}\mathrm{d}x$

$\qquad = -\dfrac{2}{\sqrt{x}} + \dfrac{2}{3}x\sqrt{x} - 2\ln|x| + C.$

2. $\displaystyle\int x(2x-1)^9\mathrm{d}x = \dfrac{1}{2}\int (2x-1)^{10}\mathrm{d}x + \dfrac{1}{2}\int (2x-1)^9\mathrm{d}x$

$\qquad = \dfrac{1}{4}\int (2x-1)^{10}\mathrm{d}(2x-1) + \dfrac{1}{4}\int (2x-1)^9\mathrm{d}(2x-1)$

$\qquad = \dfrac{1}{44}(2x-1)^{11} + \dfrac{1}{40}(2x-1)^{10} + C.$

3. $\displaystyle\int \dfrac{\mathrm{d}x}{\mathrm{e}^x - \mathrm{e}^{-x}} = \int \dfrac{\mathrm{e}^x\mathrm{d}x}{\mathrm{e}^{2x} - 1} = \int \dfrac{\mathrm{d}(\mathrm{e}^x)}{(\mathrm{e}^x)^2 - 1} = \dfrac{1}{2}\ln\left|\dfrac{\mathrm{e}^x - 1}{\mathrm{e}^x + 1}\right| + C.$

4. $\displaystyle\int \dfrac{\sqrt{1 + 2\ln x}}{x}\mathrm{d}x = \int \sqrt{1 + 2\ln x} \cdot \dfrac{1}{2}\mathrm{d}(1 + 2\ln x)$

$$= \frac{1}{2} \times \frac{2}{3}(1+2\ln x)^{\frac{3}{2}} + C = \frac{1}{3}(1+2\ln x)^{\frac{3}{2}} + C.$$

5. $\displaystyle\int \frac{\ln\tan\dfrac{x}{2}}{\sin x}dx = \int \frac{\ln\tan\dfrac{x}{2}}{2\sin\dfrac{x}{2}\cos\dfrac{x}{2}}dx = \int \frac{\ln\tan\dfrac{x}{2}}{2\tan\dfrac{x}{2}\cos^2\dfrac{x}{2}}dx$

$\displaystyle = \int \ln\tan\frac{x}{2}d\left(\ln\tan\frac{x}{2}\right) = \frac{1}{2}\ln^2\tan\frac{x}{2} + C.$

6. $\displaystyle\int \frac{dx}{1+e^x} = \int \frac{1+e^x-e^x}{1+e^x}dx = \int dx - \int \frac{e^x}{1+e^x}dx = \int dx - \int \frac{d(1+e^x)}{1+e^x}$

$\displaystyle = x - \ln(1+e^x) + C.$

7. $\displaystyle\int \frac{dx}{\sin^4 x\cos^2 x} = \int \left(\frac{1}{\tan^2 x}+1\right)^2 d\tan x$

$\displaystyle = \int \frac{d\tan x}{\tan^4 x} + \int \frac{2}{\tan^2 x}d\tan x + \int d\tan x = -\frac{1}{3\tan^3 x} - \frac{2}{\tan x} + \tan x + C.$

8. $\displaystyle\int \frac{\sin x(1+\cos x)}{1+\cos^2 x}dx = \int \frac{\sin x dx}{1+\cos^2 x} + \int \frac{\sin x\cos x}{1+\cos^2 x}dx$

$\displaystyle = \int \frac{-d\cos x}{1+\cos^2 x} - \frac{1}{2}\int \frac{d(1+\cos^2 x)}{1+\cos^2 x} = -\arctan\cos x - \frac{1}{2}\ln(1+\cos^2 x) + C.$

9. $\displaystyle\int \frac{x^3 dx}{(1-x^2)^5} = \int \frac{x(x^2-1)+x}{(1-x^2)^5}dx = -\int \frac{x dx}{(1-x^2)^4} + \int \frac{x dx}{(1-x^2)^5}$

$\displaystyle = \frac{1}{2}\int \frac{d(1-x^2)}{(1-x^2)^4} - \frac{1}{2}\int \frac{d(1-x^2)}{(1-x^2)^5} = -\frac{1}{6(1-x^2)^3} + \frac{1}{8(1-x^2)^4} + C.$

10. $\displaystyle\int \frac{dx}{x\sqrt{1-2x^2}} \xtofrom{\text{令}\ x = \frac{1}{\sqrt{2}}\sin t} \int \frac{\sqrt{2}\cdot\dfrac{1}{\sqrt{2}}\cos t}{\sin t\cos t}dt = \int \frac{dt}{\sin t}$

$\displaystyle = \ln|\csc t - \cot t| + C = \ln\left|\frac{1-\sqrt{1-2x^2}}{\sqrt{2}x}\right| + C.$

11. $\displaystyle\int \frac{\arcsin\sqrt{x}}{\sqrt{1-x}}dx = \int \arcsin\sqrt{x}\,d(-2\sqrt{1-x})$

$\displaystyle = -2\sqrt{1-x}\arcsin\sqrt{x} + \int 2\sqrt{1-x}\,d\arcsin\sqrt{x}$

$\displaystyle = -2\sqrt{1-x}\arcsin\sqrt{x} + \int \frac{\sqrt{1-x}}{\sqrt{1-x}\sqrt{x}}dx$

$\displaystyle = -2\sqrt{1-x}\arcsin\sqrt{x} + 2\sqrt{x} + C.$

12. 令 $\sqrt{2x-3} = t$,则

$$\int \frac{1}{\sqrt{2x-3}+1}dx = \int \frac{t\,dt}{1+t} = \int \frac{1+t-1}{1+t}dt$$

$$= \int dt - \int \frac{dt}{1+t} = t - \ln(1+t) + C = \sqrt{2x-3} - \ln(1+\sqrt{2x-3}) + C.$$

13. $\int \frac{\ln x}{\sqrt{x}}dx = \int \ln x\,d(2\sqrt{x}) = 2\sqrt{x}\ln x - \int 2\sqrt{x}\,d\ln x = 2\sqrt{x}\ln x - \int \frac{2}{\sqrt{x}}dx$

$$= 2\sqrt{x}\ln x - 4\sqrt{x} + C.$$

14. $\int x\,\frac{\sin^2 x}{\cos^4 x}dx = \int x\tan^2 x\sec^2 x\,dx = \int x\,d\left(\frac{1}{3}\tan^3 x\right)$

$$= \frac{1}{3}x\tan^3 x - \int \frac{1}{3}\tan^3 x\,dx = \frac{1}{3}x\tan^3 x - \int \frac{1}{3}\tan x(\sec^2 x - 1)dx$$

$$= \frac{1}{3}x\tan^3 x - \int \frac{1}{3}\tan x\,d\tan x + \int \frac{1}{3}\tan x\,dx$$

$$= \frac{1}{3}x\tan^3 x - \frac{1}{6}\tan^2 x - \frac{1}{3}\ln|\cos x| + C.$$

第6章 定 积 分

本章将讨论积分学的另一个基本概念——定积分.首先由实例引出定积分概念,然后讨论定积分的性质与计算方法.

6.1 定积分的概念

6.1.1 定积分问题举例

6.1.1.1 曲边梯形的面积

所谓曲边梯形是指这样的图形,即它有三条边是直线段,其中两条互相平行,第三条与前两条垂直叫做底边,第四条边是一条曲线弧叫做曲边,这条曲边与任意一条垂直于底边的直线至多只交于一点.在直角坐标系 xOy 中,由连续曲线 $y=f(x)(f(x)\geqslant$

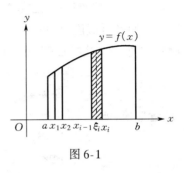

图 6-1

$0)$,x 轴及二直线 $x=a$ 和 $x=b(a<b)$ 所围成的图形(图 6-1)就是一个曲边梯形,下面求它的面积.

已知矩形面积=底×高,由于曲边梯形有一条边是曲边,也就是底边上各点的高 $f(x)$ 在 $[a,b]$ 上是变化的,因此不能按矩形面积公式计算它的面积.这个问题用极限的方法能够得到解决.

将区间 $[a,b]$ 分成许多小区间,从而把曲边梯形相应地分成许多个窄曲边梯形.由于 $f(x)$ 连续变化,它在每个小区间上变化很小,因此可以用其中某一点处的高近似代替窄曲边梯形的高,按矩形面积公式计算出的每个窄矩形的面积就是相应窄曲边梯形面积的近似值,所有窄矩形面积的和就是所求曲边梯形面积 S 的近似值.

显然,区间 $[a,b]$ 分得越细,窄曲边梯形的个数越多,所有窄矩形面积的和就越接近于所求曲边梯形的面积,把区间 $[a,b]$ 无限细分,使每个小区间的长度趋于零,这时所有窄矩形面积之和的极限就是所求

曲边梯形的面积 S.

上述过程可归纳叙述如下.

(1)分割:在区间 $[a,b]$ 内任意插入分点:
$$a = x_0 < x_1 < x_2 < \cdots < x_{n-1} < x_n = b,$$
把 $[a,b]$ 分成 n 个小区间
$$[x_0,x_1],[x_1,x_2],[x_2,x_3],\cdots,[x_{n-1},x_n],$$
小区间的长度依次为
$$\Delta x_1 = x_1 - x_0, \Delta x_2 = x_2 - x_1, \cdots, \Delta x_n = x_n - x_{n-1}.$$

过各分点作垂直于 x 轴的直线,把曲边梯形分成 n 个窄曲边梯形,窄曲边梯形的面积记为 $\Delta S_i(i=1,2,\cdots,n)$.

(2)算近似值:在底 $[x_{i-1},x_i]$ 上任取一点 ξ_i,以 $f(\xi_i)\Delta x_i$ 近似代替第 i 个窄曲边梯形(图 6-1 中的阴影部分)的面积 ΔS_i,即
$$\Delta S_i \approx f(\xi_i)\Delta x_i(i=1,2,\cdots,n).$$

(3)求和:把 n 个窄矩形的面积加起来,得到所求曲边梯形面积 S 的近似值,即
$$\begin{aligned}
S &= \Delta S_1 + \Delta S_2 + \cdots + \Delta S_n \\
&\approx f(\xi_1)\Delta x_1 + f(\xi_2)\Delta x_2 + f(\xi_i)\Delta x_i + \cdots + f(\xi_n)\Delta x_n \\
&= \sum_{i=1}^{n} f(\xi_i)\Delta x_i.
\end{aligned}$$

这里符号"$\sum$"是求和的意思,$\sum_{i=1}^{n} f(\xi_i)\Delta x_i$ 表示 $f(\xi_i)\Delta x_i$ 中的 i 依次取 $1,2,\cdots,n$ 所得到的 n 项和.

(4)取极限:把 $\Delta x_1,\Delta x_2,\cdots,\Delta x_n$ 中的最大者 $\max\{\Delta x_1,\Delta x_2,\cdots,\Delta x_n\}$ 记为 λ. 当 $\lambda \to 0$ 时(这时 $[a,b]$ 无限细分,同时 $n \to \infty$),取上式右端的极限,就得到了所求曲边梯形的面积
$$S = \lim_{\lambda \to 0} \sum_{i=1}^{n} f(\xi_i)\Delta x_i.$$

6.1.1.2　变速直线运动的路程

当质点做匀速直线运动时
$$路程 = 速度 \times 时间.$$

现质点做变速直线运动,速度 $v = v(t)(v(t) \geqslant 0)$ 是一个连续函数.求该质点从时刻 $t = a$ 到时刻 $t = b$ 所经过的路程 s.

由于速度 $v(t)$ 连续变化,它在很短的一段时间里变化很小,因此可以把时间间隔 $[a, b]$ 分成若干小段时间间隔.在每一小段时间内,以等速运动代替变速运动,求出每小段时间内所经过路程的近似值.所有部分路程相加得到整个路程的近似值.最后通过时间间隔无限细分的极限过程得到变速直线运动的路程 s.

具体归纳叙述如下.

(1)分割:在时间间隔 $[a, b]$ 内任意插入分点

$$a = t_0 < t_1 < t_2 < \cdots < t_{n-1} < t_n = b,$$

把 $[a, b]$ 分成 n 个小段

$$[t_0, t_1], [t_1, t_2], \cdots, [t_{n-1}, t_n].$$

各小段时间间隔长依次为

$$\Delta t_1 = t_1 - t_0, \Delta t_2 = t_2 - t_1, \cdots, \Delta t_n = t_n - t_{n-1}.$$

(2)算近似值:在每小段时间 $[t_{i-1}, t_i]$ 里任取一个时刻 τ_i,以 $v(\tau_i)$ 作为 $[t_{i-1}, t_i]$ 上各时刻的速度,得到部分路程 Δs_i 的近似值,即

$$\Delta s_i \approx v(\tau_i) \Delta t_i, (i = 1, 2, 3, \cdots, n).$$

(3)求和:把 n 段部分路程相加,得到变速直线运动路程 s 的近似值,即

$$s = \Delta s_1 + \Delta s_2 + \cdots + \Delta s_n$$
$$\approx v(\tau_1) \Delta t_1 + v(\tau_2) \Delta t_2 + \cdots + v(\tau_i) \Delta t_i + \cdots + v(\tau_n) \Delta t_n$$
$$= \sum_{i=1}^{n} v(\tau_i) \Delta t_i.$$

(4)取极限:记 $\lambda = \max\{\Delta t_1, \Delta t_2, \cdots, \Delta t_n\}$.当 $\lambda \to 0$ 时,取上式右端的极限,即得到变速直线运动的路程

$$s = \lim_{\lambda \to 0} \sum_{i=1}^{n} v(\tau_i) \Delta t_i.$$

6.1.2　定积分定义

前面所讨论的两个例子,虽然实际意义不相同,但是解决的方法与

计算的步骤却完全一样,所求量最后都归结为求一种特定和式的极限.

抓住这两个具体问题数量关系上共同的特性进行数学抽象,就得出下述定积分定义.

定义 6.1.1　设函数 $f(x)$ 在闭区间 $[a,b]$ 上有定义,任取分点

$$a = x_0 < x_1 < x_2 < \cdots < x_{n-1} < x_n = b,$$

把区间 $[a,b]$ 分成 n 个小区间

$$[x_0,x_1],[x_1,x_2],\cdots,[x_{i-1},x_i],\cdots,[x_{n-1},x_n],$$

每个小区间的长度依次为

$$\Delta x_1 = x_1 - x_0, \Delta x_2 = x_2 - x_1, \cdots, \Delta x_i = x_i - x_{i-1}, \cdots, \Delta x_n = x_n - x_{n-1}.$$

在每个小区间 $[x_{i-1},x_i]$ 上任取一点 ξ_i,作乘积 $f(\xi_i)\Delta x_i$ ($i = 1, 2, \cdots, n$),并作和

$$\sum_{i=1}^{n} f(\xi_i)\Delta x_i.$$

记 $\lambda = \max\{\Delta x_1, \Delta x_2, \cdots, \Delta x_n\}$. 如果不论对 $[a,b]$ 采取何种分法,也不论在小区间 $[x_{i-1},x_i]$ 上点 ξ_i 怎样取法,当 $\lambda \to 0$ 时,和式 $\sum_{i=1}^{n} f(\xi_i)\Delta x_i$ 总有确定的极限,则称此极限值为函数 $f(x)$ 在区间 $[a,b]$ 上的定积分,记为 $\int_a^b f(x)\mathrm{d}x$,即

$$\int_a^b f(x)\mathrm{d}x = \lim_{\lambda \to 0} \sum_{i=1}^{n} f(\xi_i)\Delta x_i.$$

其中,x 称做积分变量,$f(x)$ 称做被积函数,$f(x)\mathrm{d}x$ 称做被积表达式,$[a,b]$ 称做积分区间,a 称做积分下限,b 称做积分上限.

这时称函数 $f(x)$ 在区间 $[a,b]$ 上可积,或称定积分 $\int_a^b f(x)\mathrm{d}x$ 存在;否则称 $f(x)$ 在 $[a,b]$ 上不可积,或称 $\int_a^b f(x)\mathrm{d}x$ 不存在.

根据这个定义就有:曲边梯形的面积

$$S = \int_a^b f(x)\mathrm{d}x.$$

变速直线运动的路程 $\quad s = \int_a^b v(t)\mathrm{d}t$.

关于定积分概念再做两点说明.

(1)如果定积分 $\int_a^b f(x)\mathrm{d}x$ 存在,即和式的极限存在,则该定积分

的值是一个确定的常数,因此,定积分 $\int_a^b f(x)\mathrm{d}x$ 只与被积函数 $f(x)$ 及

积分区间 $[a,b]$ 有关,而与积分变量用什么字母表示无关,即有

$$\int_a^b f(x)\mathrm{d}x = \int_a^b f(t)\mathrm{d}t = \int_a^b f(u)\mathrm{d}u.$$

(2)在定积分的定义中假定了 $a<b$,在实际应用及理论分析中,有时会遇到下限大于上限或上下限相等的情形.为此,我们对定积分作以下两点补充规定:

当 $a>b$ 时,$\int_a^b f(x)\mathrm{d}x = -\int_b^a f(x)\mathrm{d}x$;

当 $a=b$ 时,$\int_a^a f(x)\mathrm{d}x = 0$.

关于定积分我们要研究两方面的问题:第一,$f(x)$ 在区间 $[a,b]$ 上具备什么条件才是可积的;第二,在可积的情况下如何求定积分的值.

对于第一个问题,我们只给出可积的两个充分条件(证明从略).

定理 6.1.1 如果函数 $f(x)$ 在 $[a,b]$ 上连续,则 $f(x)$ 在 $[a,b]$ 上可积.

定理 6.1.2 如果函数 $f(x)$ 在 $[a,b]$ 上有界且只有有限个第一类间断点,则 $f(x)$ 在 $[a,b]$ 上可积.

对于第二个问题,我们将在 6.3 中讨论.

6.1.3 定积分的几何意义

6.1.3.1 在 $[a,b]$ 上 $f(x) \geqslant 0$

这时,$\int_a^b f(x)\mathrm{d}x$ 在几何上表示由曲线 $y=f(x)$,x 轴及二直线 $x=a$ 和 $x=b$ 所围成的曲边梯形的面积(图 6-2).

6.1.3.2　在$[a,b]$上$f(x)\leqslant 0$

由和式$\sum\limits_{i=1}^{n}f(\xi_i)\Delta x_i$的每一项$f(\xi_i)\Delta x_i\leqslant 0$得知$\int_a^b f(x)\mathrm{d}x\leqslant 0$.

这时$\int_a^b f(x)\mathrm{d}x$在几何上表示由曲线$y=f(x)$,x轴及二直线$x=a$和$x=b$所围成的曲边梯形面积的负值(图6-3).

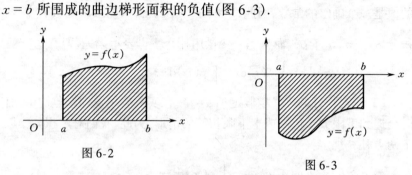

图6-2

图6-3

6.1.3.3　在$[a,b]$上$f(x)$既取得正值又取得负值

这时,$f(x)$的图形某些部分在x轴上方,其余部分在x轴下方. 定积分$\int_a^b f(x)\mathrm{d}x$在几何上表示由曲线$y=f(x)$,x轴及二直线$x=a$和$x=b$所围平面图形位于x轴上方部分的面积减去位于x轴下方部分的面积(图6-4).

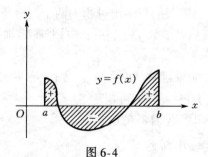

图6-4

例1　利用定积分的几何意义,求

$$\int_0^1\sqrt{1-x^2}\,\mathrm{d}x$$

的值.

解 定积分 $\int_0^1 \sqrt{1-x^2}\,\mathrm{d}x$ 在几何上表示以 $O(0,0)$ 为圆心,半径为 1 的 1/4 圆的面积(图 6-5 中的阴影部分),所以

$$\int_0^1 \sqrt{1-x^2}\,\mathrm{d}x = \frac{\pi}{4}.$$

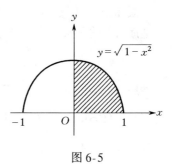

图 6-5

习题 6-1

1.利用定积分的几何意义,说明:

(1) $\int_{-\pi}^{\pi} \sin x\,\mathrm{d}x = 0$;

(2) $\int_{-\frac{\pi}{2}}^{\frac{\pi}{2}} \cos x\,\mathrm{d}x = 2\int_0^{\frac{\pi}{2}} \cos x\,\mathrm{d}x$.

2.利用定积分的几何意义,求下列定积分.

(1) $\int_{-2}^{2} \sqrt{4-x^2}\,\mathrm{d}x$;

(2) $\int_0^4 \sqrt{4x-x^2}\,\mathrm{d}x$.

3.利用定积分定义,说明:

(1) $\int_a^a f(x)\,\mathrm{d}x = 0$;

(2) $\int_a^b f(x)\,\mathrm{d}x = -\int_b^a f(x)\,\mathrm{d}x$.

4.一曲边梯形由曲线 $y=1-x^2$,x 轴及直线 $x=-\dfrac{1}{2}$,$x=2$ 所围成,试把此曲边梯形的面积 A 用定积分表示.

5.已知自由落体的速度 $v=gt$(g 为常数),试用定积分表示自由落体由静止开始在前 3 s 内下落的高度 h.

6.用定积分定义,证明 $\int_0^1 \mathrm{e}^x\,\mathrm{d}x = \mathrm{e}-1$.

6.2 定积分的性质

下列各性质中积分上下限的大小,如不特殊声明,均不加限制,且假定各性质中给出的定积分都是存在的.

由定积分定义可以推出以下性质,证明从略.

性质 1 函数和(差)的定积分等于它们的定积分的和(差),即

$$\int_a^b [f(x) \pm \varphi(x)]\,\mathrm{d}x = \int_a^b f(x)\,\mathrm{d}x \pm \int_a^b \varphi(x)\,\mathrm{d}x.$$

性质 1 对于任意有限个函数和（差）仍成立.

性质 2　被积函数中的常数因子可以提到积分号外面，即

$$\int_a^b kf(x)\mathrm{d}x = k\int_a^b f(x)\mathrm{d}x \ (k \text{ 是常数}).$$

性质 3　不论 a,b,c 的相对位置如何，总有

$$\int_a^b f(x)\mathrm{d}x = \int_a^c f(x)\mathrm{d}x + \int_c^b f(x)\mathrm{d}x.$$

性质 4　如果在 $[a,b]$ 上，$f(x) \equiv 1$，则

$$\int_a^b f(x)\mathrm{d}x = \int_a^b \mathrm{d}x = b - a.$$

性质 5　如果在 $[a,b]$ 上，$f(x) \geqslant 0$，则

$$\int_a^b f(x)\mathrm{d}x \geqslant 0.$$

证　由 $a < b$，插入分点后得到 $\Delta x_i > 0$，又 $f(\xi_i) \geqslant 0$，所以

$$\sum_{i=1}^n f(\xi_i)\Delta x_i \geqslant 0, \text{故} \lim_{\lambda \to 0}\sum_{i=1}^n f(\xi_i)\Delta x_i \geqslant 0,$$

即　　$\displaystyle\int_a^b f(x)\mathrm{d}x \geqslant 0.$

性质 6　如果在 $[a,b]$ 上，$f(x) \geqslant \varphi(x)$，则

$$\int_a^b f(x)\mathrm{d}x \geqslant \int_a^b \varphi(x)\mathrm{d}x.$$

证　已知在 $[a,b]$ 上，$f(x) - \varphi(x) \geqslant 0$，由性质 5

$$\int_a^b [f(x) - \varphi(x)]\mathrm{d}x \geqslant 0, \text{即} \int_a^b f(x)\mathrm{d}x - \int_a^b \varphi(x)\mathrm{d}x \geqslant 0,$$

故得　　$\displaystyle\int_a^b f(x)\mathrm{d}x \geqslant \int_a^b \varphi(x)\mathrm{d}x.$

由性质 6 可得到性质 7，请读者给出证明.

性质 7（估值定理）　设 M,m 分别是函数 $f(x)$ 在区间 $[a,b]$ 上的最大值和最小值，则

$$m(b-a) \leqslant \int_a^b f(x)\mathrm{d}x \leqslant M(b-a).$$

性质 8（积分中值定理）　如果函数 $f(x)$ 在区间 $[a,b]$ 上连续，则在 $[a,b]$ 上至少存在一点 ξ，使

$$\int_a^b f(x)\mathrm{d}x = f(\xi)(b-a).$$

证 由性质 7,得

$$m(b-a)\leqslant \int_a^b f(x)\mathrm{d}x \leqslant M(b-a),$$

其中 m 和 M 分别是连续函数 $f(x)$ 在闭区间 $[a,b]$ 上的最小值和最大值. 于是

$$m\leqslant \frac{1}{b-a}\int_a^b f(x)\mathrm{d}x \leqslant M.$$

这表明,$\dfrac{1}{b-a}\displaystyle\int_a^b f(x)\mathrm{d}x$ 是介于函数 $f(x)$ 的最小值 m 和最大值 M 之间的一个数. 根据闭区间上连续函数的介值定理知,在 $[a,b]$ 上至少存在一点 ξ,使得

$$f(\xi) = \frac{1}{b-a}\int_a^b f(x)\mathrm{d}x,$$

即 $\qquad \displaystyle\int_a^b f(x)\mathrm{d}x = f(\xi)(b-a).$ 证毕.

定积分中值定理的几何意义是:对于以 $[a,b]$ 为底边, 曲线 $y=f(x)(f(x)\geqslant 0)$ 为曲边的曲边梯形,至少有一个以 $f(\xi)(a\leqslant \xi \leqslant b)$ 为高、$[a,b]$ 为底的矩形,使得它们的面积相等(图 6-6).

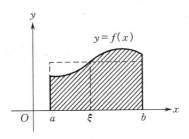

图 6-6

习题 6-2

1.不计算积分,比较下列各组积分值的大小.

(1)$\displaystyle\int_1^2 x\,\mathrm{d}x$ 与 $\displaystyle\int_1^2 x^3\,\mathrm{d}x$;

(2)$\displaystyle\int_0^1 \mathrm{e}^x\,\mathrm{d}x$ 与 $\displaystyle\int_0^1 \mathrm{e}^{\frac{x}{2}}\,\mathrm{d}x$;

(3)$\int_3^4 (\ln x)^2 dx$ 与 $\int_3^4 \ln x dx$;　　(4)$\int_0^{\frac{\pi}{2}} x dx$ 与 $\int_0^{\frac{\pi}{2}} \sin x dx$.

2.下列各种说法是否正确,为什么?

(1)如果积分 $\int_a^b f(x)dx \geqslant 0$,则当 $a < b$ 时 $f(x) \geqslant 0$;

(2)如果积分 $\int_a^b f(x)dx$ 和 $\int_a^b g(x)dx$ 都存在,且积分 $\int_a^b [f(x) - g(x)]dx \leqslant 0$,则 $\int_a^b f(x)dx \leqslant \int_a^b g(x)dx$.

3.利用估值定理估计下列各定积分的值,即指出它介于哪两个数之间.

(1)$\int_1^3 (x^3 + 1)dx$;　　(2)$\int_{-1}^2 (4 - x^2)dx$.

4.设 $f(x)$ 是 $[a,b]$ 上单调增加的有界函数,证明

$$f(a)(b - a) < \int_a^b f(x)dx < f(b)(b - a).$$

5.证明 $\dfrac{2}{\sqrt[4]{e}} < \int_0^2 e^{x^2 - x} dx < 2e^2$.

6.3　微积分基本公式

本节讨论定积分与原函数的联系,推导出用原函数计算定积分的公式.

6.3.1　积分上限的函数

设函数 $f(x)$ 在闭区间 $[a,b]$ 上连续,则定积分 $\int_a^b f(x)dx$ 存在,且为一定值.设 x 是 $[a,b]$ 上的一点,因为 $f(x)$ 在 $[a,x]$ 上连续,所以定积分

$$\int_a^x f(x)dx$$

存在.这里积分上限和积分变量都用 x 表示,为便于区分起见,可以把积分变量 x 换写为变量 t,于是上面的定积分可以写成

$$\int_a^x f(t)dt. \tag{1}$$

令上限 x 在区间 $[a,b]$ 上变动,这时对于每一个取定的 x 值,定

积分(1)都有一个确定的数值与之对应,所以定积分(1)在区间$[a,b]$上定义了一个函数,记为 $\Phi(x)$,则

$$\Phi(x)=\int_a^x f(t)\mathrm{d}t \quad (a\leqslant x\leqslant b),$$

我们把这个函数 $\Phi(x)$ 称为积分上限的函数.

函数 $\Phi(x)$ 具有下面的重要性质.

定理 6.3.1 如果函数 $f(x)$ 在区间$[a,b]$上连续,那么积分上限的函数

$$\Phi(x)=\int_a^x f(t)\mathrm{d}t$$

在$[a,b]$上具有导数,且

$$\Phi'(x)=\frac{\mathrm{d}}{\mathrm{d}x}\int_a^x f(t)\mathrm{d}t=f(x). \tag{2}$$

证 给上限 x 以增量 Δx,则函数 $\Phi(x)$ 在 $x+\Delta x(a\leqslant x+\Delta x\leqslant b)$处的函数值

$$\Phi(x+\Delta x)=\int_a^{x+\Delta x} f(t)\mathrm{d}t,$$

因此,函数的增量

$$\Delta\Phi=\Phi(x+\Delta x)-\Phi(x)=\int_a^{x+\Delta x} f(t)\mathrm{d}t-\int_a^x f(t)\mathrm{d}t$$

$$=\int_a^x f(t)\mathrm{d}t+\int_x^{x+\Delta x} f(t)\mathrm{d}t-\int_a^x f(t)\mathrm{d}t=\int_x^{x+\Delta x} f(t)\mathrm{d}t.$$

应用积分中值定理,得到

$$\Delta\Phi=f(\xi)(x+\Delta x-x)=f(\xi)\Delta x,$$

其中 ξ 在 x 与 $x+\Delta x$ 之间,两端同除以 Δx,得

$$\frac{\Delta\Phi}{\Delta x}=f(\xi).$$

因为,当 $\Delta x\to 0$ 时,$\xi\to x$,又 $f(x)$ 在$[a,b]$上连续,所以

$$\lim_{\Delta x\to 0}f(\xi)=\lim_{\xi\to x}f(\xi)=f(x).$$

因此 $\Phi(x)$ 在$[a,b]$上具有导数,且

$$\Phi'(x)=\lim_{\Delta x\to 0}\frac{\Delta\Phi}{\Delta x}=f(x).$$

由这个定理我们知道 $\Phi(x)$ 是连续函数 $f(x)$ 的一个原函数,因此也证明了下面的定理.

定理 6.3.2(原函数存在定理)　在区间 $[a,b]$ 上的连续函数 $f(x)$ 的原函数一定存在 $(\Phi(x)=\int_a^x f(t)\mathrm{d}t$ 就是 $f(x)$ 的一个原函数$)$.

这正是第 5 章一开始所给出的但未加证明的那个结论.

例 1　求 $\dfrac{\mathrm{d}}{\mathrm{d}x}\int_0^x \ln(1+t^3)\mathrm{d}t$.

解　$\dfrac{\mathrm{d}}{\mathrm{d}x}\int_0^x \ln(1+t^3)\mathrm{d}t = \ln(1+x^3)$.

例 2　求 $\dfrac{\mathrm{d}}{\mathrm{d}x}\int_0^{x^2} \mathrm{e}^t\mathrm{d}t$.

解　设 $u=x^2$,则

$$\frac{\mathrm{d}}{\mathrm{d}x}\int_0^{x^2}\mathrm{e}^t\mathrm{d}t=\left(\frac{\mathrm{d}}{\mathrm{d}u}\int_0^u\mathrm{e}^t\mathrm{d}t\right)\cdot\frac{\mathrm{d}u}{\mathrm{d}x}=\mathrm{e}^u\cdot(x^2)'=\mathrm{e}^{x^4}\cdot 2x=2x\mathrm{e}^{x^4}.$$

例 3　求 $\lim\limits_{x\to 0}\dfrac{\int_0^x \sin t^2\mathrm{d}t}{x^3}$.

解　$\lim\limits_{x\to 0}\dfrac{\int_0^x \sin t^2\mathrm{d}t}{x^3}=\lim\limits_{x\to 0}\dfrac{\left(\int_0^x \sin t^2\mathrm{d}t\right)'}{(x^3)'}=\lim\limits_{x\to 0}\dfrac{\sin x^2}{3x^2}=\dfrac{1}{3}$.

6.3.2　牛顿—莱布尼茨公式

定理 6.3.3　如果函数 $f(x)$ 在区间 $[a,b]$ 上连续,且 $F(x)$ 是 $f(x)$ 的任意一个原函数,那么,

$$\int_a^b f(x)\mathrm{d}x = F(b)-F(a). \tag{3}$$

证　已知 $F(x)$ 是 $f(x)$ 的一个原函数,根据定理 6.3.1,有

$$\Phi(x)=\int_a^x f(t)\mathrm{d}t$$

也是 $f(x)$ 的一个原函数,因此在区间 $[a,b]$ 上,

$$\Phi(x)=F(x)+C,$$

其中 C 为某个常数.于是

$$\Phi(b) = F(b) + C, \quad \Phi(a) = F(a) + C.$$

两式相减,得到

$$\Phi(b) - \Phi(a) = F(b) - F(a).$$

由于　　$\Phi(b) = \int_a^b f(t)dt = \int_a^b f(x)dx, \quad \Phi(a) = \int_a^a f(t)dt = 0,$

所以　　$\int_a^b f(x)dx = F(b) - F(a).$

为了方便起见,$F(b) - F(a)$ 常记为 $F(x)\Big|_a^b$ 或 $[F(x)]_a^b$.

公式(3)叫做牛顿—莱布尼茨公式,它是积分学中的基本公式.这个公式揭示了定积分与原函数之间的密切关系:连续函数在积分区间 $[a,b]$ 上的定积分等于它的任一个原函数在 $[a,b]$ 上的增量.从而为定积分的计算提供了简便有效的方法.

例 4　求 $\int_{-1}^1 \dfrac{dx}{1+x^2}$.

解　由于 $\arctan x$ 是 $\dfrac{1}{1+x^2}$ 的一个原函数,所以由公式(3)得

$$\int_{-1}^1 \frac{dx}{1+x^2} = \arctan x \Big|_{-1}^1 = \arctan 1 - \arctan(-1)$$

$$= \frac{\pi}{4} - \left(-\frac{\pi}{4}\right) = \frac{\pi}{2}.$$

例 5　求 $\int_1^2 \dfrac{1-3x}{2+3x}dx$.

解　$\int_1^2 \dfrac{1-3x}{2+3x}dx = \int_1^2 \dfrac{3-(2+3x)}{2+3x}dx = \int_1^2 \dfrac{3dx}{2+3x} - \int_1^2 dx$

$$= \ln|2+3x|\Big|_1^2 - x\Big|_1^2 = \ln 8 - \ln 5 - (2-1)$$

$$= \ln\frac{8}{5} - 1.$$

如果在积分区间上,被积函数不能用一个式子来表示,那么可利用定积分的性质 3 将定积分分段计算.

例 6　求 $\int_{-\frac{\pi}{2}}^{\frac{\pi}{2}} \sqrt{1-\cos 2x}\,dx$.

解 $\sqrt{1-\cos 2x}=\sqrt{2\sin^2 x}=\sqrt{2}\,|\sin x|$,

在区间 $\left[-\dfrac{\pi}{2},0\right]$ 上，$|\sin x|=-\sin x$；在区间 $\left[0,\dfrac{\pi}{2}\right]$ 上，$|\sin x|=\sin x$，所以

$$\int_{-\frac{\pi}{2}}^{\frac{\pi}{2}}\sqrt{1-\cos 2x}\,\mathrm{d}x=-\int_{-\frac{\pi}{2}}^{0}\sqrt{2}\sin x\,\mathrm{d}x+\int_{0}^{\frac{\pi}{2}}\sqrt{2}\sin x\,\mathrm{d}x$$

$$=\sqrt{2}\cos x\Big|_{-\frac{\pi}{2}}^{0}-\sqrt{2}\cos x\Big|_{0}^{\frac{\pi}{2}}=\sqrt{2}(1-0)-\sqrt{2}(0-1)=2\sqrt{2}.$$

注意

如果忽视在 $\left[-\dfrac{\pi}{2},0\right]$ 上 $\sqrt{1-\cos 2x}=-\sqrt{2}\sin x$，而按 $\sqrt{1-\cos 2x}=\sqrt{2}\sin x$ 计算，就会得出

$$\int_{-\frac{\pi}{2}}^{\frac{\pi}{2}}\sqrt{1-\cos 2x}\,\mathrm{d}x=\sqrt{2}\int_{-\frac{\pi}{2}}^{\frac{\pi}{2}}\sin x\,\mathrm{d}x=-\sqrt{2}\cos x\Big|_{-\frac{\pi}{2}}^{\frac{\pi}{2}}=0$$

的错误结果.

习题 6-3

1．计算.

(1) $\dfrac{\mathrm{d}}{\mathrm{d}x}\int_{1}^{x}[1+\ln(1+t^2)]\mathrm{d}t$;

(2) $\lim\limits_{x\to 0}\dfrac{\int_{0}^{x}t\tan t\,\mathrm{d}t}{x^3}$.

2．计算下列各定积分.

(1) $\int_{-1}^{4}\sqrt[3]{x}\,\mathrm{d}x$;

(2) $\int_{0}^{2}\left(\sqrt{2x}-\dfrac{x^2}{2}\right)\mathrm{d}x$;

(3) $\int_{0}^{\pi}(\sin x+\cos x)\mathrm{d}x$;

(4) $\int_{-\frac{1}{2}}^{\frac{1}{2}}\dfrac{1-2\sqrt{1-x^2}}{\sqrt{1-x^2}}\mathrm{d}x$;

(5) $\int_{-1}^{0}\dfrac{3x^4+3x^2+1}{1+x^2}\mathrm{d}x$;

(6) $\int_{0}^{\frac{\pi}{4}}\tan^2 x\,\mathrm{d}x$;

(7) $\int_{0}^{1}(\sqrt{x+1}-3^x)\mathrm{d}x$;

(8) $\int_{0}^{2\pi}|\sin x|\mathrm{d}x$;

(9) $\int_{0}^{\frac{\pi}{2}}\sin^2\dfrac{x}{2}\mathrm{d}x$;

(10) $\int_{-1}^{1}\sqrt{x^2-x^4}\,\mathrm{d}x$;

(11)$\int_0^3 \sqrt{(1-x)^2}\,\mathrm{d}x$；

(12)$\int_0^2 f(x)\mathrm{d}x$，其中 $f(x)=\begin{cases} 3x, & 0 \leqslant x \leqslant 1, \\ 2, & 1 < x \leqslant 2. \end{cases}$

3.下列做法是否正确，为什么？

(1)$\int_{-1}^1 \dfrac{1}{x^2}\mathrm{d}x = -\dfrac{1}{x}\Big|_{-1}^1 = -[1-(-1)] = -2$；

(2)$\int_0^{\frac{\pi}{2}} \sqrt{1-\sin 2x}\,\mathrm{d}x = \int_0^{\frac{\pi}{2}} \sqrt{\sin^2 x - 2\sin x\cos x + \cos^2 x}\,\mathrm{d}x$

$= \int_0^{\frac{\pi}{2}} \sqrt{(\sin x - \cos x)^2}\,\mathrm{d}x = \int_0^{\frac{\pi}{2}} (\sin x - \cos x)\mathrm{d}x$

$= (-\cos x - \sin x)\Big|_0^{\frac{\pi}{2}} = \left(-\cos\dfrac{\pi}{2} - \sin\dfrac{\pi}{2}\right) - (-\cos 0) = -1+1 = 0.$

4.求函数 $f(x)=\int_0^{2x} \dfrac{t-1}{t^2+1}\mathrm{d}t$ 的极值，并说明是极大值还是极小值.

5.求函数 $f(x)=\int_0^x \dfrac{t}{t^2+2t+2}\mathrm{d}t$ 在$[0,1]$上的最大值和最小值.

6.4　定积分的换元法

把不定积分的换元法用于定积分，得到下面定理(证明从略).

定理 6.4.1　如果 (1)函数 $f(x)$在$[a,b]$上连续；

(2)函数 $x=\varphi(t)$在区间$[\alpha,\beta]$上单值且具有连续导数；

(3)当 t 在区间$[\alpha,\beta]$上变化时，$x=\varphi(t)$的值在$[a,b]$上变化，且 $\varphi(\alpha)=a,\varphi(\beta)=b$.

则有定积分的换元公式

$$\int_a^b f(x)\mathrm{d}x = \int_\alpha^\beta f[\varphi(t)]\varphi'(t)\mathrm{d}t. \tag{1}$$

计算定积分时，当然也可以用不定积分的换元法求出原函数，然后再用牛顿—莱布尼茨公式求出定积分的值，但在用换元法求原函数时，最后还要代回原来的变量，这一步有时很复杂.应用公式(1)计算定积分，在作变量替换的同时可以相应地替换积分上、下限，而不必代回原来的变量，因此计算起来比较简单.

例 1 求 $\int_0^a x^2 \sqrt{a^2 - x^2} \, \mathrm{d}x$.

解 设 $x = a \sin t$,则 $\mathrm{d}x = a \cos t \, \mathrm{d}t$,且当 $x = 0$ 时,$t = 0$;当 $x = a$ 时,$t = \dfrac{\pi}{2}$.

于是
$$\int_0^a x^2 \sqrt{a^2 - x^2} \, \mathrm{d}x = \int_0^{\frac{\pi}{2}} a^2 \sin^2 t \cdot a^2 \cos^2 t \, \mathrm{d}t = \frac{a^4}{4} \int_0^{\frac{\pi}{2}} \sin^2 2t \, \mathrm{d}t$$
$$= \frac{a^4}{8} \int_0^{\frac{\pi}{2}} (1 - \cos 4t) \, \mathrm{d}t = \frac{a^4}{8} \left[t - \frac{1}{4} \sin 4t \right]_0^{\frac{\pi}{2}} = \frac{\pi a^4}{16}.$$

例 2 求 $\int_1^4 \dfrac{\mathrm{d}x}{x + \sqrt{x}}$.

解 设 $t = \sqrt{x}$ 则 $x = t^2$,那么 $\mathrm{d}x = 2t \, \mathrm{d}t$.

且当 $x = 1$ 时,$t = 1$;当 $x = 4$ 时,$t = 2$. 于是
$$\int_1^4 \frac{\mathrm{d}x}{x + \sqrt{x}} = \int_1^2 \frac{2t \, \mathrm{d}t}{t^2 + t} = \int_1^2 \frac{2 \, \mathrm{d}t}{t + 1} = 2 \int_1^2 \frac{\mathrm{d}(t + 1)}{t + 1}$$
$$= 2 \ln(t + 1) \Big|_1^2 = 2(\ln 3 - \ln 2) = 2 \ln \frac{3}{2}.$$

例 3 求 $\int_0^{\frac{\pi}{2}} 3 \cos^2 x \sin x \, \mathrm{d}x$.

解 设 $u = \cos x$,那么 $\mathrm{d}u = -\sin x \, \mathrm{d}x$,

且当 $x = 0$ 时,$u = 1$;当 $x = \dfrac{\pi}{2}$ 时,$u = 0$. 于是
$$\int_0^{\frac{\pi}{2}} 3 \cos^2 x \sin x \, \mathrm{d}x = -\int_1^0 3u^2 \, \mathrm{d}u = -u^3 \Big|_1^0 = 1.$$

利用定积分的换元法,可以得到奇、偶函数积分的一个重要性质.

例 4 设 $f(x)$ 在区间 $[-a, a]$ 上连续. 证明:

(1)如果 $f(x)$ 为奇函数,则 $\int_{-a}^a f(x) \, \mathrm{d}x = 0$;

(2)如果 $f(x)$ 为偶函数,则 $\int_{-a}^a f(x) \, \mathrm{d}x = 2 \int_0^a f(x) \, \mathrm{d}x$.

证 利用定积分的性质 3,有

$$\int_{-a}^{a} f(x)\mathrm{d}x = \int_{-a}^{0} f(x)\mathrm{d}x + \int_{0}^{a} f(x)\mathrm{d}x,$$

对于积分 $\int_{-a}^{0} f(x)\mathrm{d}x$,作代换 $x = -t$,那么 $\mathrm{d}x = -\mathrm{d}t$;当 $x = -a$ 时, $t = a$;当 $x = 0$ 时,$t = 0$. 于是

$$\int_{-a}^{0} f(x)\mathrm{d}x = -\int_{a}^{0} f(-t)\mathrm{d}t = \int_{0}^{a} f(-x)\mathrm{d}x,$$

所以 $\qquad \int_{-a}^{a} f(x)\mathrm{d}x = \int_{0}^{a} [f(x) + f(-x)]\mathrm{d}x.$

(1)如果 $f(x)$ 为奇函数,则 $f(-x) = -f(x)$,于是

$$\int_{-a}^{a} f(x)\mathrm{d}x = 0;$$

(2)如果 $f(x)$ 为偶函数,则 $f(-x) = f(x)$,于是

$$\int_{-a}^{a} f(x)\mathrm{d}x = 2\int_{0}^{a} f(x)\mathrm{d}x. \qquad\qquad 证毕.$$

以上证明的两个公式表示奇、偶函数在关于原点对称的区间上的定积分的重要性质,利用它们可以化简奇、偶函数的积分.

例 5 求 $\int_{-5}^{5} \dfrac{x^2 \sin^3 x}{1 + x^4}\mathrm{d}x.$

解 因为被积函数 $f(x) = \dfrac{x^2 \sin^3 x}{1 + x^4}$ 是奇函数,积分区间 $[-5,5]$ 关于原点对称,所以

$$\int_{-5}^{5} \frac{x^2 \sin^3 x}{1 + x^4}\mathrm{d}x = 0.$$

例 6 求 $\int_{-2}^{2} (1 + \sin^3 x + 5x^4)\mathrm{d}x.$

解 $\int_{-2}^{2} (1 + \sin^3 x + 5x^4)\mathrm{d}x = \int_{-2}^{2} (1 + 5x^4)\mathrm{d}x + \int_{-2}^{2} \sin^3 x\,\mathrm{d}x$

$$= 2\int_{0}^{2} (1 + 5x^4)\mathrm{d}x + 0 = 2(x + x^5)\big|_{0}^{2} = 68.$$

例 7 证明 $\int_{0}^{\frac{\pi}{2}} \sin^n x\,\mathrm{d}x = \int_{0}^{\frac{\pi}{2}} \cos^n x\,\mathrm{d}x.$

解　设 $x = \dfrac{\pi}{2} - t$，那么 $\mathrm{d}x = -\mathrm{d}t$，

且当 $x = 0$ 时，$t = \dfrac{\pi}{2}$；当 $x = \dfrac{\pi}{2}$ 时，$t = 0$. 于是

$$\int_0^{\frac{\pi}{2}} \sin^n x\,\mathrm{d}x = \int_{\frac{\pi}{2}}^0 \sin^n\left(\frac{\pi}{2} - t\right)(-\mathrm{d}t) = -\int_{\frac{\pi}{2}}^0 \cos^n t\,\mathrm{d}t$$

$$= \int_0^{\frac{\pi}{2}} \cos^n t\,\mathrm{d}t = \int_0^{\frac{\pi}{2}} \cos^n x\,\mathrm{d}x.$$

习题 6-4

1.计算下列定积分.

(1) $\displaystyle\int_{-2}^1 \dfrac{\mathrm{d}x}{(11+5x)^2}$;　　　　(2) $\displaystyle\int_0^1 \dfrac{\arctan x}{1+x^2}\mathrm{d}x$;

(3) $\displaystyle\int_0^4 \dfrac{\mathrm{d}x}{1+\sqrt{x}}$;　　　　(4) $\displaystyle\int_1^e \dfrac{\mathrm{d}x}{x\sqrt{1+\ln x}}$;

(5) $\displaystyle\int_0^2 \dfrac{\mathrm{d}x}{\sqrt{x+1}+\sqrt{(x+1)^3}}$;　　(6) $\displaystyle\int_{-2}^{-\sqrt{2}} \dfrac{\mathrm{d}x}{\sqrt{x^2-1}}$;

(7) $\displaystyle\int_0^5 \dfrac{1}{\sqrt{x+2}-\sqrt{x}}\mathrm{d}x$;　　(8) $\displaystyle\int_0^1 \sqrt{4-x^2}\,\mathrm{d}x$;

(9) $\displaystyle\int_0^{\frac{\pi}{2}} \cos^5 x\sin 2x\,\mathrm{d}x$;　　(10) $\displaystyle\int_{-1}^1 \dfrac{1}{x^2+x+1}\mathrm{d}x$.

2.利用函数的奇偶性计算下列定积分.

(1) $\displaystyle\int_{-\pi}^{\pi} x^2\sin^3 x\,\mathrm{d}x$;　　　(2) $\displaystyle\int_{-\frac{1}{2}}^{\frac{1}{2}} \dfrac{(\arcsin x)^2}{\sqrt{1-x^2}}\mathrm{d}x$;

(3) $\displaystyle\int_{-a}^a \dfrac{1}{(a^2+x^2)^{3/2}}\mathrm{d}x\,(a>0)$;　(4) $\displaystyle\int_{-\frac{1}{2}}^{\frac{1}{2}} \cos x\cdot\ln\dfrac{1+x}{1-x}\mathrm{d}x$.

3.(1)证明 $\displaystyle\int_0^a x^3 f(x^2)\mathrm{d}x = \dfrac{1}{2}\int_0^{a^2} xf(x)\mathrm{d}x$　$(a>0)$;

(2) $\displaystyle\int_0^\pi xf(\sin x)\mathrm{d}x = \dfrac{\pi}{2}\int_0^\pi f(\sin x)\mathrm{d}x$ (提示:令 $x = \pi - t$).

4*.证明定积分的换元法定理.

6.5　定积分的分部积分法

设函数 $u(x),v(x)$ 在 $[a,b]$ 上具有连续导数 $u'(x),v'(x)$，则

$$(uv)' = uv' + u'v.$$

在等式的两边分别求由 a 到 b 的定积分,得

$$(uv)\Big|_a^b = \int_a^b uv'\,\mathrm{d}x + \int_a^b u'v\,\mathrm{d}x,$$

即　　　$\int_a^b uv'\,\mathrm{d}x = (uv)\Big|_a^b - \int_a^b u'v\,\mathrm{d}x,$　　　　　(1)

或　　　$\int_a^b u\,\mathrm{d}v = (uv)\Big|_a^b - \int_a^b v\,\mathrm{d}u.$　　　　　(2)

这就是定积分的分部积分公式.

例 1　求 $\int_1^{\mathrm{e}} \ln x\,\mathrm{d}x.$

解　由公式(2)

$$\int_1^{\mathrm{e}} \ln x\,\mathrm{d}x = (x\ln x)\Big|_1^{\mathrm{e}} - \int_1^{\mathrm{e}} x\cdot\frac{\mathrm{d}x}{x} = \mathrm{e} - \int_1^{\mathrm{e}}\mathrm{d}x = \mathrm{e} - (\mathrm{e}-1) = 1.$$

例 2　求 $\int_0^{\frac{\pi}{2}} x\cos x\,\mathrm{d}x.$

解　$\displaystyle\int_0^{\frac{\pi}{2}} x\cos x\,\mathrm{d}x = \int_0^{\frac{\pi}{2}} x\,\mathrm{d}(\sin x) = (x\sin x)\Big|_0^{\frac{\pi}{2}} - \int_0^{\frac{\pi}{2}} \sin x\,\mathrm{d}x$

$$= \frac{\pi}{2} - (-\cos x)\Big|_0^{\frac{\pi}{2}} = \frac{\pi}{2} - 1.$$

例 3　求 $I_n = \displaystyle\int_0^{\frac{\pi}{2}} \sin^n x\,\mathrm{d}x.$

解　$\displaystyle I_n = \int_0^{\frac{\pi}{2}} \sin^n x\,\mathrm{d}x = \int_0^{\frac{\pi}{2}} \sin^{n-1} x\,\mathrm{d}(-\cos x)$

$$= (-\sin^{n-1} x\cos x)\Big|_0^{\frac{\pi}{2}} + \int_0^{\frac{\pi}{2}} \cos x\,\mathrm{d}(\sin^{n-1} x)$$

$$= \int_0^{\frac{\pi}{2}} (n-1)\cos^2 x\sin^{n-2} x\,\mathrm{d}x$$

$$= (n-1)\int_0^{\frac{\pi}{2}} (1-\sin^2 x)\sin^{n-2} x\,\mathrm{d}x$$

$$= (n-1)\int_0^{\frac{\pi}{2}} \sin^{n-2} x\,\mathrm{d}x - (n-1)\int_0^{\frac{\pi}{2}} \sin^n x\,\mathrm{d}x,$$

即　　　　$I_n = (n-1)I_{n-2} - (n-1)I_n$,

整理得　　$I_n = \dfrac{n-1}{n}I_{n-2}$.

由此得　　$I_{n-2} = \dfrac{n-3}{n-2}I_{n-4}$,

于是　　　$I_n = \dfrac{n-1}{n} \cdot \dfrac{n-3}{n-2}I_{n-4}$,

这样依次进行下去.

当 n 为奇数时,

$$I_n = \frac{n-1}{n} \cdot \frac{n-3}{n-2} \cdot \cdots \cdot \frac{4}{5} \cdot \frac{2}{3}I_1 = \frac{n-1}{n} \cdot \frac{n-3}{n-2} \cdot \cdots \cdot \frac{2}{3}\int_0^{\frac{\pi}{2}} \sin x \, dx$$

$$= \frac{n-1}{n} \cdot \frac{n-3}{n-2} \cdot \cdots \cdot \frac{4}{5} \cdot \frac{2}{3}.$$

当 n 为偶数时,

$$I_n = \frac{n-1}{n} \cdot \frac{n-3}{n-2} \cdot \cdots \cdot \frac{1}{2}I_0 = \frac{n-1}{n} \cdot \frac{n-3}{n-2} \cdot \cdots \cdot \frac{1}{2}\int_0^{\frac{\pi}{2}} dx$$

$$= \frac{n-1}{n} \cdot \frac{n-3}{n-2} \cdot \cdots \cdot \frac{1}{2} \cdot \frac{\pi}{2}.$$

记住这个公式,用它计算某些定积分时十分方便.

例4　求 $\displaystyle\int_0^1 x^4 \sqrt{1-x^2} \, dx$

解　$x = \sin t, dx = \cos t \, dt$,当 $x = 0$ 时,$t = 0$;当 $x = 1$ 时,$t = \dfrac{\pi}{2}$,

于是 $\displaystyle\int_0^1 x^4 \sqrt{1-x^2} \, dx = \int_0^{\frac{\pi}{2}} \sin^4 t \sqrt{1-\sin^2 t} \cos t \, dt$

$$= \int_0^{\frac{\pi}{2}} \sin^4 t \cos^2 t \, dt = \int_0^{\frac{\pi}{2}} \sin^4 x(1-\sin^2 x) \, dx$$

$$= \int_0^{\frac{\pi}{2}} \sin^4 x \, dx - \int_0^{\frac{\pi}{2}} \sin^6 x \, dx = \frac{3}{4} \cdot \frac{1}{2} \cdot \frac{\pi}{2} - \frac{5}{6} \cdot \frac{3}{4} \cdot \frac{1}{2} \cdot \frac{\pi}{2} = \frac{\pi}{32}.$$

由上节例 7 又知道

$$\int_0^{\frac{\pi}{2}} \cos^n x \, dx = \int_0^{\frac{\pi}{2}} \sin^n x \, dx,$$

因此,计算 $f(x)=\cos^n x$ 在 $\left[0,\dfrac{\pi}{2}\right]$ 上的定积分时也可使用上述公式.

例 5 求 $\displaystyle\int_{-\frac{\pi}{2}}^{\frac{\pi}{2}}\cos^5 x\,\mathrm{d}x$.

解 $\displaystyle\int_{-\frac{\pi}{2}}^{\frac{\pi}{2}}\cos^5 x\,\mathrm{d}x=2\int_0^{\frac{\pi}{2}}\cos^5 x\,\mathrm{d}x=2\cdot\dfrac{4}{5}\cdot\dfrac{2}{3}=\dfrac{16}{15}$.

习题 6-5

计算下列定积分.

1. $\displaystyle\int_0^1 x\mathrm{e}^{-x}\,\mathrm{d}x$.

2. $\displaystyle\int_0^{\mathrm{e}-1}\ln(x+1)\,\mathrm{d}x$.

3. $\displaystyle\int_{\frac{\pi}{4}}^{\frac{\pi}{3}}\dfrac{x}{\sin^2 x}\,\mathrm{d}x$.

4. $\displaystyle\int_1^4 \dfrac{\ln x}{\sqrt{x}}\,\mathrm{d}x$.

5. $\displaystyle\int_0^{\pi} x\cos x\,\mathrm{d}x$.

6. $\displaystyle\int_{\frac{1}{\sqrt{3}}}^{\sqrt{3}} x\arctan x\,\mathrm{d}x$.

7. $\displaystyle\int_1^2 x\log_2 x\,\mathrm{d}x$.

8. $\displaystyle\int_0^{\pi} x^2\sin^2 x\,\mathrm{d}x$.

9. $\displaystyle\int_{\frac{1}{\mathrm{e}}}^{\mathrm{e}} |\ln x|\,\mathrm{d}x$.

10. $\displaystyle\int_0^{\frac{\pi}{2}}\cos^7 x\,\mathrm{d}x$.

11. $\displaystyle\int_0^{\pi}\sin^8 \dfrac{x}{2}\,\mathrm{d}x$.

12. $\displaystyle\int_0^1 x^5\sqrt{1-x^2}\,\mathrm{d}x$.

6.6 广义积分

前面所讨论的定积分的积分区间为有限闭区间且被积函数在积分区间上是有界函数,但在实际中还有积分区间为无穷区间,或被积函数为无界函数的积分.为此,将定积分概念从两个方面加以推广,推广后的积分叫做广义积分,而称前面的积分为常义积分.

6.6.1 无穷区间上的广义积分

定义 6.6.1 设函数 $f(x)$ 在区间 $[a,+\infty)$ 上连续,且对任意的 $b>a$,如果极限

$$\lim_{b\to+\infty}\int_a^b f(x)\,\mathrm{d}x=I \tag{1}$$

存在,则称函数 $f(x)$ 在无穷区间 $[a,+\infty)$ 上的广义积分收敛,并称 I 为该广义积分的值,记为

$$\int_a^{+\infty} f(x)\mathrm{d}x = I.$$

这时也称广义积分 $\int_a^{+\infty} f(x)\mathrm{d}x$ 存在.如果极限(1)不存在,就称广义积分 $\int_a^{+\infty} f(x)\mathrm{d}x$ 不存在或发散.

同样地,设函数 $f(x)$ 在区间 $(-\infty,b]$ 上连续,且对任意的 $a<b$. 如果极限

$$\lim_{a\to-\infty} \int_a^b f(x)\mathrm{d}x = I \tag{2}$$

存在,则称函数 $f(x)$ 在无穷区间 $(-\infty,b]$ 上的广义积分收敛,并称 I 为该广义积分的值,记为

$$\int_{-\infty}^b f(x)\mathrm{d}x = I.$$

这时也称广义积分 $\int_{-\infty}^b f(x)\mathrm{d}x$ 存在.如果极限(2)不存在,就称广义积分 $\int_{-\infty}^b f(x)\mathrm{d}x$ 不存在或发散.

设函数 $f(x)$ 在区间 $(-\infty,+\infty)$ 连续,如果广义积分

$$\int_{-\infty}^c f(x)\mathrm{d}x \text{ 和} \int_c^{+\infty} f(x)\mathrm{d}x$$

都收敛,就称广义积分 $\int_{-\infty}^{+\infty} f(x)\mathrm{d}x$ 收敛,且称这两个广义积分之和为函数 $f(x)$ 在区间 $(-\infty,+\infty)$ 上的广义积分,记为

$$\int_{-\infty}^{+\infty} f(x)\mathrm{d}x = \int_{-\infty}^c f(x)\mathrm{d}x + \int_c^{+\infty} f(x)\mathrm{d}x$$

$$= \lim_{a\to-\infty} \int_a^c f(x)\mathrm{d}x + \lim_{b\to+\infty} \int_c^b f(x)\mathrm{d}x. \tag{3}$$

这时也称广义积分 $\int_{-\infty}^{+\infty} f(x)\mathrm{d}x$ 存在,否则就称广义积分 $\int_{-\infty}^{+\infty} f(x)\mathrm{d}x$ 不存在或发散.

显然积分 $\int_{-\infty}^{+\infty} f(x)\mathrm{d}x$ 收敛与否以及收敛时积分的值都与 c 的选取无关,通常可取 $c = 0$.

例 1 计算广义积分 $\int_0^{+\infty} x\mathrm{e}^{-x^2}\mathrm{d}x$.

解 $\int_0^{+\infty} x\mathrm{e}^{-x^2}\mathrm{d}x = \lim\limits_{b \to +\infty} \int_0^b x\mathrm{e}^{-x^2}\mathrm{d}x = \lim\limits_{b \to +\infty}\left[-\dfrac{1}{2}\int_0^b \mathrm{e}^{-x^2}\mathrm{d}(-x^2)\right]$

$\qquad = -\dfrac{1}{2}\lim\limits_{b \to +\infty}(\mathrm{e}^{-x^2})\Big|_0^b = -\dfrac{1}{2}\lim\limits_{b \to +\infty}(\mathrm{e}^{-b^2} - \mathrm{e}^0) = \dfrac{1}{2}$.

例 2 讨论广义积分 $\int_{-\infty}^{+\infty}\dfrac{x}{1+x^2}\mathrm{d}x$ 的敛散性.

解 $\int_{-\infty}^{+\infty}\dfrac{x\mathrm{d}x}{1+x^2} = \int_{-\infty}^0 \dfrac{x\mathrm{d}x}{1+x^2} + \int_0^{+\infty}\dfrac{x\mathrm{d}x}{1+x^2}$.

而 $\int_0^{+\infty}\dfrac{x\mathrm{d}x}{1+x^2} = \lim\limits_{b \to +\infty}\int_0^b \dfrac{x\mathrm{d}x}{1+x^2} = \lim\limits_{b \to +\infty}\left[\dfrac{1}{2}\ln(1+x^2)\right]_0^b$

$\qquad = \lim\limits_{b \to +\infty}\dfrac{1}{2}\ln(1+b^2) = +\infty$.

广义积分 $\int_0^{+\infty}\dfrac{x}{1+x^2}\mathrm{d}x$ 发散,所以广义积分 $\int_{-\infty}^{+\infty} f(x)\mathrm{d}x$ 也发散.

例 3 证明广义积分 $\int_1^{+\infty}\dfrac{\mathrm{d}x}{x^p}$ 当 $p > 1$ 时收敛,当 $p \leqslant 1$ 时发散.

证 当 $p \neq 1$ 时,

$$\int_1^{+\infty}\dfrac{\mathrm{d}x}{x^p} = \lim\limits_{b \to +\infty}\int_1^b \dfrac{\mathrm{d}x}{x^p} = \lim\limits_{b \to +\infty}\left[\dfrac{x^{1-p}}{1-p}\right]_1^b$$

$$= \lim\limits_{b \to +\infty}\left(\dfrac{b^{1-p}}{1-p} - \dfrac{1}{1-p}\right) = \begin{cases}\dfrac{1}{p-1}, & p > 1, \\ +\infty, & p < 1.\end{cases}$$

当 $p = 1$ 时,

$$\int_1^{+\infty}\dfrac{\mathrm{d}x}{x^p} = \int_1^{+\infty}\dfrac{\mathrm{d}x}{x} = \lim\limits_{b \to +\infty}\ln b = +\infty.$$

因此,当 $p > 1$ 时,广义积分 $\int_1^{+\infty}\dfrac{\mathrm{d}x}{x^p}$ 收敛,其值为 $\dfrac{1}{p-1}$;当 $p \leqslant 1$ 时,该广义积分发散.

6.6.2　无界函数的广义积分

定义 6.6.2　设函数 $f(x)$ 在 $(a,b]$ 上连续,且 $\lim\limits_{x \to a+0} f(x) = \infty$,取 $\varepsilon > 0$,如果极限

$$\lim_{\varepsilon \to 0+0} \int_{a+\varepsilon}^{b} f(x)\mathrm{d}x$$

存在,则称此极限值为函数 $f(x)$ 在 $(a,b]$ 上的广义积分,仍然记为 $\int_{a}^{b} f(x)\mathrm{d}x$,即

$$\int_{a}^{b} f(x)\mathrm{d}x = \lim_{\varepsilon \to 0+0} \int_{a+\varepsilon}^{b} f(x)\mathrm{d}x. \tag{4}$$

这时也称广义积分 $\int_{a}^{b} f(x)\mathrm{d}x$ 存在或收敛.如果极限(4)不存在,就说广义积分 $\int_{a}^{b} f(x)\mathrm{d}x$ 不存在或发散.

同样地,设 $f(x)$ 在 $[a,b)$ 上连续,且 $\lim\limits_{x \to b-0} f(x) = \infty$,取 $\varepsilon > 0$,如果极限

$$\lim_{\varepsilon \to 0+0} \int_{a}^{b-\varepsilon} f(x)\mathrm{d}x$$

存在,则称此极限值为 $f(x)$ 在 $[a,b)$ 上的广义积分,仍然记为 $\int_{a}^{b} f(x)\mathrm{d}x$,即

$$\int_{a}^{b} f(x)\mathrm{d}x = \lim_{\varepsilon \to 0+0} \int_{a}^{b-\varepsilon} f(x)\mathrm{d}x. \tag{5}$$

这时也说广义积分 $\int_{a}^{b} f(x)\mathrm{d}x$ 存在或收敛.如果极限(5)不存在,就说广义积分 $\int_{a}^{b} f(x)\mathrm{d}x$ 不存在或发散.

设 $f(x)$ 在 $[a,c),(c,b]$ 上连续,而在点 c 的邻域内无界.如果两个广义积分

$$\int_{a}^{c} f(x)\mathrm{d}x \ 与 \int_{c}^{b} f(x)\mathrm{d}x$$

都收敛,则定义

$$\int_a^b f(x)\mathrm{d}x = \int_a^c f(x)\mathrm{d}x + \int_c^b f(x)\mathrm{d}x$$

$$= \lim_{\varepsilon \to 0+0} \int_a^{c-\varepsilon} f(x)\mathrm{d}x + \lim_{\eta \to 0+0} \int_{c+\eta}^b f(x)\mathrm{d}x, \qquad (6)$$

否则就说广义积分 $\int_a^b f(x)\mathrm{d}x$ 不存在或发散.

例 4 求广义积分 $\int_0^a \dfrac{\mathrm{d}x}{\sqrt{a^2 - x^2}}$ $(a>0)$.

解 因为

$$\lim_{x \to a-0} \frac{1}{\sqrt{a^2 - x^2}} = +\infty,$$

所以 $x=a$ 是被积函数的无穷间断点. 于是

$$\int_0^a \frac{\mathrm{d}x}{\sqrt{a^2 - x^2}} = \lim_{\varepsilon \to 0+0} \int_0^{a-\varepsilon} \frac{\mathrm{d}x}{\sqrt{a^2 - x^2}} = \lim_{\varepsilon \to 0+0} \left[\arcsin \frac{x}{a}\right]_0^{a-\varepsilon}$$

$$= \lim_{\varepsilon \to 0+0} \arcsin \frac{a-\varepsilon}{a} = \arcsin 1 = \frac{\pi}{2}.$$

例 5 证明广义积分 $\int_0^1 \dfrac{\mathrm{d}x}{x^p}$ 当 $p<1$ 时收敛,当 $p \geqslant 1$ 时发散.

证 当 $p \leqslant 0$ 时,$\int_0^1 \dfrac{\mathrm{d}x}{x^p}$ 为常义积分;当 $p=1$ 时有

$$\int_0^1 \frac{\mathrm{d}x}{x^p} = \int_0^1 \frac{\mathrm{d}x}{x} = \lim_{\varepsilon \to 0+0} \int_\varepsilon^1 \frac{\mathrm{d}x}{x} = \lim_{\varepsilon \to 0+0} [\ln x]_\varepsilon^1 = \lim_{\varepsilon \to 0+0} [-\ln \varepsilon]$$

$$= +\infty;$$

当 $p>0$ 且 $p \neq 1$ 时,

$$\int_0^1 \frac{\mathrm{d}x}{x^p} = \lim_{\varepsilon \to 0+0} \int_\varepsilon^1 \frac{\mathrm{d}x}{x^p} = \lim_{\varepsilon \to 0+0} \left[\frac{x^{1-p}}{1-p}\right]_\varepsilon^1 = \lim_{\varepsilon \to 0+0} \left(\frac{1}{1-p} - \frac{\varepsilon^{1-p}}{1-p}\right)$$

$$= \begin{cases} \dfrac{1}{1-p}, & 0<p<1, \\ +\infty, & p>1. \end{cases}$$

因此,当 $p<1$ 时,此广义积分收敛,其值为 $\dfrac{1}{1-p}$;当 $p \geqslant 1$ 时,此广义积分发散.

习题 6-6

计算下列广义积分.

1. $\displaystyle\int_{0}^{+\infty} e^{-ax}\,dx\,(a>0)$.

2. $\displaystyle\int_{-\infty}^{+\infty} \frac{1}{a^2+x^2}\,dx\,(a>0)$.

3. $\displaystyle\int_{e}^{+\infty} \frac{1}{x\sqrt{\ln x}}\,dx$.

4. $\displaystyle\int_{\frac{2}{\pi}}^{+\infty} \frac{1}{x^2}\sin\frac{1}{x}\,dx$.

5. $\displaystyle\int_{-1}^{1} \frac{1}{x^2}\,dx$.

6. $\displaystyle\int_{0}^{3} \frac{1}{\sqrt[3]{3x-1}}\,dx$.

7. $\displaystyle\int_{0}^{1} \ln x\,dx$.

8. $\displaystyle\int_{0}^{1} \frac{1}{(2-x)\sqrt{1-x}}\,dx$.

练习题(6)

填空题:

1. $\dfrac{d}{dx}\left(\displaystyle\int_{a}^{b} f(x)\,dx\right)=$ _____.

2. $\displaystyle\int_{-1}^{1} \frac{\sin x\cos x}{1+|x|}\,dx=$ _____.

3. $\displaystyle\int_{-2}^{2} e^{|x|}\,dx=$ _____.

4. $\dfrac{d}{dx}\displaystyle\int_{x}^{1} \ln(1+t^2)\,dt=$ _____.

5. 设 $f(x)=\displaystyle\int_{0}^{x} \frac{dt}{(1+t^2)^3}$,则 $f'(1)=$ _____.

6. $\displaystyle\int_{-\frac{\pi}{2}}^{\frac{\pi}{2}} \sin^4 x\cos^2 x\,dx=$ _____.

7. 如果 $f(x)$ 在 $[a,b]$ 上连续,则在 $[a,b]$ 上至少存在一点 ξ,使 $\displaystyle\int_{a}^{b} f(x)\,dx=$ _____.

8. 如果 $F'(x)=f(x)$,则 $\displaystyle\int_{a}^{b} xf'(x)\,dx=$ _____.

9. 设 $f(x)=\displaystyle\int_{0}^{x}(t-1)\,dt$,则 $f(x)$ 的极小值为 _____.

10. 设 k 为常数,且 $\displaystyle\int_{0}^{1}(2x+k)\,dx=3$,则 $k=$ _____.

11. $\displaystyle\int_0^\pi \sqrt{1-\sin^2 x}\,\mathrm{d}x =$ _____.

12. 设 $p>0$，如果 $\displaystyle\int_0^1 \frac{1}{x^p}\mathrm{d}x$ 收敛，则 p _____.

单项选择题：

1. 设 $f(x)$ 为连续函数，则积分 $\displaystyle\int_0^s f(x+t)\mathrm{d}x$（　　）.

(A) 与 x,s,t 有关　　　　　(B) 与 t,x 有关

(C) 与 s,t 有关　　　　　(D) 仅与 x 有关

2. 设 $f(x)$ 在 $[a,b]$ 上连续，且 $f(x)>0$，则 $\displaystyle\int_a^b f(x)\mathrm{d}x$（　　）.

(A) >0　　(B) $\geqslant 0$　　(C) <0　　(D) $\leqslant 0$

3. $f(x)$ 在 $[a,b]$ 上连续是 $f(x)$ 在 $[a,b]$ 可积的（　　）.

(A) 充分条件　　　　　(B) 必要条件

(C) 充分必要条件　　　　　(D) 无关条件

4. 设 $I_1=\displaystyle\int_0^{\frac{\pi}{4}} x\,\mathrm{d}x,\ I_2=\int_0^{\frac{\pi}{4}} \sqrt{x}\,\mathrm{d}x,\ I_3=\int_0^{\frac{\pi}{4}} \sin x\,\mathrm{d}x$，则下列各式正确的是
（　　）.

(A) $I_1>I_3>I_2$　　　　　(B) $I_2>I_1>I_3$

(C) $I_1>I_2>I_3$　　　　　(D) $I_3>I_2>I_1$

5. 设 $f(x)$ 为连续函数，则下列各式正确的是（　　）.

(A) $\dfrac{\mathrm{d}}{\mathrm{d}x}\displaystyle\int_x^a f(t)\mathrm{d}t=f(x)$　　　　(B) $\dfrac{\mathrm{d}}{\mathrm{d}x}\displaystyle\int_a^{x^3} f(\sqrt[3]{t})\mathrm{d}t=f(x)$

(C) $\dfrac{\mathrm{d}}{\mathrm{d}x}\displaystyle\int_a^x f(t^2)\mathrm{d}(t^2)=f(x^2)$　　(D) $\dfrac{\mathrm{d}}{\mathrm{d}x}\displaystyle\int_a^x f(t)\mathrm{d}t=f(x)$

6. $\displaystyle\lim_{x\to 0}\frac{\displaystyle\int_0^x (\mathrm{e}^{t^2}-1)\mathrm{d}t}{x^3}=$（　　）.

(A) $\dfrac{1}{6}$　　　(B) $-\dfrac{1}{6}$　　　(C) $\dfrac{2}{3}$　　　(D) $\dfrac{1}{3}$

7. 设 $\displaystyle\int_0^x f(t^2)\mathrm{d}t=2x^3$，则 $\displaystyle\int_0^1 f(x)\mathrm{d}x=$（　　）.

(A) 4　　　(B) 3　　　(C) 2　　　(D) 1

8. 设 $\displaystyle\int_1^{+\infty} x^{1-p}\mathrm{d}x$ 收敛，则 p（　　）.

(A) <2　　　(B) <1　　　(C) >1　　　(D) >2

9. $\int_0^2 |x-1| \mathrm{d}x = ($　　$)$.

(A)0　　　　　　(B)2　　　　　　(C)1　　　　　　(D)-1

10. $\int_{-5}^5 \dfrac{\sin^3 x \cos x}{1+x^2} \mathrm{d}x = ($　　$)$.

(A)0　　　　(B)1　　　　(C)2　　　　(D)$2\int_0^5 \dfrac{\sin x}{1+x^2} \mathrm{d}x$

11. 如果 $f(x)$ 在 $[a,b]$ 上连续, x 为 $[a,b]$ 上任一点, 则 $\int f(x)\mathrm{d}x = ($　　$)$.

(A)$\int_a^x f(t)\mathrm{d}x$　　　　　　(B)$\int_a^b f(x)\mathrm{d}x$

(C)$\int_a^x f(t)\mathrm{d}t + C$　　　　　　(D)$f(x) + c$

12. $\int_a^x f'(x)\mathrm{d}x = ($　　$)$.

(A)$f(x)$　　　(B)$f'(x)$　　　(C)$f(x) - f(a)$　　(D)$f'(x) - f'(a)$

13. $f(x)$ 在 $[a,b]$ 上有界是 $f(x)$ 在 $[a,b]$ 上可积的($　　$).

(A)必要条件　　　　　　(B)充分条件

(C)充分必要条件　　　　　　(D)无关条件

14. $\int_0^{\frac{\pi}{2}} \sin^n x \mathrm{d}x - \int_0^{\frac{\pi}{2}} \cos^n x \mathrm{d}x ($　　$)$.

(A)>0　　　(B)$=0$　　　(C)<0　　　(D)$=-1$

15. 设 $\int_0^x f(2t)\mathrm{d}t = \cos x$, 则 $\int_0^\pi f(x)\mathrm{d}x = ($　　$)$.

(A)1　　　(B)$\dfrac{1}{2}$　　　(C)-1　　　(D)-2

16. 下列广义积分收敛的是($　　$).

(A)$\int_{-\infty}^{+\infty} \cos x \mathrm{d}x$　　　　　　(B)$\int_{-\infty}^0 e^x \mathrm{d}x$

(C)$\int_0^{+\infty} \dfrac{\mathrm{d}x}{x+1}$　　　　　　(D)$\int_2^{+\infty} \dfrac{1}{x\ln x}\mathrm{d}x$

17. 设 $f(x)$ 为连续函数, 则 $\int_{-a}^a f(x)\mathrm{d}x = ($　　$)$.

(A)0　　　　　　(B)$2\int_0^a f(x)\mathrm{d}x$

(C)$-\int_{-a}^a f(x)\mathrm{d}x$　　　　　　(D)$\int_{-a}^a f(-x)\mathrm{d}x$

计算与证明题:

1. 设 $f(3x+2) = 6xe^{-3x}$,求 $\int_2^3 f(x)\mathrm{d}x$.

2. 设 $f(x) = \begin{cases} x^2, & 0 \leqslant x < 1, \\ 2-x, & 1 < x \leqslant 2, \end{cases}$ 求 $\int_0^2 f(x)\mathrm{d}x$.

3. 设 $f(x) = \int_x^2 \sqrt{1+t}\,\mathrm{d}t$,求 $f''(1)$.

4. 设 $x = \int_1^t u\sin u\,\mathrm{d}u$, $y = t^2 + \ln 2$,求 $\dfrac{\mathrm{d}y}{\mathrm{d}x}$.

5. 求 $\int_{-\frac{\pi}{2}}^{\frac{\pi}{2}} \sqrt{1-\cos 2x}\,\mathrm{d}x$.

6. 求 $f(x) = \int_0^x \dfrac{t+1}{t^2-2t+5}\mathrm{d}t$ 在 $[0,1]$ 上的最大值和最小值.

7. 求曲线 $y = f(x) = \int_0^x t(t-2)\mathrm{d}t$ 的拐点.

8. 求 $\int_0^1 \dfrac{x^3}{\sqrt{4-x^2}}\mathrm{d}x$.

9. 求 $\int_0^2 (x-1)^2 \sqrt{2x-x^2}\,\mathrm{d}x$.

10. 证明 $\dfrac{1}{2} < \int_{\frac{\pi}{4}}^{\frac{\pi}{2}} \dfrac{\sin x}{x}\mathrm{d}x < \dfrac{\sqrt{3}}{2}$.

11. 证明 $\int_0^\pi xf(\sin x)\mathrm{d}x = \dfrac{\pi}{2}\int_0^\pi f(\sin x)\mathrm{d}x$.

12. 设 $f(x)$ 在 $[a,b]$ 上连续,在 (a,b) 内可导,且 $f'(x) > 0$, $F(x) = \dfrac{1}{x-a}\int_a^x f(t)\mathrm{d}t$,证明在 (a,b) 内 $F'(x) > 0$.

习题答案

习题 6-1

2. $(1)\,2\pi$;　$(2)\,2\pi$.

4. $\int_{-\frac{1}{2}}^1 (1-x^2)\mathrm{d}x + \int_1^2 (x^2-1)\mathrm{d}x$.　**5.** $h = \int_0^3 gt\,\mathrm{d}t$.

6. 将区间 $[0,1]$ 分成 n 等分,则每个小区间的长为 $\dfrac{1}{n}$,取每个小区间的左端点为 ξ_i,则 $\xi_i = \dfrac{i}{n}\,(i=1,2,\cdots,n)$,作乘积 $f(\xi_i)\Delta x_i = e^{\frac{i}{n}} \cdot \dfrac{1}{n}$,由定义

$$\int_0^1 e^x \, dx = \lim_{n \to \infty} \sum_{i=1}^n e^{\frac{i}{n}} \frac{1}{n} = \lim_{n \to \infty} (e^{\frac{1}{n}} + e^{\frac{2}{n}} + \cdots + e^{\frac{n}{n}}) \frac{1}{n}$$

$$= \lim_{n \to \infty} \frac{e^{\frac{1}{n}}(1 - e^{\frac{n+1}{n}})}{1 - e^{\frac{1}{n}}} \frac{1}{n} = \lim_{n \to \infty} (1 - e \cdot e^{\frac{1}{n}}) \frac{e^{\frac{1}{n}}}{\dfrac{1 - e^{\frac{1}{n}}}{\frac{1}{n}}} = (1-e) \cdot (-1) = e - 1.$$

习题 6-2

1. (1) $\displaystyle\int_1^2 x^3 \, dx > \int_1^2 x \, dx$;　　　　(2) $\displaystyle\int_0^1 e^x \, dx > \int_0^1 e^{\frac{x}{2}} \, dx$;

(3) $\displaystyle\int_3^4 (\ln x)^2 \, dx > \int_3^4 \ln x \, dx$;　(4) $\displaystyle\int_0^{\frac{\pi}{2}} x \, dx > \int_0^{\frac{\pi}{2}} \sin x \, dx$.

2. (1) 不正确；　(2) 正确.

3. (1) $4 < \displaystyle\int_1^3 (x^3 + 1) \, dx < 56$;　　(2) $0 < \displaystyle\int_{-1}^2 (4 - x^2) \, dx < 12$.

4. 因 $f(x)$ 在 $[a,b]$ 上单调增加, 故有 $f(a) \leqslant f(x) \leqslant f(b)$.

从而　$\displaystyle\int_a^b f(a) \, dx < \int_a^b f(x) \, dx < \int_a^b f(b) \, dx$,

而　$\displaystyle\int_a^b f(a) \, dx = f(a) \int_a^b dx = f(a)(b-a)$, 同理 $\displaystyle\int_a^b f(b) \, dx = f(b)(b-a)$,

所以　$f(a)(b-a) < \displaystyle\int_a^b f(x) \, dx < f(b)(b-a)$.

5. 令 $f(x) = e^{x^2 - x}$, $f'(x) = (2x - 1)e^{x^2 - x}$.

令 $f'(x) = 0$, 得 $x = \dfrac{1}{2}$, 又 $f(0) = e^0 = 1$, $f\left(\dfrac{1}{2}\right) = e^{\frac{1}{4} - \frac{1}{2}} = e^{-\frac{1}{4}}$, $f(2) = e^{4-2} = e^2$.

故　$\displaystyle\max_{x \in [0,2]} f(x) = e^2$, $\displaystyle\min_{x \in [0,2]} f(x) = e^{-\frac{1}{4}}$.

所以由性质 7 有　$e^{-\frac{1}{4}}(2 - 0) < \displaystyle\int_0^2 e^{x^2 - x} \, dx < e^2(2 - 0)$,

即　$\dfrac{2}{\sqrt[4]{e}} < \displaystyle\int_0^2 e^{x^2 - x} \, dx < 2e^2$.

习题 6-3

1. (1) $1 + \ln(1 + x^2)$;　　　　(2) $\dfrac{1}{3}$.

2. (1) $3\sqrt[3]{4} - \dfrac{3}{4}$;　　　　(2) $\dfrac{4}{3}$;

(3) 2;　　(4) $\dfrac{\pi}{3} - 2$;　　(5) $\dfrac{\pi}{4} + 1$;　　(6) $1 - \dfrac{\pi}{4}$;

(7) $\dfrac{4}{3}\sqrt{2}-\dfrac{2}{3}-\dfrac{2}{\ln 3}$;

(8) $f(x)=\begin{cases}\sin x, & 0\leqslant x\leqslant \pi,\\ -\sin x, & \pi<x<2\pi,\end{cases}$

$\displaystyle\int_0^{2\pi}|\sin x|\mathrm{d}x=\int_0^{\pi}\sin x\mathrm{d}x+\int_{\pi}^{2\pi}-\sin x\mathrm{d}x=-\cos x\big|_0^{\pi}+\cos x\big|_{\pi}^{2\pi}=4$;

(9) $\dfrac{\pi}{4}-\dfrac{1}{2}$ （提示： $2\sin^2\dfrac{x}{2}=1-\cos x$ ）；

(10) $\displaystyle\int_{-1}^{1}|x|\sqrt{1-x^2}\mathrm{d}x=\int_{-1}^{0}-x\sqrt{1-x^2}\mathrm{d}x+\int_0^1 x\sqrt{1-x^2}\mathrm{d}x=\dfrac{2}{3}$;

(11) $\displaystyle\int_0^3\sqrt{(1-x)^2}\mathrm{d}x=\int_0^1\sqrt{(1-x)^2}\mathrm{d}x+\int_1^3\sqrt{(1-x)^2}\mathrm{d}x$

$\displaystyle\qquad=\int_0^1(1-x)\mathrm{d}x+\int_1^3(x-1)\mathrm{d}x=\dfrac{5}{2}$;

(12) $\displaystyle\int_0^2 f(x)\mathrm{d}x=\int_0^1 3x\mathrm{d}x+\int_1^2 2\mathrm{d}x=\dfrac{7}{2}$.

3.(1)不对， $\dfrac{1}{x^2}$ 在 $[-1,1]$ 上无界；

(2)不对， $\displaystyle\int_0^{\frac{\pi}{2}}\sqrt{(\sin x-\cos x)^2}\mathrm{d}x=\int_0^{\frac{\pi}{2}}|\sin x-\cos x|\mathrm{d}x$. 在 $[0,\dfrac{\pi}{4}]$ 上，

$|\sin x-\cos x|=\cos x-\sin x$ ；在 $[\dfrac{\pi}{4},\dfrac{\pi}{2}]$ 上， $|\sin x-\cos x|=\sin x-\cos x$ ，

$\displaystyle\int_0^{\frac{\pi}{2}}\sqrt{1-\sin 2x}\mathrm{d}x=\int_0^{\frac{\pi}{4}}(\cos x-\sin x)\mathrm{d}x+\int_{\frac{\pi}{4}}^{\frac{\pi}{2}}(\sin x-\cos x)\mathrm{d}x$

$\displaystyle\qquad=(\sin x+\cos x)\big|_0^{\frac{\pi}{4}}+(-\cos x-\sin x)\big|_{\frac{\pi}{4}}^{\frac{\pi}{2}}=2\sqrt{2}-2.$

4. $f'(x)=\dfrac{2x-1}{4x^2+1}\cdot 2$ ，令 $f'(x)=0$ ，得 $x=\dfrac{1}{2}$. 当 $x<\dfrac{1}{2}$ 时， $f'(x)<0$ ；当 $x>\dfrac{1}{2}$ 时， $f'(x)>0$. 故当 $x=\dfrac{1}{2}$ 时函数取极小值，极小值为

$$f\left(\dfrac{1}{2}\right)=\int_0^1\dfrac{t-1}{t^2+1}\mathrm{d}t=\left[\dfrac{1}{2}\ln(t^2+1)-\arctan t\right]_0^1=\dfrac{1}{2}\ln 2-\dfrac{\pi}{4}.$$

5. $f'(x)=\dfrac{x}{x^2+2x+2}=\dfrac{x}{(x+1)^2+1}>0,x\in[0,1]$. 故在 $[0,1]$ 上 $f(x)$ 为单调增函数，从而 $f(x)$ 的最大值为 $f(1)$ ，最小值为 $f(0)$.

$$f(1)=\int_0^1\dfrac{t}{t^2+2t+2}\mathrm{d}t=\dfrac{1}{2}\int_0^1\dfrac{2t+2-2}{t^2+2t+2}\mathrm{d}t$$

$$= \frac{1}{2} \int_0^1 \frac{2t+2}{t^2+2t+2} dt - \int_0^1 \frac{1}{(t+1)^2+1} dt$$

$$= \left[\frac{1}{2} \ln(t^2+2t+2) - \arctan(t+1) \right]_0^1$$

$$= \frac{1}{2} \ln \frac{5}{2} - \arctan 2 + \frac{\pi}{4}.$$

$f(0) = 0.$

习题 6-4

1.(1) $\dfrac{3}{16}$;　　　　　　　　(2) $\dfrac{\pi^2}{32}$;

 (3) $4 - 2\ln 3$;　　　　　　　(4) $2(\sqrt{2}-1)$;

 (5) $\dfrac{\pi}{6}$;　　　　　　　　　(6) $\ln \dfrac{2+\sqrt{3}}{1+\sqrt{2}}$;

 (7) $\dfrac{1}{3}(7\sqrt{7}+5\sqrt{5}-2\sqrt{2})$;　(8) $\dfrac{\pi}{3}+\dfrac{\sqrt{3}}{2}$;

 (9) $\dfrac{2}{7}$;　　　　　　　　　(10) $\dfrac{\pi}{\sqrt{3}}$.

2.(1) 0;　　(2) $\dfrac{\pi^3}{324}$;　　(2) $\dfrac{\sqrt{2}}{a^2}$;　　(4) 0.

3.(1) 令 $x^2 = t$,则

$$\int_0^a x^3 f(x^2) dx = \frac{1}{2} \int_0^a x^2 f(x^2) d(x^2) = \frac{1}{2} \int_0^{a^2} t f(t) dt = \frac{1}{2} \int_0^{a^2} x f(x) dx ;$$

(2) 令 $x = \pi - t$,则 $\displaystyle \int_0^\pi x f(\sin x) dx = \int_\pi^0 (\pi - t) f[\sin(\pi - t)](-dt)$

$$= \int_0^\pi (\pi - x) f(\sin x) dx = \int_0^\pi \pi f(\sin x) dx - \int_0^\pi x f(\sin x) dx$$

故 $\displaystyle 2 \int_0^\pi x f(\sin x) dx = \pi \int_0^\pi f(\sin x) dx.$

即 $\displaystyle \int_0^\pi x f(\sin x) dx = \frac{\pi}{2} \int_0^\pi f(\sin x) dx.$

4.设 $F(x)$ 是 $f(x)$ 在 $[a,b]$ 上的一个原函数,于是根据牛顿—莱布尼茨公式,有

$$\int_a^b f(x) dx = F(b) - F(a).$$

另一方面,在区间 $[\alpha, \beta]$ 上求复合函数 $F[\varphi(t)]$ 的导数,得

$$\frac{\mathrm{d}}{\mathrm{d}t}F[\varphi(t)] = F'[\varphi(t)] \cdot \varphi'(t) = f[\varphi(t)] \cdot \varphi'(t),$$

即 $F[\varphi(t)]$ 是 $f[\varphi(t)]\varphi'(t)$ 的原函数,因此

$$\int_{\alpha}^{\beta} f[\varphi(t)]\varphi'(t)\mathrm{d}t = F[\varphi(\beta)] - F[\varphi(\alpha)] = F(b) - F(a),$$

所以 $\quad \int_{a}^{b} f(x)\mathrm{d}x = \int_{\alpha}^{\beta} f[\varphi(t)]\varphi'(t)\mathrm{d}t.$

习题 6-5

1. $1 - \dfrac{2}{e}$. **2.** 1. **3.** $\left(\dfrac{1}{4} - \dfrac{\sqrt{3}}{9}\right)\pi + \dfrac{1}{2}\ln\dfrac{3}{2}$. **4.** $4(2\ln 2 - 1)$. **5.** -2.

6. $\dfrac{5}{9}\pi - \dfrac{\sqrt{3}}{3}$. **7.** $2 - \dfrac{3}{4\ln 2}$. **8.** $\dfrac{\pi^3}{6} - \dfrac{\pi}{4}$. **9.** $2\left(1 - \dfrac{1}{e}\right)$. **10.** $\dfrac{16}{35}$.

11. $\dfrac{35}{128}\pi$. **12.** $\dfrac{\pi}{32}$.

习题 6-6

1. $\dfrac{1}{a}$. **2.** $\dfrac{\pi}{a}$. **3.** 发散. **4.** 1. **5.** 发散. **6.** $\dfrac{3}{2}$. **7.** -1. **8.** $\dfrac{\pi}{2}$.

练习题(6)

填空题:

1. 0 **2.** 0

3. $2(e^2 - 1)$

$$\int_{-2}^{2} e^{|x|}\mathrm{d}x = 2\int_{0}^{2} e^x \mathrm{d}x = 2(e^2 - 1).$$

4. $-\ln(1 + x^2)$ **5.** $\dfrac{1}{8}$

6. $\dfrac{\pi}{16}$

$$\int_{-\frac{\pi}{2}}^{\frac{\pi}{2}} \sin^4 x \cos^2 x \mathrm{d}x = 2\int_{0}^{\frac{\pi}{2}} \sin^4 x (1 - \sin^2 x)\mathrm{d}x = 2\int_{0}^{\frac{\pi}{2}} (\sin^4 x - \sin^6 x)\mathrm{d}x$$

$$= 2\left(\frac{3}{4} \cdot \frac{1}{2} \cdot \frac{\pi}{2} - \frac{5}{6} \cdot \frac{3}{4} \cdot \frac{1}{2} \cdot \frac{\pi}{2}\right) = \frac{\pi}{16}.$$

7. $f(\xi)(b - a)$

8. $bF'(b) - aF'(a) - F(b) + F(a)$

$$\int_{a}^{b} xf'(x)\mathrm{d}x = \int_{a}^{b} x\mathrm{d}f(x) = xf(x)\Big|_{a}^{b} - \int_{a}^{b} f(x)\mathrm{d}x$$

$$= b \cdot F'(b) - aF'(a) - F(b) + F(a).$$

9. $-\dfrac{1}{2}$

$f'(x) = x - 1 = 0$, 得惟一驻点 $x = 1$, 又 $f''(x) = 1 > 0$, 故 $f(x)$ 在 $(-\infty, +\infty)$ 上有极小值, $f(1) = \displaystyle\int_0^1 (t-1)\mathrm{d}t = \left[\dfrac{t^2}{2} - t\right]_0^1 = \dfrac{1}{2} - 1 = -\dfrac{1}{2}$.

10. 2

$\displaystyle\int_0^1 (2x + k)\mathrm{d}x = [x^2 + kx]_0^1 = 1 + k = 3, k = 2$.

11. 2

$$\int_0^\pi \sqrt{1 - \sin^2 x}\,\mathrm{d}x = \int_0^\pi |\cos x|\,\mathrm{d}x = \int_0^{\frac{\pi}{2}} \cos x\,\mathrm{d}x - \int_{\frac{\pi}{2}}^\pi \cos x\,\mathrm{d}x$$

$$= \sin x \Big|_0^{\frac{\pi}{2}} - \sin x \Big|_{\frac{\pi}{2}}^\pi = 1 - (0 - 1) = 2.$$

12. <1

单项选择题：

1. (C)

定积分与积分变量无关, x 是积分变量, 故与 t, s 有关.

2. (A) **3.** (A) **4.** (B) **5.** (D) **6.** (D)

7. (B)

$\left(\displaystyle\int_0^x f(t^2)\mathrm{d}t\right)' = 6x^2$, 即 $f(x^2) = 6x^2$, 故 $f(x) = 6x$, $\displaystyle\int_0^1 f(x)\mathrm{d}x = \int_0^1 6x\,\mathrm{d}x = 3x^2 \big|_0^1 = 3$.

8. (D) **9.** (C) **10.** (A) **11.** (C) **12.** (C) **13.** (A) **14.** (B)

15. (D)

$\left(\displaystyle\int_0^x f(2t)\mathrm{d}t\right)' = -\sin x$, 即 $f(2x) = -\sin x$, $f(x) = -\sin \dfrac{x}{2}$, $\displaystyle\int_0^\pi f(x)\mathrm{d}x =$

$-\displaystyle\int_0^\pi \sin \dfrac{x}{2}\mathrm{d}x = 2\int_0^\pi \left(-\sin \dfrac{x}{2}\right)\mathrm{d}\left(\dfrac{x}{2}\right) = 2\cos \dfrac{x}{2} \Big|_0^\pi = -2$.

16. (B)

17. (D)

$\displaystyle\int_{-a}^a f(x)\mathrm{d}x \xlongequal{x = -t} -\int_a^{-a} f(-t)\mathrm{d}t = \int_{-a}^a f(-x)\mathrm{d}x$.

计算与证明题：

1. $f(3x + 2) = 2(3x + 2 - 2)\mathrm{e}^{-3x-2+2}, f(x) = 2(x - 2)\mathrm{e}^{-x+2}$, 所以

$$\int_2^3 f(x)\mathrm{d}x = \int_2^3 2(x-2)\mathrm{e}^{-(x-2)}\mathrm{d}x = -\int_2^3 2(x-2)\mathrm{d}(\mathrm{e}^{-(x-2)})$$

$$= -2(x-2)\mathrm{e}^{-(x-2)}\Big|_2^3 + 2\int_2^3 \mathrm{e}^{-(x-2)}\mathrm{d}(x-2)$$

$$= -2\mathrm{e}^{-1} - 2\mathrm{e}^{-(x-2)}\Big|_2^3 = -2\mathrm{e}^{-1} - 2\mathrm{e}^{-1} + 2 = -4\mathrm{e}^{-1} + 2.$$

2. $\displaystyle\int_0^2 f(x)\mathrm{d}x = \int_0^1 x^2\mathrm{d}x + \int_1^2 (2-x)\mathrm{d}x = \frac{x^3}{3}\Big]_0^1 + \left[2x - \frac{x^2}{2}\right]_1^2$

$$= \frac{1}{3} + (4-2) - \left(2 - \frac{1}{2}\right) = \frac{5}{6}.$$

3. $f'(x) = -\sqrt{1+x}, f''(x) = -\dfrac{1}{2\sqrt{1+x}}$，故 $f''(1) = -\dfrac{\sqrt{2}}{4}$.

4. $\dfrac{\mathrm{d}y}{\mathrm{d}x} = \dfrac{2t}{t\sin t} = 2\csc t.$

5. $\displaystyle\int_{-\frac{\pi}{2}}^{\frac{\pi}{2}} \sqrt{1-\cos 2x}\,\mathrm{d}x = 2\int_0^{\frac{\pi}{2}} \sqrt{2}\sin x\,\mathrm{d}x = -2\sqrt{2}\cos x\Big|_0^{\frac{\pi}{2}} = 2\sqrt{2}.$

6. $f'(x) = \dfrac{x+1}{x^2-2x+5} = \dfrac{x+1}{(x-1)^2+4} > 0, [0,1]$，从而 $f(x)$ 在 $[0,1]$ 上为单调

增函数，故最小值为 $f(0) = 0$，最大值为 $f(1) = \displaystyle\int_0^1 \dfrac{x+1}{(x-1)^2+4}\mathrm{d}x =$

$\displaystyle\int_0^1 \dfrac{x-1}{(x-1)^2+4}\mathrm{d}x + \int_0^1 \dfrac{2}{(x-1)^2+4}\mathrm{d}x = \dfrac{1}{2}\ln(x^2-2x+5)\Big|_0^1 + \int_0^1 \dfrac{\mathrm{d}\frac{x-1}{2}}{1+\left(\frac{x-1}{2}\right)^2} =$

$\dfrac{1}{2}\ln\dfrac{4}{5} + \arctan\dfrac{x-1}{2}\Big|_0^1 = \dfrac{1}{2}\ln\dfrac{4}{5} + \arctan\dfrac{1}{2}.$

7. $f'(x) = x(x-2)$，令 $f''(x) = 2x-2 = 0$，得 $x=1$. 当 $x<1$ 时 $f''(x)<0$；当 $x>1$ 时 $f''(x)>0, f(1) = \displaystyle\int_0^1 t(t-2)\mathrm{d}t = \left[\dfrac{t^3}{3} - t^2\right]_0^1 = \dfrac{1}{3} - 1 = -\dfrac{2}{3}$. 故拐点为

$\left(1, -\dfrac{2}{3}\right).$

8. $\displaystyle\int_0^1 \dfrac{x^3}{\sqrt{4-x^2}}\mathrm{d}x = \int_0^1 \dfrac{x^3 - 4x + 4x}{\sqrt{4-x^2}}\mathrm{d}x = \int_0^1 (-x)\sqrt{4-x^2}\,\mathrm{d}x + \int_0^1 \dfrac{4x}{\sqrt{4-x^2}}\mathrm{d}x$

$$= \frac{1}{2}\int_0^1 \sqrt{4-x^2}\,\mathrm{d}(4-x^2) - 2\int_0^1 \dfrac{\mathrm{d}(4-x^2)}{\sqrt{4-x^2}}$$

$$= \frac{1}{3}(4-x^2)^{\frac{3}{2}}\Big|_0^1 - 4\sqrt{4-x^2}\Big|_0^1 = \sqrt{3} - \frac{8}{3} - 4\sqrt{3} + 8 = \frac{16}{3} - 3\sqrt{3}.$$

9. $\displaystyle\int_0^2 (x-1)^2 \sqrt{2x-x^2}\,\mathrm{d}x = \int_0^2 (x-1)^2 \sqrt{1-(x-1)^2}\,\mathrm{d}x \xrightarrow{\ x-1=\sin t\ }$

$\displaystyle\int_{-\frac{\pi}{2}}^{\frac{\pi}{2}} \sin^2 t\cos^2 t\,\mathrm{d}t = 2\int_0^{\frac{\pi}{2}} \sin^2 t(1-\sin^2 t)\,\mathrm{d}t = 2\int_0^{\frac{\pi}{2}} \sin^2 t\,\mathrm{d}t - 2\int_0^{\frac{\pi}{2}} \sin^4 t\,\mathrm{d}t$

$\displaystyle = 2\left(\frac{1}{2}\cdot\frac{\pi}{2} - \frac{3}{4}\cdot\frac{1}{2}\cdot\frac{\pi}{2}\right) = \frac{\pi}{8}.$

10. 设 $f(x) = \dfrac{\sin x}{x}$, $f'(x) = \dfrac{x\cos x - \sin x}{x^2} = \dfrac{\cos x(x - \tan x)}{x^2} < 0,$

$\left(\dfrac{\pi}{4}, \dfrac{\pi}{2}\right).$ 故 $f(x)$ 在 $\left[\dfrac{\pi}{4}, \dfrac{\pi}{2}\right]$ 单调减少, 所以 $\dfrac{\sin\frac{\pi}{2}}{\frac{\pi}{2}} < \dfrac{\sin x}{x} < \dfrac{\sin\frac{\pi}{4}}{\frac{\pi}{4}},$

即 $\dfrac{2}{\pi} < \dfrac{\sin x}{x} < \dfrac{2}{\pi}\sqrt{2}.$ 因此 $\displaystyle\int_{\frac{\pi}{4}}^{\frac{\pi}{2}} \dfrac{2}{\pi}\,\mathrm{d}x < \int_{\frac{\pi}{4}}^{\frac{\pi}{2}} \dfrac{\sin x}{x}\,\mathrm{d}x < \int_{\frac{\pi}{4}}^{\frac{\pi}{2}} \dfrac{2}{\pi}\sqrt{2}\,\mathrm{d}x,$

即有 $\dfrac{1}{2} < \displaystyle\int_{\frac{\pi}{4}}^{\frac{\pi}{2}} \dfrac{\sin x}{x}\,\mathrm{d}x < \dfrac{\sqrt{2}}{2}.$

11. $\displaystyle\int_0^{\pi} xf(\sin x)\,\mathrm{d}x \xrightarrow{\ \text{令}\ x=\pi-t\ } -\int_{\pi}^0 (\pi-t)f[\sin(\pi-t)]\,\mathrm{d}t$

$\displaystyle = \int_0^{\pi} (\pi-t)f(\sin t)\,\mathrm{d}t = \int_0^{\pi} (\pi-x)f(\sin x)\,\mathrm{d}x$

$\displaystyle = \pi\int_0^{\pi} f(\sin x)\,\mathrm{d}x - \int_0^{\pi} xf(\sin x)\,\mathrm{d}x,$ 故 $\displaystyle\int_0^{\pi} xf(\sin x)\,\mathrm{d}x = \dfrac{\pi}{2}\int_0^{\pi} f(\sin x)\,\mathrm{d}x.$

12. 由 $f(x)$ 在 $[a,b]$ 上连续, 得 $\displaystyle\int_a^x f(t)\,\mathrm{d}t$ 在 (a,b) 可导, 且 $F'(x) =$

$-\dfrac{1}{(x-a)^2}\displaystyle\int_a^x f(t)\,\mathrm{d}t + \dfrac{1}{x-a}f(x) = \dfrac{1}{(x-a)^2}\left[(x-a)f(x) - \int_a^x f(t)\,\mathrm{d}t\right],$ 由积分

中值定理, 存在 $\xi \in (a,x)$, 使 $\displaystyle\int_a^x f(t)\,\mathrm{d}t = f(\xi)(x-a),$ 故 $F'(x) = \dfrac{1}{(x-a)^2}\big[(x$

$-a)f(x) - f(\xi)(x-a)\big] = \dfrac{f(x) - f(\xi)}{x-a}.$ 因 $f'(x) > 0$, 故 $f(x)$ 为单调增函数,

因而 $f(x) - f(\xi) > 0.$ 又 $x > a$, 所以 $F'(x) > 0.$

第 7 章　定积分的应用

定积分的应用很广泛,本章主要介绍定积分在几何、物理方面的一些应用,并介绍用元素法将具体问题表示成定积分的分析方法.

7.1　定积分的元素法

在定积分的应用中,经常采用所谓元素法,这种方法实际上是由定积分的定义简化而成的.下面以求曲边梯形的面积为例说明这种方法.

我们知道,如果函数 $f(x)$ 在区间 $[a,b]$ 上连续,且 $f(x) \geqslant 0$,则以曲线 $y=f(x)$ 为曲边,底为 $[a,b]$ 的曲边梯形的面积 S 可表示为定积分

$$S = \int_a^b f(x) \mathrm{d}x.$$

由定积分的定义知,曲边梯形的面积 S 与被积函数 $f(x)$ 和积分区间 $[a,b]$ 有关.当区间 $[a,b]$ 被分成 n 个小区间时,曲边梯形也被分成 n 个小曲边梯形.曲边梯形的面积 S 等于这 n 个小曲边梯形的面积 ΔS_i 之和,即

$$S = \sum_{i=1}^n \Delta S_i.$$

这一性质称为面积 S 对于区间 $[a,b]$ 具有可加性.以矩形面积 $f(\xi_i)\Delta x_i$ 近似代替小曲边梯形面积 ΔS_i,当 $\max\{\Delta x_1, \Delta x_2, \cdots, \Delta x_n\} \to 0$ 时,它们只相差一个比 Δx_i 高阶的无穷小.这时,我们说 ΔS_i 可以用 $f(\xi_i)\Delta x_i$ 近似代替.

确定小曲边梯形面积 ΔS_i 的近似值 $f(\xi_i)\Delta x_i$,是将曲边梯形面积 S 表示成定积分的关键.在实际应用中,是在区间 $[a,b]$ 上任取一小区间 $[x, x+\mathrm{d}x]$,ΔS 表示该区间上小曲边梯形的面积.取左端点 x 为 ξ_i,以点 x 处的函数值 $f(x)$ 为高、底为 $\mathrm{d}x$ 的矩形面积 $f(x)\mathrm{d}x$ 为 ΔS 的近似值(图 7-1 中的阴影部分),即

$$\Delta S \approx f(x)\mathrm{d}x.$$

上式右端 $f(x)\mathrm{d}x$ 叫做面积元素,记为 $\mathrm{d}S = f(x)\mathrm{d}x$,于是

$$S = \int_a^b f(x)\mathrm{d}x.$$

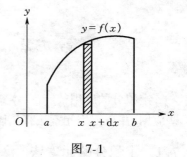

图 7-1

一般地,如果所求量 I 符合下列条件:

(1) I 与一个变量 x 的变化区间 $[a,b]$ 有关;

(2) I 对于区间 $[a,b]$ 具有可加性;

(3)部分量 ΔI_i 的近似值可表示为 $f(\xi_i)\Delta x_i$,那么,这个量 I 就可以表示成定积分.

通常把 I 表示成定积分的步骤是:

(1)根据具体问题,选取一个变量例如 x,并确定它的变化区间 $[a,b]$.

(2)在区间 $[a,b]$ 上任取小区间 $[x,x+\mathrm{d}x]$,求出相应于 $[x,x+\mathrm{d}x]$ 的部分量 ΔI 的近似值.如果 ΔI 的近似值可表示为连续函数 $f(x)$ 与 $\mathrm{d}x$ 的乘积,就把 $f(x)\mathrm{d}x$ 叫做**量 I 的元素**,记为

$$\mathrm{d}I = f(x)\mathrm{d}x.$$

(3)以 $f(x)\mathrm{d}x$ 为被积式,在区间 $[a,b]$ 上作定积分,则得到 I 的积分表示式

$$I = \int_a^b f(x)\mathrm{d}x.$$

这种方法通常叫做**元素法**.下面应用这种方法讨论几何、物理中的一些问题.

7.2　平面图形的面积

7.2.1　在直角坐标系中的计算法

7.2.1.1　由连续曲线 $y = f(x)$ $(f(x) \geqslant 0)$,x 轴及二直线 $x = a$,$x = b$ 所围成的曲边梯形面积 S 的计算

已知所求面积

$$S = \int_a^b f(x)\mathrm{d}x, \tag{1}$$

其中被积式 $f(x)\mathrm{d}x$ 是直角坐标系下的面积元素，

$$\mathrm{d}S = f(x)\mathrm{d}x.$$

它表示高为 $f(x)$、底为 $\mathrm{d}x$ 的一个矩形面积.

7.2.1.2 设在区间 $[a,b]$ 上，连续曲线 $y=f(x)$ 位于连续曲线 $y=g(x)$ 的上方，由这两条曲线及 $x=a,x=b$ 所围成的平面图形面积 S 的计算

取 x 为积分变量，它的变化区间为 $[a,b]$. 在 $[a,b]$ 上任取小区间 $[x, x+\mathrm{d}x]$. 相应于 $[x,x+\mathrm{d}x]$ 上的部分面积 ΔS 的近似值可表示为高为 $f(x)-g(x)$、底为 $\mathrm{d}x$ 的矩形面积（图 7-2 中的阴影部分），从而得到面积元素

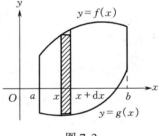

图 7-2

$$\mathrm{d}S = [f(x)-g(x)]\mathrm{d}x.$$

以 $[f(x)-g(x)]\mathrm{d}x$ 为被积式，在 $[a,b]$ 上作定积分，得到所求面积

$$S = \int_a^b [f(x)-g(x)]\mathrm{d}x. \tag{2}$$

类似地，可以得到下面图形面积的计算公式.

7.2.1.3 设在区间 $[c,d]$ 上，曲线 $x=f(y)$ 位于曲线 $x=g(y)$ 的右方，由这两条曲线及二直线 $y=c,y=d$ 所围图形面积

所求面积（图 7-3）为

$$S = \int_c^d [f(y)-g(y)]\mathrm{d}y. \tag{3}$$

例 1 计算两条抛物线 $y^2=x$ 及 $y=x^2$ 所围图形的面积.

解 这两条抛物线所围成的图形如图 7-4 所示. 为了确定这个图形的所在范围，必须求出这两条抛物线的交点. 解方程组

$$\begin{cases} x = y^2, \\ x^2 = y, \end{cases}$$

得交点 $O(0,0)$ 及 $A(1,1)$.

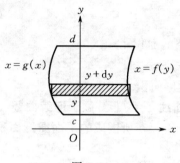

图 7-3   图 7-4

选取 x 为积分变量,它的变化区间为 $[0,1]$,这时,抛物线 $x=y^2$ 位于抛物线 $y=x^2$ 的上方.利用公式(2),得到所求面积

$$S=\int_0^1(\sqrt{x}-x^2)\mathrm{d}x=\left[\frac{2}{3}x^{\frac{3}{2}}-\frac{x^3}{3}\right]_0^1=\frac{2}{3}-\frac{1}{3}=\frac{1}{3}.$$

例 1 也可以选取 y 为积分变量,y 的变化区间为 $[0,1]$.抛物线 $y=x^2$ 位于抛物线 $y^2=x$ 的右方.利用公式(3),得到所求面积

$$S=\int_0^1(\sqrt{y}-y^2)\mathrm{d}y=\left[\frac{2}{3}y^{\frac{3}{2}}-\frac{y^3}{3}\right]_0^1=\frac{2}{3}-\frac{1}{3}=\frac{1}{3}.$$

例 2 计算抛物线 $y^2=2x$ 与直线 $x-y=4$ 所围图形的面积.

解 所围图形如图 7-5 所示.先求出抛物线 $y^2=2x$ 与直线 $x-y=4$ 的交点,解方程组

$$\begin{cases} y^2=2x, \\ x-y=4, \end{cases}$$

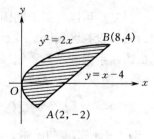

图 7-5

得交点 $A(2,-2)$ 及 $B(8,4)$.

由图形可知,直线 $x-y=4$ 位于抛物线 $y^2=2x$ 的右方,所以选取 y 为积分变量,它的变化区间为 $[-2,4]$.利用公式(3),得所求图形的面积

$$S = \int_{-2}^{4} \left[(y+4) - \frac{1}{2} y^2 \right] \mathrm{d}y = \left[\frac{y^2}{2} + 4y - \frac{1}{6} y^3 \right]_{-2}^{4} = 18.$$

　　本例如果选取 x 为积分变量,由于 x 从 0 到 2 与 x 从 2 到 8 这两段中的情况是不同的,因此需要把图形分成两部分计算,最后将这两部分面积加起来才是所求图形的面积.这样计算不如上述方法简便.

　　如果曲边梯形的曲边由参数方程

$$\begin{cases} x = \varphi(t), \\ y = \psi(t) \end{cases}$$

给出,且当变量 x 从 a 变到 b 时,参数 t 相应地从 α 变到 β.作代换 $x = \varphi(t)$,得所求曲边梯形面积

$$S = \int_{a}^{b} y \mathrm{d}x = \int_{\alpha}^{\beta} \psi(t) \varphi'(t) \mathrm{d}t. \tag{4}$$

　　例 3　计算椭圆 $\dfrac{x^2}{a^2} + \dfrac{y^2}{b^2} = 1$ 的面积 S.

　　解　由于椭圆关于 x 轴、y 轴对称(图 7-6),所以

$$S = 4S_1,$$

其中 S_1 是这个椭圆位于第一象限部分的面积.

　　这个椭圆的参数方程为

$$\begin{cases} x = a\cos t, \\ y = b\sin t, \end{cases}$$

且当 $x = 0$ 时,$t = \dfrac{\pi}{2}$;当 $x = a$ 时,$t = 0$.

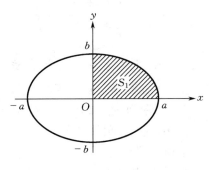

图 7-6

　　按公式(4),得所求面积

$$S = 4S_1 = 4\int_{0}^{a} y \mathrm{d}x = 4\int_{\frac{\pi}{2}}^{0} b\sin t \, (-a\sin t) \mathrm{d}t$$

$$= 4ab\int_{0}^{\frac{\pi}{2}} \sin^2 t \, \mathrm{d}t = 4ab \cdot \frac{1}{2} \cdot \frac{\pi}{2} = \pi ab.$$

例 4 计算摆线 $\begin{cases} x = a(t - \sin t), \\ y = a(1 - \cos t) \end{cases}$ 的一拱($0 \leqslant t \leqslant 2\pi$)与 x 轴所围图形的面积(图 7-7).

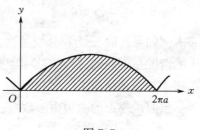

图 7-7

解 由摆线的参数方程可知,当 t 从 0 变到 2π 时,x 从 0 变到 $2\pi a$.

因此,按公式(4),得所求面积

$$S = \int_0^{2\pi a} y \mathrm{d}x = \int_0^{2\pi} a^2 (1 - \cos t)^2 \mathrm{d}t$$

$$= a^2 \int_0^{2\pi} (1 - 2\cos t + \cos^2 t) \mathrm{d}t$$

$$= a^2 \int_0^{2\pi} \left(\frac{3}{2} - 2\cos t + \frac{1}{2} \cos 2t \right) \mathrm{d}t$$

$$= a^2 \left[\frac{3}{2} t - 2\sin t + \frac{1}{4} \sin 2t \right]_0^{2\pi} = 3\pi a^2.$$

7.2.2 在极坐标系中的计算法

有些平面图形的面积,用极坐标计算比较简便.

设由平面曲线 $\rho = \rho(\theta)$ ($\rho(\theta) \geqslant 0$)及两条射线 $\theta = \alpha, \theta = \beta(\beta > \alpha)$ 围成一平面图形(图 7-8),这个图形叫做曲边扇形.现计算它的面积.

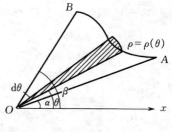

图 7-8

取 θ 为积分变量,它的变化区间为 $[\alpha, \beta]$. 在 $[\alpha, \beta]$ 上任取小区间 $[\theta, \theta + \mathrm{d}\theta]$,用圆心角为 $\mathrm{d}\theta$,半径为 $\rho = \rho(\theta)$ 的圆扇形(图 7-8 中的阴影部分)近似代替相应于 $[\theta, \theta + \mathrm{d}\theta]$ 的窄曲边扇形,从而得到这个窄曲边扇形面积的近似值,即曲边扇形的面积元素

$$dS = \frac{1}{2} [\rho(\theta)]^2 d\theta.$$

以 $\frac{1}{2} [\rho(\theta)]^2 d\theta$ 为被积式,在 $[\alpha,\beta]$ 上作定积分,得到所求曲边扇形的面积

$$S = \int_\alpha^\beta \frac{1}{2} [\rho(\theta)]^2 d\theta. \tag{5}$$

例 5　计算圆 $\rho = 2a\cos\theta (a>0)$ 介于 x 轴与射线 $\theta = \frac{\pi}{6}$ 间的图形的面积.

解　这个图形如图 7-9 所示,利用公式(5),有

$$\begin{aligned}
S &= \int_0^{\frac{\pi}{6}} \frac{1}{2} (2a\cos\theta)^2 d\theta \\
&= 2a^2 \int_0^{\frac{\pi}{6}} \cos^2\theta d\theta \\
&= a^2 \int_0^{\frac{\pi}{6}} (1+\cos 2\theta) d\theta \\
&= a^2 \left[\theta + \frac{1}{2} \sin 2\theta \right]_0^{\frac{\pi}{6}} \\
&= a^2 \left(\frac{\pi}{6} + \frac{\sqrt{3}}{4} \right).
\end{aligned}$$

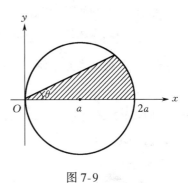

图 7-9

例 6　计算心形线 $\rho = a(1+\cos\theta)(a>0)$ 所围图形的面积.

解　这个图形如图 7-10 所示.它对称于极轴(x 轴),因此所求图形的面积 S 是极轴上方图形面积 S_1 的两倍.

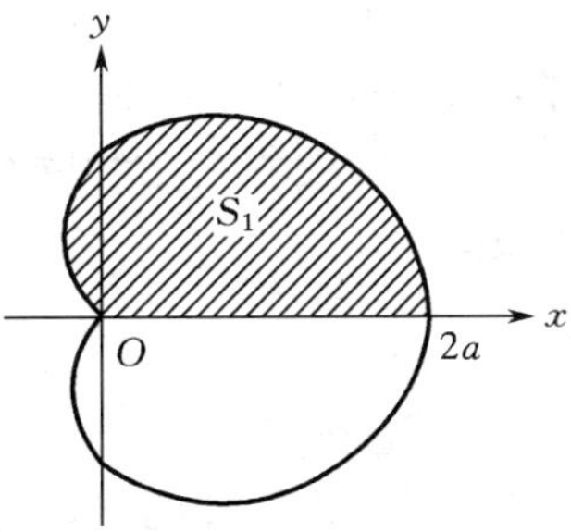

对于极轴上方部分图形,θ 的变化区间为 $[0,\pi]$.利用公式(5),有

$$S = 2S_1$$

图 7-10

$$= 2\int_0^\pi \frac{1}{2}\big[a(1+\cos\theta)\big]^2 \mathrm{d}\theta$$

$$= \int_0^\pi a^2(1+2\cos\theta+\cos^2\theta)\mathrm{d}\theta$$

$$= a^2\int_0^\pi\left(\frac{3}{2}+2\cos\theta+\frac{1}{2}\cos2\theta\right)\mathrm{d}\theta$$

$$= a^2\left[\frac{3}{2}\theta+2\sin\theta+\frac{1}{4}\sin2\theta\right]_0^\pi = \frac{3}{2}\pi a^2.$$

习题 7-2

1.求由下列各曲线所围成的图形面积.

(1)$y=x^2$,$x+y=2$;

(2)$y=\mathrm{e}^x$,$y=\mathrm{e}^{-x}$与直线 $y=\mathrm{e}^2$;

(3)$y=3-2x-x^2$ 与 x 轴;

(4)$y=\sqrt{2x-x^2}$与直线 $y=x$.

2.求抛物线 $y^2=2px$ 及其在点 $\left(\frac{p}{2},p\right)$处的法线所围成图形的面积.

3.求由下列各曲线所围成的图形的面积.

(1)$\rho=4\cos\theta$;　　　　(2)$\rho=2\sin\theta$.

4.求星形线 $x=a\cos^3t$,$y=a\sin^3t$ 所围成的图形面积(图 7-11).

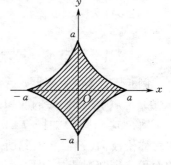

图 7-11

7.3 体积

本节仅考虑两种特殊几何形体体积的求法:一种是旋转体的体积;另一种是平行截面面积为已知的几何形体的体积.

7.3.1　旋转体的体积

由一个平面图形绕这平面内的一条直线旋转一周所成的立体叫做旋转体,平面内的这条直线叫做旋转轴.例如,圆柱、圆锥、球体可以分别看成是由矩形绕它的一条边、直角三角形绕它的直角边、半圆绕它的直径旋转一周而成的立体,所以它们都是旋转体.下面计算旋转体的体积.

7.3.1.1 绕 x 轴旋转而成的旋转体体积

由连续曲线 $y=f(x)(f(x)\geqslant 0)$,x 轴及直线 $x=a$ 和 $x=b(a<b)$ 所围成的曲边梯形绕 x 轴旋转而成的旋转体(图 7-12)体积的计算.

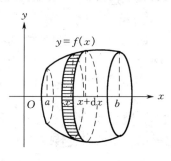

容易看出,该旋转体的任一个垂直于 x 轴的截面都是圆,半径为 $y=f(x)$.选取 x 为积分变量,它的变化区间为 $[a,b]$.在 $[a,b]$ 上任取小区间 $[x,x+\mathrm{d}x]$,相应于 $[x,x+\mathrm{d}x]$ 的薄旋转体的体积近似等于以 $f(x)$ 为底半径,$\mathrm{d}x$ 为高的薄圆柱体的体积(图 7-12 中的阴影部分),即体积元素

图 7-12

$$\mathrm{d}V=\pi[f(x)]^2\mathrm{d}x.$$

以 $\pi[f(x)]^2\mathrm{d}x$ 为被积式,在 $[a,b]$ 上作定积分,得所求旋转体的体积

$$V=\int_a^b\pi[f(x)]^2\mathrm{d}x. \tag{1}$$

显然,求上述旋转体的体积,只需求出它在点 x 处垂直于 x 轴的截面圆的半径 $f(x)$,将它代入公式(1)就可以了.

例 1 计算由抛物线 $y=\sqrt{2px}$,x 轴及 $x=a$ 所围成的曲边梯形绕 x 轴旋转而成的旋转体的体积.

解 这个旋转体如图 7-13 所示.

取 x 为积分变量,它的变化区间为 $[0,a]$.这个旋转体在 $[0,a]$ 的任一点 x 处垂直于 x 轴的截面圆的半径为 $\sqrt{2px}$.利用公式(1),得所求旋转体的体积

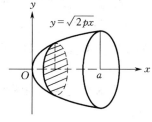

图 7-13

$$V = \int_0^a \pi(\sqrt{2px})^2 \mathrm{d}x = \int_0^a 2\pi px\,\mathrm{d}x = [\pi px^2]_0^a = \pi pa^2.$$

例 2　计算由椭圆 $\dfrac{x^2}{a^2} + \dfrac{y^2}{b^2} = 1$ 所围成的图形绕 x 轴旋转而成的旋转体的体积.

解　这个旋转体的图形如图 7-14 所示.

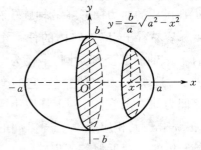

取 x 为积分变量,它的变化区间为 $[-a, a]$.这旋转体在 $[-a, a]$ 的任一点 x 处垂直于 x 轴的截面圆的半径为 $\dfrac{b}{a}\sqrt{a^2 - x^2}$,利用公式(1),得所求旋转体的体积

图 7-14

$$V = \int_{-a}^a \pi\left(\frac{b}{a}\sqrt{a^2 - x^2}\right)^2 \mathrm{d}x = \pi \cdot \frac{b^2}{a^2} \int_{-a}^a (a^2 - x^2)\mathrm{d}x$$

$$= \pi \cdot \frac{b^2}{a^2}\left[a^2 x - \frac{x^3}{3}\right]_{-a}^a = \frac{4}{3}\pi ab^2.$$

类似地,可以用定积分计算下述旋转体的体积.

7.3.1.2　绕 y 轴旋转而成的旋转体的体积

由连续曲线 $x = \varphi(y)\,(\varphi(y) \geqslant 0)$,$y$ 轴及直线 $y = c, y = d\,(c < d)$ 所围成的曲边梯形绕 y 轴旋转而成的旋转体的体积(图 7-15)

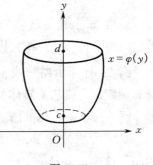

$$V = \int_c^d \pi[\varphi(y)]^2 \mathrm{d}y. \qquad (2)$$

例 3　计算由圆 $x^2 + y^2 - 2y = 0$ 所围成的图形绕 y 轴旋转而成的旋转体的体积.

图 7-15

解　这个旋转体的图形如图 7-16 所示.

取 y 为积分变量,它的变化区间为 $[0, 2]$.在 $[0, 2]$ 上任取一点 y,

这旋转体在点 y 处垂直于 y 轴的截面圆的半径为 $\sqrt{2y - y^2}$. 利用公式(2),得所求旋转体的体积

$$V = \int_0^2 \pi(2y - y^2)\,\mathrm{d}y$$

$$= \pi\left[y^2 - \frac{y^3}{3}\right]_0^2$$

$$= \pi\left(4 - \frac{8}{3}\right) = \frac{4}{3}\pi.$$

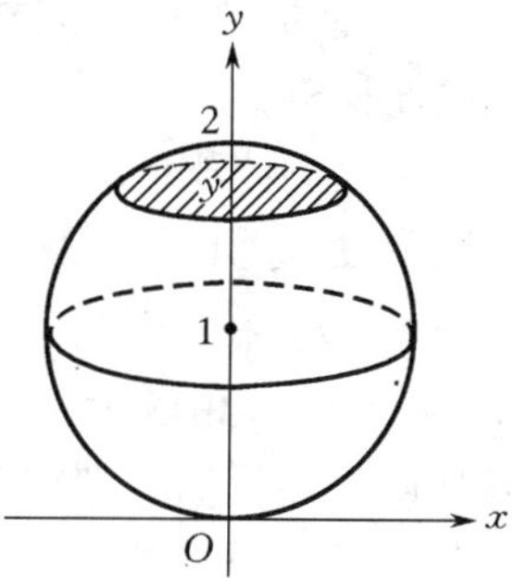

图 7-16

我们也可以这样来计算旋转体的体积:求出旋转体在点 x(或 y)处垂直于 x(或 y)轴的截面面积,以它为被积函数,在 x(或 y)的积分区间上作定积分.

例 4 计算由曲线 $y = x^2$ 及 $x = y^2$ 所围成的图形绕 x 轴旋转而成的旋转体的体积.

解 这个旋转体的图形如图 7-17 所示.

取 x 为积分变量,解方程组

$$\begin{cases} y = x^2, \\ y^2 = x \end{cases}$$

得交点 $(0,0)$、$(1,1)$,于是得到 x 的变化区间为 $[0,1]$. 在 $[0,1]$ 上任取一点 x,该旋转体在点 x 处垂直于 x 轴的截面面积为 $\pi(x - x^4)$. 利用公式(1),得所求体积

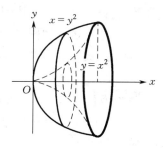

图 7-17

$$V = \int_0^1 \pi(x - x^4)\,\mathrm{d}x = \pi\left[\frac{x^2}{2} - \frac{x^5}{5}\right]_0^1 = \pi\left(\frac{1}{2} - \frac{1}{5}\right) = \frac{3}{10}\pi.$$

从上面的讨论可以看出,如果一个立体不是旋转体,但能够求出这个立体的垂直于 x(或 y)轴的各个截面面积,那么,这个立体的体积也可以用定积分计算.

7.3.2 平行截面面积已知的立体的体积

设立体在垂直于 x 轴的两个平面 $x = a$,$x = b(a < b)$ 之间,并设

垂直于 x 轴的平面与该立体相交的截面面积$S(x)$是 x 的已知函数. 现在计算它的体积(图 7-18).

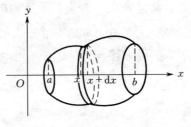

选取 x 为积分变量,它的变化区间为$[a,b]$.在$[a,b]$上任取小区间$[x,x+\mathrm{d}x]$.相应于$[x,x+\mathrm{d}x]$的薄立体片体积的近似值等于这个

图 7-18

立体在以点 x 处垂直于x 轴的截面为底,$\mathrm{d}x$ 为高的薄柱体的体积,即体积元素

$$\mathrm{d}V = S(x)\mathrm{d}x,$$

以 $S(x)$为被积函数,在$[a,b]$上作定积分,得到所求立体的体积

$$V = \int_a^b S(x)\mathrm{d}x. \tag{3}$$

例5 一平面经过半径为 R 的圆柱体的底圆直径,平面与底面的交角为 α,计算这平面截该圆柱体所得立体的体积.

解 这个立体如图 7-19 所示. 建立坐标系 xOy,底圆的方程为

$$x^2 + y^2 = R^2.$$

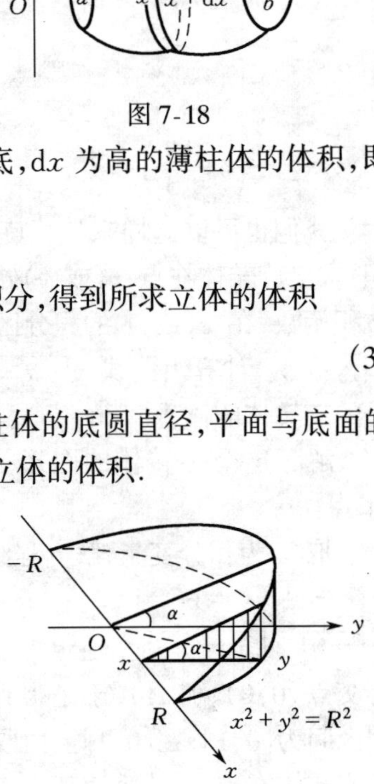

取 x 为积分变量,它的变化区间为$[-R,R]$.这立体在$[-R,R]$的任一点 x 处垂直于x 轴的截面是直角三角形,它的两条直角边为$\sqrt{R^2-x^2}$,$\sqrt{R^2-x^2}\tan\alpha$,因此这直角三角形的面积

图 7-19

$$S(x) = \frac{1}{2}(R^2 - x^2)\tan\alpha.$$

利用公式(3),得所求立体的体积

$$V = \int_{-R}^{R}\frac{1}{2}(R^2-x^2)\tan\alpha\,\mathrm{d}x = \frac{1}{2}\tan\alpha\left[R^2 x - \frac{x^3}{3}\right]_{-R}^{R} = \frac{2}{3}R^3\tan\alpha.$$

习题 7-3

1. 将曲线 $y = x^2$、x 轴及直线 $x = 2$ 所围成的图形绕 x 轴旋转, 求所得旋转体的体积.

2. 将抛物线 $x = 5 - y^2$ 与直线 $x = 1$ 所围成的图形绕 y 轴旋转, 求所得旋转体的体积.

3. 把曲线 $y = \sqrt{2x - x^2}$ 与 $y = \sqrt{x}$ 所围成的图形绕 x 轴旋转, 求所得旋转体的体积.

4. 把两曲线 $x = \sqrt{1 - y^2}$ 与 $x = 1 - \sqrt{1 - y^2}$ 所围成的图形绕 y 轴旋转, 求所得旋转体的体积.

7.4* 平面曲线的弧长

7.4.1 在直角坐标系中的计算法

设曲线 $y = f(x)$ 具有一阶连续导数. 计算曲线上相应于 x 从 a 到 b 的一段弧(图 7-20)的长度.

取 x 为积分变量, 它的变化区间为 $[a, b]$. 在 $[a, b]$ 上任取小区间 $[x, x + \mathrm{d}x]$, 曲线 $y = f(x)$ 相应于 $[x, x + \mathrm{d}x]$ 的一段弧的长度, 可以用它在点 $(x, f(x))$ 处的切线上相应的直线段的长度近似代替. 由 4.

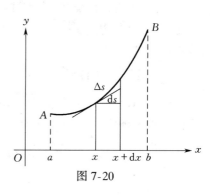

图 7-20

9.1 中弧微分公式(1), 得该切线上相应小段的长度, 即弧长元素

$$\mathrm{d}s = \sqrt{1 + [f'(x)]^2}\,\mathrm{d}x.$$

以 $\sqrt{1 + [f'(x)]^2}\,\mathrm{d}x$ 为被积式, 在 $[a, b]$ 上作定积分, 得所求弧长

$$s = \int_a^b \sqrt{1 + [f'(x)]^2}\,\mathrm{d}x. \tag{1}$$

例 1　计算曲线 $y = \dfrac{1}{3} x^{\frac{3}{2}}$ 上相应于 x 从 0 到 12 的一段弧的长度.

解　弧长元素

$$ds = \sqrt{1 + \left[f'(x) \right]^2}\,dx = \sqrt{1 + \frac{1}{4}x}\,dx.$$

利用公式(1),得所求弧长

$$s = \int_0^{12} \sqrt{1 + \frac{1}{4}x}\,dx = 4\int_0^{12} \sqrt{1 + \frac{1}{4}x}\,d\left(1 + \frac{1}{4}x\right)$$

$$= 4\left[\frac{2}{3}\left(1 + \frac{1}{4}x\right)^{\frac{3}{2}} \right]_0^{12} = \frac{8}{3}(4^{\frac{3}{2}} - 1) = \frac{8}{3}(8 - 1) = \frac{56}{3}.$$

7.4.2　曲线以参数方程给出时的计算法

设曲线弧的参数方程为

$$\begin{cases} x = \varphi(t), \\ y = \psi(t), \end{cases} (\alpha \leqslant t \leqslant \beta)$$

其中 $\varphi(t), \psi(t)$ 具有一阶连续导数,下面计算该曲线弧的长度.

选取 t 为积分变量,它的变化区间为 $[\alpha, \beta]$.在 $[\alpha, \beta]$ 上任取小区间 $[t, t + dt]$,相应于 $[t, t + dt]$ 的小弧段长度 Δs 的近似值是弧微分,即弧长元素

$$ds = \sqrt{(dx)^2 + (dy)^2} = \sqrt{\left[\varphi'(t)dt \right]^2 + \left[\psi'(t)dt \right]^2},$$

$$ds = \sqrt{\varphi'^2(t) + \psi'^2(t)}\,dt.$$

因此,所求弧长

$$s = \int_\alpha^\beta \sqrt{\varphi'^2(t) + \psi'^2(t)}\,dt. \tag{2}$$

例 2　计算摆线 $\begin{cases} x = a(t - \sin t), \\ y = a(1 - \cos t), \end{cases}$ 一拱 $(0 \leqslant t \leqslant 2\pi)$（图 7-21)的弧长.

解　$ds = \sqrt{a^2(1 - \cos t)^2 + a^2 \sin^2 t}\,dt = a\sqrt{2(1 - \cos t)}\,dt$

$$= 2a \sin \frac{t}{2}\,dt.$$

利用公式(2),得所求弧长

$$s = \int_0^{2\pi} 2a \sin \frac{t}{2}\,dt = 2a\left[-2\cos \frac{t}{2} \right]_0^{2\pi} = 8a.$$

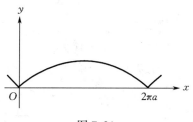

图 7-21

习题 7-4

1. 计算曲线 $y = \sqrt{1-x^2}$ 相应于 $0 \leqslant x \leqslant \dfrac{1}{2}$ 的一段弧的长度.

2. 计算曲线 $y = \dfrac{2}{3}(x-1)\sqrt{x-1}$ 相应于 $1 \leqslant x \leqslant 4$ 的一段弧的长度.

3. 计算星形线 $x = a\cos^3 t, y = a\sin^3 t$ 的全长.

7.5 功、液体压力、平均值

7.5.1 功

我们知道,若常力 F 的方向与物体运动的方向一致,那么当物体有位移 s 时,常力 F 对物体所做的功

$$W = F \cdot s.$$

如果物体在直线运动过程中受变力 F 的作用,那么,变力 F 所做的功又该如何计算呢? 下面通过具体的例子说明如何用定积分计算变力所做的功.

例 1 一弹簧原长 10 cm,已知用 5 N 的力可以把它拉长 1 cm,有一力 F 把它由原长拉长 6 cm,计算力 F 所做的功.

解 如图 7-22 选取坐标系.

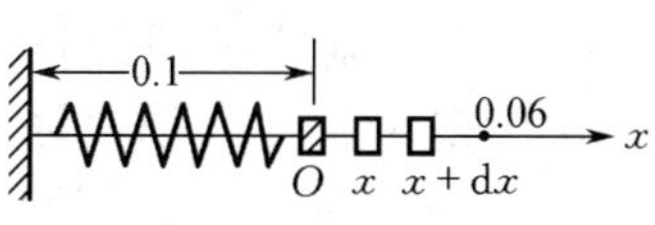

已知力 F 的大小与弹簧的伸长量 x 成正比,即

$F = kx$,其中 k 为弹簧的倔强系数.

图 7-22

由已知,当 $x = 0.01$ m 时 $F = 5$ N,所以

$$k = \frac{5}{0.01} = 500.$$

显然 F 随 x 的变化而变化,它是一个变力.

取伸长量 x(单位:m)为积分变量,它的变化区间为 $[0,0.06]$.在 $[0,0.06]$ 上任取小区间 $[x,x+\mathrm{d}x]$,相应于 $[x,x+\mathrm{d}x]$ 上变力所做的功近似于 $500x\mathrm{d}x$,即功元素

$$\mathrm{d}W = 500x\mathrm{d}x.$$

以 $500x\mathrm{d}x$ 为被积式,在 $[0,0.06]$ 上作定积分,得力 F 所做的功

$$W = \int_0^{0.06} 500x\mathrm{d}x = \frac{500}{2}x^2 \Big|_0^{0.06} = 0.9(\mathrm{J}).$$

注意　如果按图 7-23 选取坐标系,那么,伸长量为 $x-0.1$,x 的变化区间为 $[0.1,0.16]$.力 F 为

$$F = 500(x-0.1),$$

于是得到功元素

$$\mathrm{d}W = 500(x-0.1)\mathrm{d}x.$$

因此,所求的功

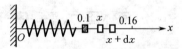

图 7-23

$$W = \int_{0.1}^{0.16} 500(x-0.1)\mathrm{d}x$$

$$= \frac{500}{2}(x-0.1)^2 \Big|_{0.1}^{0.16} = 0.9(\mathrm{J}).$$

例2　一个圆柱形的水池高 5 m,底圆半径为 3 m,池内盛满了水.试计算把池内的水全部吸出所做的功.

解　如图 7-24 所示.

取 x 为积分变量,它的变化区间为 $[0,5]$.在 $[0,5]$ 上任取小区间 $[x,x+\mathrm{d}x]$,相应于 $[x,x+\mathrm{d}x]$ 的一薄层水的厚度为 $\mathrm{d}x$,水的密度为 1 000 kg/m³.把这一薄层水吸出池外所做功的近似

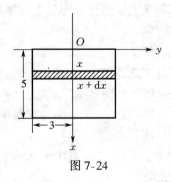

图 7-24

值为 $1\,000\cdot\pi\cdot3^2\,\mathrm{d}x\cdot g\cdot x = 88\,200\pi x\mathrm{d}x$（其中 $g = 9.8\ \mathrm{m/s^2}$），即功元素 $\mathrm{d}W = 88\,200\pi x\mathrm{d}x$.

以 $88\,200\pi x\mathrm{d}x$ 为被积函数，在 $[0,5]$ 上作定积分，得所求功

$$W = \int_0^5 88\,200\pi x\mathrm{d}x$$

$$= 88\,200\pi\left[\frac{x^2}{2}\right]_0^5$$

$$= 88\,200\pi\cdot\frac{25}{2}\approx 3\,463\,603\,(\mathrm{J}).$$

7.5.2　液体压力

由物理学知道，在液体深为 h 处的压强 $p = \rho gh$，这里 ρ 是液体的密度，g 表示重力加速度，$g = 9.8\ \mathrm{m/s^2}$. 在深度为 h 处水平放置一面积为 S 的平板，它的一侧所受的压力

$$P = p\cdot S$$

下面通过例子说明，将平板垂直放置在液体中，平板的一侧所受压力的计算.

例 3　有一矩形闸门直立水中，已知水的密度为 $1\,000\ \mathrm{kg/m^3}$，闸门高 3 m，宽 2 m，水面超过门顶 2 m，计算这闸门的一侧所受的水压力.

解　如图 7-25 选取坐标系.

取 x 为积分变量，它的变化区间为 $[2,5]$. 在 $[2,5]$ 上任小区间 $[x, x + \mathrm{d}x]$，相应于 $[x, x + \mathrm{d}x]$ 的小横条的面积为 $2\mathrm{d}x$，这横条各点的压强近似于 ρgx，水的密度 ρ 为 $1\,000$ $\mathrm{kg/m^3}$，因此，这横条的一侧所受水压力的近似值，即压力元素

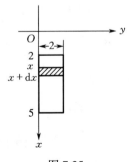

图 7-25

$$\mathrm{d}P = 1000gx\cdot2\mathrm{d}x = 19\,600x\mathrm{d}x.$$

以 $19\,600x\mathrm{d}x$ 为被积式，在 $[2,5]$ 上作定积分，得闸门一侧所受水压力

$$P = \int_2^5 19\,600x\,dx = \left[19\,600 \times \frac{x^2}{2}\right]_2^5$$

$$= 205\,800(N).$$

例 4 有一等腰梯形闸门直立在水中,它的上底为 6 m,下底为 2 m,高为 10 m,且上底与水面相齐,计算这闸门的一侧所受的水压力.

解 如图 7-26 选取坐标系.

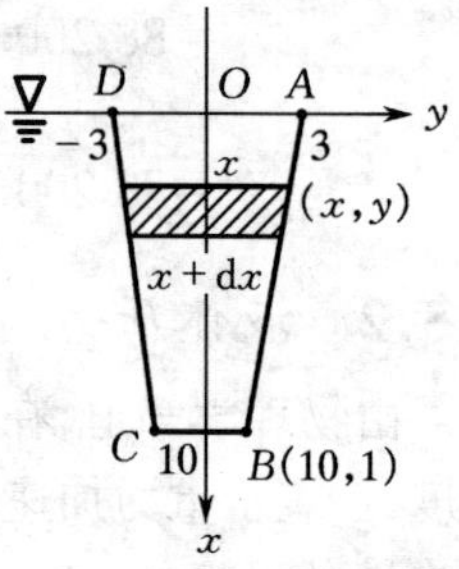

取 x 为积分变量,它的变化区间为 $[0, 10]$.在 $[0,10]$ 上任取小区间 $[x, x+dx]$,相应于 $[x, x+dx]$ 的小横条的面积近似于 $2y\,dx$,各点的压强近似于 ρgx,水的密度 $\rho = 1\,000$ kg/m³,因此,这小横条的一侧所受水压力的近似值,即压力元素

$$dP = \rho gx \cdot 2y\,dx = 19\,600xy\,dx. \tag{1}$$

下面建立直线 AB 的方程.由于 A,B 两点的坐标分别为 $A(0,3), B(10,1)$,所以,利用直线的两点式方程,可得 AB 的方程为

$$\frac{y-3}{x} = \frac{3-1}{0-10}, \quad 即 \quad y = -\frac{1}{5}x + 3. \tag{2}$$

将式(2)代入式(1),得压力元素

$$dP = 19\,600x\left(-\frac{1}{5}x + 3\right)dx.$$

以 $19\,600x\left(-\dfrac{1}{5}x + 3\right)dx$ 为被积式,在 $[0,10]$ 上作定积分,得闸门的一侧所受的水压力

$$P = \int_0^{10} 19\,600x\left(-\frac{1}{5}x + 3\right)dx = 19\,600\left[\frac{3}{2}x^2 - \frac{1}{15}x^3\right]_0^{10}$$

$$= \frac{49}{3} \times 10^5 (N).$$

7.5.3 连续函数的平均值

我们已经知道 n 个数值 $y_1, y_2, \cdots, y_n$ 的算术平均值

图 7-26

$$\bar{y} = \frac{y_1 + y_2 + \cdots + y_n}{n} = \frac{\sum\limits_{i=1}^{n} y_i}{n}.$$

下面计算一个连续函数 $f(x)$ 在区间 $[a,b]$ 上所取得的一切值的平均值.

首先,把区间 $[a,b]$ 分成 n 等份,设分点

$$a = x_0 < x_1 < x_2 < \cdots < x_n = b.$$

每个小区间的长度为 $\Delta x_i = \dfrac{b-a}{n}(i = 1,2,\cdots,n)$,各分点 x_i 所对应的

函数值 $f(x)$ 依次为 $f(x_1),f(x_2),\cdots,f(x_n)$. 可以用 $f(x_1),f(x_2),$ $\cdots,f(x_n)$ 的平均值

$$\frac{f(x_1) + f(x_2) + \cdots + f(x_n)}{n} = \frac{\sum\limits_{i=1}^{n} f(x_i)}{n}$$

近似地表达 $f(x)$ 在 $[a,b]$ 上所取得的一切值的平均值. 显然 n 越大, 分点越多,这个平均值就越接近于 $f(x)$ 在 $[a,b]$ 上所取值的平均值, 因此,我们称极限

$$\lim_{n \to \infty} \frac{\sum\limits_{i=1}^{n} f(x_i)}{n}$$

为 $f(x)$ 在 $[a,b]$ 上的平均值,下面把这个极限转化为定积分来计算.

由于 $f(x)$ 在 $[a,b]$ 上连续,所以

$$\int_a^b f(x)\mathrm{d}x = \lim_{n \to \infty} \sum_{i=1}^{n} f(x_i)\Delta x_i.$$

因此, $\lim\limits_{n \to \infty} \dfrac{\sum\limits_{i=1}^{n} f(x_i)}{n} = \lim\limits_{n \to \infty} \dfrac{1}{b-a}\left[\sum\limits_{i=1}^{n} f(x_i) \cdot \dfrac{b-a}{n}\right]$

$$= \frac{1}{b-a}\lim_{n \to \infty}\sum_{i=1}^{n} f(x_i)\Delta x_i = \frac{1}{b-a}\int_a^b f(x)\mathrm{d}x.$$

即　　　　$\bar{y} = \dfrac{1}{b-a}\displaystyle\int_a^b f(x)\mathrm{d}x.$

这就是说,连续函数 $f(x)$ 在区间 $[a,b]$ 上的平均值,等于函数 $f(x)$ 在 $[a,b]$ 上的定积分除以区间的长度 $b-a$.

例5　正弦交流电的电流 $i=I_m\sin\omega t$,其中 I_m 是电流的最大值, ω 叫角频率(I_m,ω 都是常数),求 i 在半周期 $\left[0,\dfrac{\pi}{\omega}\right]$ 内的平均值 $\bar{I}$.

解　$\bar{I}=\dfrac{1}{\dfrac{\pi}{\omega}}\displaystyle\int_0^{\frac{\pi}{\omega}}I_m\sin\omega t\,\mathrm{d}t=\dfrac{I_m\omega}{\pi}\displaystyle\int_0^{\frac{\pi}{\omega}}\sin\omega t\,\mathrm{d}t$

$$=\dfrac{I_m}{\pi}(-\cos\omega t)\Big|_0^{\frac{\pi}{\omega}}=\dfrac{2}{\pi}I_m.$$

习题 7-5

1.设有一弹簧,原长 15 cm,假定 5 N 的力能使弹簧伸长 1 cm,求把这弹簧拉长 10 cm 所做的功.

2.一圆锥形容器,深 3 m、底圆半径为 2 m,容器内盛满了水,已知水的密度是 1 000 kg/m³,试求把该容器内的水全部吸出所做的功.

3.有一个等腰三角形闸门直立于水中,它的底边与水面相齐,已知三角形的底边长 a m,高 h m,水的密度是 1 000 kg/m³,求这闸门的一侧所受的水压力(图 7-27).

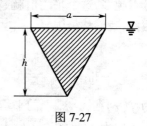

4.一物体以速度 $v=3t^2+2t$(m/s)做直线运动,计算它在 $t=0$ 到 $t=3$ s 一段时间内的平均速度.

图 7-27

练习题(7)

填空题:

1.由 $y=x^2$ 与 $y=1$ 所围成平面图形面积为_____.

2.由 $x=y^2$ 及 $x=1$ 所围平面图形绕 x 轴旋转所得旋转体体积为_____.

3.由 $y=\sqrt{2-x^2}$ 与 $y=|x|$ 围成的平面图形面积为_____.

4.由平面曲线 $\rho=\rho(\theta)(\rho(\theta)\geqslant 0)$ 及两条射线 $\theta=\alpha$、$\theta=\beta(\alpha<\beta)$ 围成平面图形的面积为_____.

5.某立体在垂直于 x 轴的平面 $x=a$, $x=b(a<b)$ 之间,且垂直于 x 轴的平

面截该立体所得截面面积为 $S(x)$，则该立体体积为_____.

6.设曲线弧为 $x=\varphi(t),y=\psi(t)(\alpha<t<\beta)$，且 $\varphi'(t),\psi'(t)$ 存在并连续，则该曲线弧的长度为_____.

单项选择题：

1.设曲线 $y=f(x)$ 具有一阶连续导数，则该曲线上相应于 x 从 a 到 b 的弧长为(　　).

(A)$\int_a^b f(x)\mathrm{d}x$　　　　　　　(B)$\dfrac{1}{2}\int_a^b f'^2(x)\mathrm{d}x$

(C)$\int_a^b f'^2(x)\mathrm{d}x$　　　　　　(D)$\int_a^b \sqrt{1+f'^2(x)}\mathrm{d}x$

2.由 $y=\sin x,x=0,x=\dfrac{\pi}{2},y=0$ 所围平面图形绕 x 轴旋转所得旋转体体积为(　　).

(A)$\dfrac{\pi^2}{4}$　　　(B)$\dfrac{\pi}{4}$　　　(C)$\dfrac{\pi^2}{2}$　　　(D)$\dfrac{\pi}{2}$

3.由 $y=\sqrt{2x-x^2},x=1$ 及 x 轴所围平面图形绕 x 轴旋转所成旋转体体积为(　　).

(A)$\dfrac{2}{3}\pi$　　　(B)$\dfrac{\pi}{4}$　　　(C)$\dfrac{\pi}{2}$　　　(D)$\dfrac{\pi}{3}$

4.一弹簧原长为 a cm，一力把它又拉长了 b cm(设弹簧的倔强系数为 k)，则该力所做的功为(　　).

(A)$k(b^2-a^2)$　　(B)$\dfrac{k}{2}b^2$　　(C)$\dfrac{1}{2}k(a+b)^2$　　(D)$\dfrac{k}{2}ab^2$

5.由 $y=\sqrt{2x-x^2},y=x$ 所围平面图形面积为(　　).

(A)$\dfrac{\pi}{4}$　　　(B)$\dfrac{\pi}{2}$　　　(C)$\dfrac{\pi}{4}-\dfrac{1}{2}$　　　(D)$\dfrac{\pi}{2}-1$

6.由 $y=2-x^2,y=1$ 围成平面图形绕 x 轴旋转所得旋转体体积为(　　).

(A)$\dfrac{\pi}{15}$　　(B)$\dfrac{2}{15}\pi$　　(C)$\dfrac{6}{15}\pi$　　(D)$\dfrac{56}{15}\pi$

7.椭圆 $\dfrac{x^2}{a^2}+\dfrac{y^2}{b^2}=1$ 所围平面面积为(　　).

(A)$\dfrac{1}{2}\pi ab$　　(B)$\pi a^2 b$　　(C)πab　　(D)πab^2

8.函数 $y=\ln x$ 在区间 $[1,e]$ 上的平均值为(　　).

(A)1　　　(B)$e-1$　　　(C)$\dfrac{1}{2}$　　　(D)$\dfrac{1}{e-1}$

计算题:

1.求 $y=\mathrm{e}^{-x}$, $y=1+x^2$ 与 $x=1$ 围成平面图形的面积.

2.求圆 $\rho=2\cos\theta$, $\rho=2\sin\theta$ 的公共部分面积.

3.由 $y=\sin x(0\leqslant x\leqslant\pi)$ 与 x 轴所围平面图形绕 y 轴旋转所得旋转体积.

4.设有半径等于 1 m 的半球形蓄水池,池中蓄满水,已知水的密度为 $1\,000\,\mathrm{kg/m^3}$,求把池中的水全部吸尽所做的功.

习题答案

习题 7-2

1.(1)$\dfrac{9}{2}$;(2)$2\mathrm{e}^2+2$;(3)$\dfrac{32}{3}$;(4)$\dfrac{\pi}{4}-\dfrac{1}{2}$.

2.$\dfrac{16}{3}p^2$.　3.(1)4π ;(2)π .　4.$\dfrac{3}{8}\pi a^2$.

习题 7-3

1.$\dfrac{32}{5}\pi$.　2.$\dfrac{832}{15}\pi$.　3.$\dfrac{\pi}{6}$.　4.$\dfrac{2}{3}\pi^2-\dfrac{\sqrt{3}}{2}\pi$.

习题 7-4

1.$\dfrac{\pi}{6}$.　2.$\dfrac{14}{3}$.　3.$6a$.

习题 7-5

1.$2.5(\mathrm{J})$.　2.$92.3\times10^3(\mathrm{J})$.　3.$1\,633.3ah^2(\mathrm{N})$.　4.$12(\mathrm{m/s})$.

练习题(7)

填空题:

1.$\dfrac{4}{3}$ 　2.$\dfrac{\pi}{2}$ 　3.$\dfrac{\pi}{2}$ 　4.$\dfrac{1}{2}\displaystyle\int_\alpha^\beta\rho^2(\theta)\mathrm{d}\theta$ 　5.$\displaystyle\int_a^b S(x)\mathrm{d}x$

6.$\displaystyle\int_\alpha^\beta\sqrt{\varphi'^2(t)+\psi'^2(t)}\,\mathrm{d}t$

单项选择题:

1.(D)　2.(A)　3.(A)　4.(B)　5.(C)　6.(D)　7.(C)　8.(D)

计算题:

1.$S=\displaystyle\int_0^1(1+x^2-\mathrm{e}^{-x})\mathrm{d}x=\left[x+\dfrac{x^3}{3}+\mathrm{e}^{-x}\right]_0^1=\dfrac{1}{3}+\mathrm{e}^{-1}$.

2.由 $\rho=2\cos\theta$, $\rho=2\sin\theta$,解得 $\theta=\dfrac{\pi}{4}$, $\rho=\sqrt{2}$.

故 $S = \dfrac{1}{2}\displaystyle\int_0^{\frac{\pi}{4}} 4\sin^2\theta\,\mathrm{d}\theta + \dfrac{1}{2}\displaystyle\int_{\frac{\pi}{4}}^{\frac{\pi}{2}} 4\cos^2\theta\,\mathrm{d}\theta = \displaystyle\int_0^{\frac{\pi}{4}} (1 - \cos 2\theta)\mathrm{d}\theta + \displaystyle\int_{\frac{\pi}{4}}^{\frac{\pi}{2}} (1 + \cos 2\theta)\mathrm{d}\theta$

$\qquad = \left[\, \theta - \dfrac{1}{2}\sin 2\theta \,\right]_0^{\frac{\pi}{4}} + \left[\, \theta + \dfrac{1}{2}\sin 2\theta \,\right]_{\frac{\pi}{4}}^{\frac{\pi}{2}}$

$\qquad = \left(\dfrac{\pi}{4} - \dfrac{1}{2}\right) + \left(\dfrac{\pi}{2} - \dfrac{\pi}{4} - \dfrac{1}{2}\right) = \dfrac{\pi}{2} - 1.$（图 7-28）

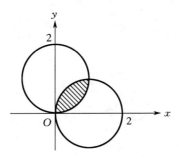

图 7-28

3. $V_y = \pi\displaystyle\int_0^1 \left[\, (\pi - \arcsin y)^2 - (\arcsin y)^2 \,\right]\mathrm{d}y$

$\qquad = \pi\displaystyle\int_0^1 (\pi^2 - 2\pi\arcsin y)\mathrm{d}y$

$\qquad = \pi^3 - \pi \cdot 2\pi y\arcsin y\,|_0^1 + \pi\displaystyle\int_0^1 \dfrac{2y}{\sqrt{1 - y^2}}\mathrm{d}y$

$\qquad = \pi^3 - \pi^3 - 2\pi^2 \left[\, \sqrt{1 - y^2} \,\right]_0^1 = 2\pi^2 .$

4. $W = \displaystyle\int_0^1 10^3 g\pi x(1 - x^2)\mathrm{d}x$

$\qquad = 10^3 g\pi \left[\, \dfrac{x^2}{2} - \dfrac{x^4}{4} \,\right]_0^1 = \dfrac{10^3}{4}g\pi$

$\qquad = 7.693 \times 10^3 \,(\mathrm{J}).$